U0237542

"十三五"国家重点图书出版规划项目

中国南海诸岛植物志

主　编：邢福武　邓双文

副主编：陈红锋　王发国　刘东明　易绮斐　童毅

中国林业出版社

图书在版编目（CIP）数据

中国南海诸岛植物志 / 邢福武，邓双文主编 . -- 北京 : 中国林业出版社，2018.11
ISBN 978-7-5038-9781-8

Ⅰ . ①中… Ⅱ . ①邢… ②邓… Ⅲ . ①南海诸岛—植物志 Ⅳ . ① Q948.526.6

中国版本图书馆 CIP 数据核字 (2018) 第 230665 号

中国南海诸岛植物志　　邢福武　邓双文　主编

策划编辑：王　斌　　装帧设计：王春萍

责任编辑：刘开运　张　健　李春艳　吴文静　李　楠

出版发行：中国林业出版社

地　　址：北京西城区德胜门内大街刘海胡同 7 号

印　　刷：北京雅昌艺术印刷有限公司

版　　次：2019 年 4 月第 1 版

印　　次：2019 年 4 月第 1 次

开　　本：635 mm × 965 mm　1/8

印　　张：74.25

字　　数：900 千字

定　　价：580.00 元（USD 90）

中国南海诸岛植物志

中国科学院战略性先导科技专项资助项目（XDA13020500）

编委会

前言

南海诸岛是我国最南端的热带岛屿，自古以来就是我国的领土，是我们祖先最早发现、最早开发经营、最早管辖的海上疆土之一。

一、南海诸岛自然概况

南海诸岛由200多个岛屿、沙洲、礁滩组成。根据地理位置，它们大体上可分为四个组。东北部的一组称东沙群岛，由东沙岛及邻近几个暗礁组成，东沙岛海拔仅约5 m，面积约1.74 km^2，岛上植被繁茂。西部的一组称西沙群岛，由30多个岛屿、沙洲、礁滩组成，其中有高等植物生长的岛屿有永兴岛、石岛、赵述岛、北岛、中岛、南岛、东岛、珊瑚岛、甘泉岛、金银岛、琛航岛、广金岛、晋卿岛和中建岛，总面积约7.28 km^2，最高的岛屿石岛海拔15.9 m，面积最大的岛屿永兴岛也只有1.85 km^2。西沙群岛的东南侧为中沙群岛，由很多暗滩和暗沙组成，其中黄岩岛退潮时露出水面的面积较大，有海水单子叶植物生长。最南端的一组称南沙群岛，由200多个岛屿、沙洲、暗滩、暗礁和暗沙组成，其中岛屿及沙洲共22座，有高等植物生长的岛屿及沙洲主要有太平岛、马欢岛、南威岛、北子岛、西月岛、南子岛、中业岛、鸿庥岛、景宏岛、南钥岛、敦谦沙洲、安波沙洲、染青沙洲、双黄沙洲，以及永暑礁、美济礁、渚碧礁、华阳礁、赤瓜礁、东门礁、南薰礁、弹子礁等人工岛；岛屿及沙洲的总面积约14.517 km^2，最高的岛屿鸿庥岛海拔为6.1 m，最大的人工岛为美济礁面积6 km^2；最大的天然岛屿太平岛的面积为0.432 km^2。南海诸岛各岛屿的形状多为圆形或椭圆形，地势多为边缘高，中央低。这些岛屿及沙洲绝大部分是全新世海面上升后堆积而成的。由于形成的年代较晚，再加上面积小、海拔低，使岛上无法形成特有种，也缺乏原生的裸子植物。

南海诸岛的气候属典型的热带和赤道带海洋季风气候，日照时间长，辐射强烈，热量充足，终年高温，湿度较大，云量多，雨量较丰富，夏、秋、冬季偶有台风，季风盛行。年平均气温及雨量因各群岛所处的地理位置不同而有差异。南沙群岛太平岛年平均气温27.9℃，年平均降雨量约1,842 mm，最多达2,144 mm；西沙群岛的永兴岛年平均气温26.5℃，年平均降雨量1,506 mm；东沙群岛年平均气温25.6℃，年平均雨量1,357 mm，最高达2,011 mm，大部分集中在6–11月。

土壤主要由第四纪珊瑚、贝壳碎屑砂和近期海浪作用堆积起来的珊瑚、贝壳碎屑沙和鸟粪发育而成的磷质石灰土和滨海盐土组成，pH8–9。

二、调查研究简史

我国植物学家曾对南海诸岛的植物与植被做过系统的调查研究。早在1947年，张宏达教授调查了永兴岛、东岛、珊瑚岛、琛航岛等4个面积较大的岛屿，记录了48种维管植物（张宏达，1948；1974），初步摸清了西沙群岛植物分布情况与植被状况；1974年，陈邦余、陈伟球、伍辉民等对西沙群岛的永兴岛、石岛、东岛、珊瑚岛、琛航岛、广金岛、金银岛、甘泉岛等8个岛屿进行调查研究，收集到维管植物213种（包括栽培种47种），增加西沙新记录植物165种，对西沙群岛的植物与植被进行了系统的调查研究；1987年及1990年，钟义教授前后两次调查了永兴岛、石岛、东岛等12个岛屿，共收集维管植物291种（包括栽培植物92种）（钟义，1990），增加81种西沙群岛新记录植物；1992年，邢福武、李泽贤、叶华谷、陈炳辉等对西沙群岛的永兴岛、石岛、东岛、珊瑚岛、琛航岛、广金岛、金银岛等7个岛屿做了进一步的调查，收集到316种维管植物（包括栽培植物104种），增加41种西沙群岛新记录植物。同时对其植物和植被的来源、地理分布和形成规律做过初步的分析（邢福武和李泽贤等，1993），结果表明岛屿上的植物是通过海流、鸟播、风播、人类传播的，并认为岛屿上的植物物种多样性与岛屿面积、海拔高度、人类活动、距大陆的远近有关。随后邢福武、吴德邻等根据华南植物园长期积累的标本，并参考了前人的研究资料，整理出版了《南沙群岛及其邻近岛屿植物志》，收录南海诸岛植物共97科262属405种（邢福武和吴德邻，1996）。同时，与中国科学院南海海洋研究所合作，承担了“南沙群岛植物地理”子专题，鉴定了赵焕庭教授采自南沙群岛永暑礁人工岛的种子植物标本及邻近海区的海生单子叶植物标本，并广泛收集了南沙群岛的植物学文献，对南沙群岛植物地理学进行了研究（邢福武和赵焕庭，1994a）。台湾大学植物系黄增泉、黄星凡、杨国祯、谢宗欣等（1994）在南沙群岛的太平岛及东沙群岛的东沙岛进行了详细的植物学采集，发表了详细的植物名录，其中收录太平岛植物109种，包括原生植物81种；东沙岛植物111种，包括原生植物73种；同时对太平岛、东沙岛与台湾岛的植物区系进行了比较分析。2008年和2009年，张浪等对永兴岛、东岛、赵述岛、北岛、南岛、南沙洲等9个岛调查收集到310种维管植物（包括栽培植物102种）（张浪，2011），对所调查9个岛的植被与植物资料进行了补充。另外，童毅于2012年5月和8月先后2次对西沙群岛所有具有植物分布的岛屿及沙洲(共24个岛、沙洲)进行了野外实地调查，取得大量一手资料，对西沙群岛的植物种类及分布进行了统计与更新，完成了西沙群岛植物编目（童毅和简曙光等，2013）。近年来，邓双文、刘东明、王发国等对西沙和南沙群岛的主要岛礁进行了科学考察，采集了大量标本，对南海诸岛的植物种类与分布作了进一步补充，为编撰《中国南海诸岛植物志》奠定了基础。

三、植物区系与植被特点

南海诸岛植物区系几乎都是热带成分，其中泛热带分布的属所占的比例最大。一些典型的热带科，如玉蕊科、莲叶桐科等在本区均有代表，反映出本区系的热带性质。南海诸岛的维管束植物没有特有种，岛上的植物都是从邻近的大陆和岛屿通过海流、鸟类、风及人类等传播进来的，因此其与邻近国家和地区植物区系的联系十分广泛。在南海诸岛植物区系中，只有白避霜花、海柠檬、银背落尾木、大叶蝶豆、莲实藤、毛短颖马唐、海人树等少数种类没有分布到我国台湾及海南，其余均与台湾或海南共有。过去一直认为在我国仅见于南海诸岛的假海齿、西沙黄细心等最近也在海南岛被发现。

南海诸岛的几组群岛因地理位置、面积、海拔、岛屿的年龄以及人类活动影响的程度不同而所含的种数也有较大的差异。南沙群岛目前仅知有维管束植物60科165属216种；西沙群岛有维管束植物88科268属375种；东沙群岛仅有维管束植物105种。

南海诸岛的植被十分特殊，由于地处热带和赤道海洋季风区，适于热带海岸植物的生长和发育，因此海岸林长得十分茂盛，乔木层高达20 m，主要的优势种有榄仁树、白避霜花、海岸桐、橙花破布木等，南沙群岛的优势种还有莲叶桐和海柠檬；灌丛主要由草海桐、银毛树、海巴戟、海人树等组成；海滨沙生植被则以厚藤、海滨大戟、海刀豆、铺地刺蒴麻、滨红豆、蔓茎栓果菊、李花蟛蜞菊等为主。

四、《中国南海诸岛植物志》编写与出版

《中国南海诸岛植物志》一书是作者通过实地考察，并参考大量文献资料的基础上编写而成的，共收录南海诸岛的维管束植物共计有93科305属452种（含变种），其中蕨类3科3属4种；裸子植物4科4属5种（含1变种）；被子植物86科295属443种（含变种）。内容包括每种植物的中文名（别名）、学名（包括异名）、性状、花果期、生境、群岛内各小岛和国内外分布等。本书科的排列，蕨类植物按秦仁昌1978年系统，裸子植物按郑万钧1975年系统，被子植物按哈钦松系统，少数类群按最新研究成果稍作调整；属、种则按拉丁字母顺序排列。本书将为我国南海岛屿植物区系与植被的研究，以及生物多样性的保护与可持续利用提供翔实的基础资料，可供植物学、林学、农学、生态学工作者、有关院校师生和植物爱好者参考使用。

本书获多个研究项目资助，主要包括“八五”期间南沙群岛综合科学考察、国家自然科学基金“中国西沙群岛珊瑚礁岛植物传播机理的研究”（41571056）和中国科学院A类战略性先导科技专项（XDA13020500）。在编写过程中一直得到中国科学院南海海洋研究所赵焕庭教授，以及中国科学院华南植物园任海主任和叶清研究员的支持和鼓励，在此一并致谢。

邢福武

2018年12月

目录

蕨类植物门 PTERIDOPHYTA

种子植物门 SPERMATOPHYTA

裸子植物亚门 GYMNOSPERMAE

被子植物亚门 ANGIOSPERMAE

蕨类植物门
PTERIDOPHYTA

松叶蕨科 Psilotaceae

陆生或附生植物。仅具假根；根状茎横走，分枝；茎三棱形，绿色，直立或向下弯曲，下部不分枝，上部多回二叉分枝。单叶，细小，钻状或鳞片状，无叶绿素。能育叶二叉，无叶脉；孢子囊圆球形，2–3 枚着生于能育叶的腋间，囊壁彼此融合，似 1 枚 2–3 室孢子囊，无环带，纵裂；孢子球状四面型。

2 属，3 种。我国仅 1 属，1 种，产西南、华南及华东地区，北达陕西南部；南海诸岛亦产。

1. 松叶蕨属 Psilotum Sw.

附生小草本。无根；茎扁平或具棱角，基部略匍匐，上部直立，一至数回二叉分枝。叶细小，鳞片状。能育叶二叉，无叶脉；孢子囊群通常 3 枚，腋生，囊壁彼此融合，无环带，纵裂；孢子球状四面型。

2 种，分布于热带及亚热带。我国仅 1 种；南海诸岛亦产。

1. 松叶蕨　　别名：松叶兰

Psilotum nudum (L.) P. Beauv., Prodr. Aethéogam. 106, 112. 1805; W. Y. Chun et al. in Fl. Hainanica 1: 6. 1964; T. C. Huang et al. in Taiwania 39(1–2): 7. 1994; F. W. Xing et al. in Fl. Nansha Isl. Neighb. Isl. 28. 1996.——*Lycopodium nudum* L., Sp. P1. 2: 1100. 1753.

植株高 30–50 cm。无根，仅具毛状构造的假根；茎基部匍匐，通常近圆形，固定在树干上，向上的直立或下垂，上部 3–5 回二叉分枝。绿色，有棱角。叶小，散生，钻状或鳞片状，长 2–3 mm，宽 2–2.5 mm，顶端钝尖，基部近心形，叶草质，无毛。能育叶卵圆形，顶端二分叉；孢子囊圆球形，通常 3 枚着生于能育叶的叶腋，成熟时纵裂。

产地　南沙群岛（太平岛）、西沙群岛（永兴岛）。附生于莲叶桐和榄仁树等植物的根上或树干上。

分布　华南、华东、西南地区，北达陕西南部地区。热带及亚热带其他地方亦有。

用途　全草浸酒服，治跌打损伤、内伤出血、风湿麻痹。

肾蕨科 Nephrolepidaceae

土生或附生植物。根状茎短而直立，或细长而攀援，具网状中柱，密被鳞片；鳞片棕色，盾状贴生。叶簇生或疏生；叶柄基部无关节或有关节；叶为一回羽状；羽片多数，无柄或近无柄，以关节着生于叶轴上，披针形或近镰刀形，边缘有疏齿，基部不对称；叶脉羽状，分离，小脉伸达近叶边或不达叶边，顶端有水囊体。孢子囊群圆形或圆肾形，着生于小脉顶端，沿中脉两侧各排成 1 行；囊群盖圆肾形或很少为肾形，以缺刻着生，宿存，孢子卵圆形或肾形。

约 3 属，50 种，分布于热带、亚热带地区。我国有 2 属，约 7 种；南海诸岛有 1 属，2 种。

1. 肾蕨属 Nephrolepis Schoot

土生或附生植物。根状茎通常直立，连同叶柄被盾状着生的鳞片，生有细长的匍匐枝，并有许多侧枝或块茎，能发育为新植株。叶簇生，叶柄不以关节着生于根状茎；叶片长而狭，一回羽状，羽片多数，披针形或镰刀形，基部上侧多少为耳形突起，无柄，以关节着生于叶轴，干后易脱落；叶脉分离，小脉先端有明显的水囊。孢子囊群圆形，生于每组侧脉的上侧小脉顶端，接近叶边排成 1 行；囊群盖圆肾形或肾形，以缺刻着生。孢子椭圆形或肾形。

约 30 种，广布于世界热带各地和邻近热带的地区。我国有 6 种；南海诸岛有 2 种。

1. 羽片远较长，渐尖头，不为覆瓦状排列……………………………………1. 长叶肾蕨 *N. biserrata*
1. 羽片长 2–2.5 cm，圆钝头或有时近急尖头，覆瓦状排列……………………………2. 肾蕨 *N. cordifolia*

1. 长叶肾蕨　别名：双齿肾蕨

Nephrolepis biserrata (Sw.) Schott, Gen. Fil. pl. 3. 1834; W. Y. Chun et al. in Fl. Hainanica 1: 64. 1964; F. W. Xing et al. in Acta Bot. Austro Sin. 9: 40. 1994; T. C. Huang et al in Taiwania 39(1–2): 7. 1994; F. W. Xing et al. in Fl. Nansha Isl. Neighb. Isl. 31–32. 1996.——*Aspidium biserrata* Sw. in Schrad. Journ. 1800(2): 32. 1801.——*Angiopteris fokiensis* auct. non Hieron: P. Y. Chen et al. in Acta Bot. Austro Sin. 1: 129. 1983.

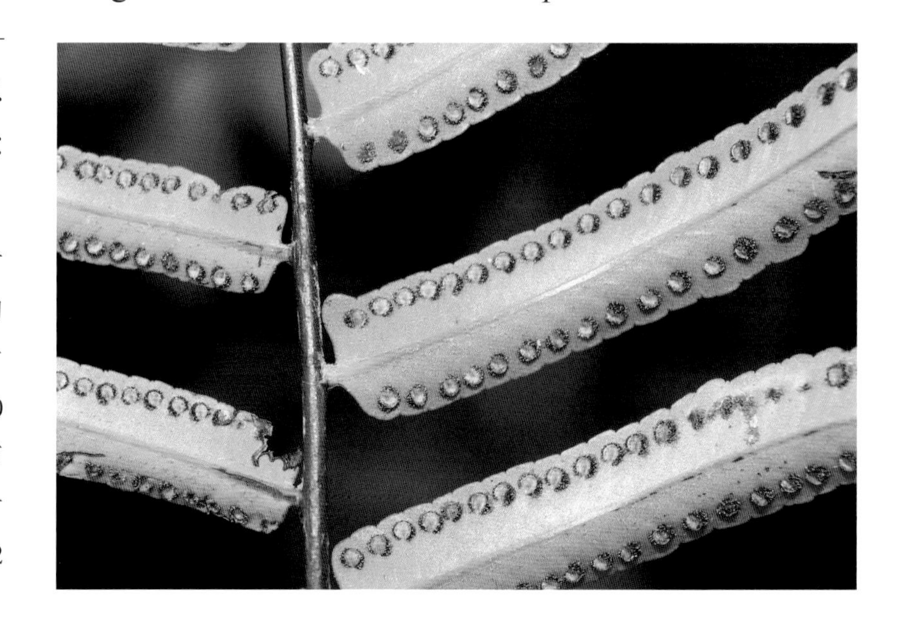

附生或土生植物；根状茎短而直立，被披针形、红棕色鳞片。叶簇生；叶柄长 10–30 cm，粗约 4 mm，基部两侧被披针形鳞片及纤维状鳞片；叶片狭长圆形，长 70–100 cm，宽 14–30 cm；羽片 35–50 对，互生，相距 1.5–3 cm，柄短或几无柄，以关节着生于叶轴，叶轴两则疏生长毛，下部的羽片披针形，较短，顶端短尖，中部的羽片长 8–16 cm，宽 1–2

cm，顶端急尖，基部近对称，近圆形或斜截形，叶缘有疏缺刻或粗锯齿；主脉两面均明显；叶脉纤细，向上斜出，2–4叉，直达叶边附近；叶薄纸质，无毛。孢子囊群圆形，在主脉两侧各有1行；囊群盖圆形，有深缺刻，无毛。

产地　南沙群岛（太平岛）、西沙群岛（永兴岛）。附生于树干上。

分布　广东、台湾、云南。日本、越南、印度、马来群岛、大洋洲、非洲、中美及南美洲。

2. 肾蕨　　别名：圆羊齿

Nephrolepis cordifolia (L.) C. Presl, Tent. Pterid. 79. 1836; F. W. Xing et al. in Fl. China 2–3: 727–729. 2013.——*N. auriculata* (L.) Trimen, J. Linn. Soc., Bot. 24(160): 152. 1887; W. Y. Chun et al. in Fl. Hainanica 1: 64. 1964; T. C. Huang et al. in Taiwania 39(1–2): 7. 1994; F. W. Xing et al. in Fl. Nansha Isl. Neighb. Isl. 29–30. 1996.

附生或土生植物。根状茎直立，被淡棕色、钻形鳞片，有纤细的须根；块茎着生于匍匐茎上，近圆形，直径约1–1.5 cm。叶簇生；叶柄长6–20 cm，通常密被淡棕色、线状鳞片；叶片狭披针形，长30–60 cm，宽3–5 cm，顶端短尖，基部不缩狭或略缩狭，一回羽状；羽片多数，互生，无柄，以关节着生于叶轴上，常密集而呈覆瓦状排列，中部羽片较大，长2–3 cm，宽约8 mm，向基部的渐短，顶端钝圆，基部常不对称，下侧圆形，上侧为三角状耳形，边缘有钝锯齿；侧脉纤细，小脉伸达叶边，顶端有1个纺锤形的水囊体；叶草质，无毛，仅叶轴两侧被纤维状鳞片。孢子囊群着生于每组侧脉的上侧小脉顶端，沿中脉两侧各排成1行；囊群盖肾形。

产地　南沙群岛（太平岛）、西沙群岛（甘泉岛）。附生于树干上或生于低洼处。

分布　我国华南、华东、西南等地。全世界热带及亚热带地区，北达日本，南抵大洋洲。

用途　块茎含淀粉，入药治感冒咳嗽、肠炎、腹泻；全草药用治五淋白浊、崩带、乳痛、产后浮肿等。

水龙骨科 Polypodiaceae

通常为附生植物，少为土生。根状茎横走，少有斜升，具网状中柱，被盾状着生的鳞片，少呈刚毛状或柔毛状。叶柄基部常有关节与根状茎相连；叶一型或二型；单叶至一回羽状；叶脉为各式的网状，少有分离，网眼内通常有分叉的内藏小脉，小脉顶端常有水囊体；叶通常革质，坚实，无毛或被星状毛。孢子囊群通常为圆形、长圆形或线形，或有时满布于叶片下面；无囊群盖；孢子囊柄长，有 3 行细胞，环带通常有 12 或 14 个增厚细胞；孢子两面型，平滑或稍有疣状突起。

约 44 属，500 多种，广布于世界各地。我国约 18 属，150 种；南海诸岛有 1 属，1 种。

1. 瘤蕨属 Phymatodes Presl

附生或土生。根状茎长而横走，粗肥，肉质，被鳞片；鳞片卵形至近圆形，大而透明，褐色，质薄，具粗筛孔，细胞壁粗厚而隆起。叶一型，远生；叶柄基部有关节；叶片通常为具少数裂片的羽状深裂，或为指状三裂，少为单叶或一回羽状，裂片全缘。侧脉不明显，小脉连结成网状，多数具内藏小脉。叶革质至纸质，有光泽。孢子囊群圆形或长卵形，大而分离，在主脉两侧各成 1 行或为不规则的 2 行，多少下陷于叶肉内，不具隔丝。孢子椭圆形，外壁较厚。

约 20 种，分布于热带地区。我国约 10 种，产西南及华南地区；南海诸岛产 1 种。

1. 瘤蕨 别名：苇蕨

Phymatodes scolopendria (Burm. f.) Ching, Contr. Inst. Bot. Natl. Acad. Peiping 2(3): 63. 1933; W. Y. Chun et al. in Fl. Hainanica 1: 175. 1964; P. Y. Chen et al. in Acta Bot. Austro Sin. 1: 129. 1983; F. W. Xing et al. in Fl. Nansha Isl. Neighb. Isl. 32. 1996.——*Polypodium scolopendrium* Burm. f., F1. Ind. 232. 1768.

附生或有时土生，植株高 50–70 cm。根状茎长而横走，顶端被覆瓦状的鳞片；鳞片卵形，盾状着生。叶远生，相距达 5 cm；叶柄长约 30 cm，基部被鳞片；叶片形状变化较大，或为披针形的单叶，或为指状深三裂，或为椭圆状卵形而呈羽状深裂，在叶轴两侧形成宽 6–10 mm 的翅，长约 40 cm，宽 25–30 cm，顶生裂片 1 片，基部楔形而下延；侧生裂片 1–6 对，相距 1–2 cm，线形至阔披针形，长 15–20 cm，宽 1.5–3 cm，顶端渐尖，基部下延，边缘全缘而具软骨质的边；小脉不明显，内藏小脉分叉，顶端有明显的水囊；叶薄革质，淡绿色。孢子囊群圆形或椭圆形，直径 3–4 mm，在裂片的主脉两侧各有 1 行，下陷，在叶片上面形成明显的突点。

产地 西沙群岛（永兴岛）。附生树干上。

分布 广东、海南、台湾。亚洲、大洋洲及非洲的热带地区。

祝贺三沙

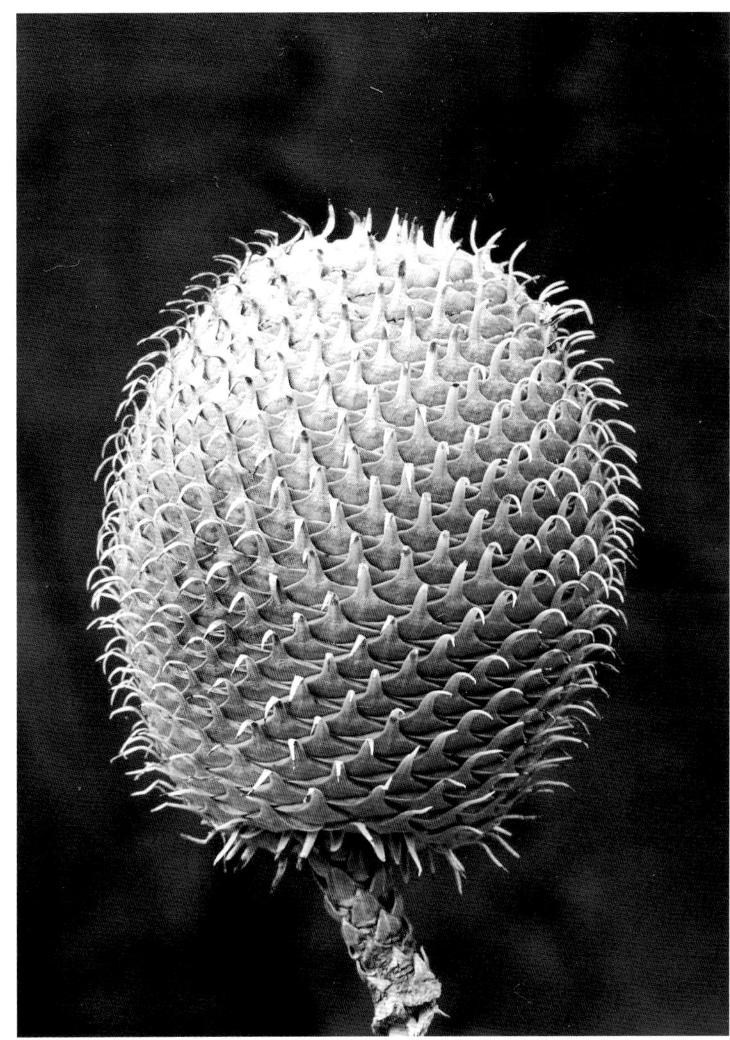

罗汉松科 Podocarpaceae

常绿乔木或灌木。叶多型：条形、披针形、椭圆形、钻形、鳞形，或退化成叶状枝，螺旋状散生、近对生或交叉对生。球花单性，雌雄异株，稀同株；雄球花穗状，单生或簇生于叶腋，或生于枝顶，雄蕊多数，螺旋状排列，各具2个花药，药室斜向或横向开裂；雌球花单生于叶腋或苞腋，或生枝顶，稀穗状，具螺旋状着生的苞片，苞腋通常着生1枚倒转生或半倒转生的胚珠。种子核果状或坚果状，全部或部分为假种皮所包，或由珠鳞发育成肉质鳞被所包，有梗或无梗，有胚乳，子叶2枚。

8属，约130种，分布于热带、亚热带地区。我国产2属14种，3变种，分布于长江以南；南海诸岛栽培有1变种。

1. 罗汉松属 **Podocarpus** L'Hér. ex Persoon

常绿乔木或灌木。叶条形、披针形、椭圆状卵形或鳞形，螺旋状排列，近对生或交叉对生。雌雄异株，雄球花穗状，单生或簇生于叶腋，或成分枝状，稀顶生，有总梗或几无总梗，基部有少数螺旋状排列的苞片，雄蕊多数，螺旋状排列，花药2，花粉具2个气囊；雌球花单生于叶腋或苞腋，稀顶生，有梗或无梗，基部有数枚苞片，最上部有1套被生1枚倒生胚珠，套被与珠被合生，花后套被增厚成肉质假种皮，苞片发育成肥厚或微肥厚的肉质种托。种子核果状，全部为肉质假种皮所包。

约100种，分布于亚热带、热带及南温带，主产南半球。我国有13种3变种，分布于长江以南各地区；南海诸岛栽培1种。

1. 短叶罗汉松　　别名：小叶罗汉松

Podocarpus wangii C.C. Chang, Sunyatsenia 6(1): 26–27, pl. 6. 1941; L. G. Fu, Y Li & Robert R. Mill in Fl. China 4: 81. 1999.——*P. brevifolius* (Stapf) Foxw, Philipp. J. Sci. 6: 160. 1911; W. Y. Chun et al. in Fl. Hainanica 1: 216–217. 1964.——*P. macrophyllus* (Thunb.) D. Don var. *maki* Endl., Syn. Conif. 216. 1847; W. C. Cheng et al. in Fl. Reip. Pop. Sin. 7: 414. 1978; F. W. Xing et al. in Fl. Nansha Isl. Neighb. Isl. 36. 1996.

小乔木或成灌木状，枝条向上斜展。叶螺旋状着生，短而密生，长1.5–3 cm，宽5–8 mm，先端钝或圆，基部楔形，上面深绿色，中脉显著隆起，下面带白色、灰绿色或淡绿色，中脉微隆起。雄球花穗状、腋生，常2–3个簇生于极短的总梗上，长1–3 cm，基部有数枚三角状苞片；雌球花单生于叶腋，有梗，基部有少数苞片。种子卵圆形，径约8 mm，先端圆，熟时肉质假种皮紫黑色，有白粉，种托肉质圆柱形，红色或紫红色，柄长1 cm。花期：6月；种子10月成熟。

产地　西沙群岛（永兴岛）有栽培。

分布　广东、海南、广西、云南。

用途　本种为常见的庭园观赏树种。

柏科 Cupressaceae

常绿乔木或灌木。叶交叉对生或3–4片轮生，稀螺旋状着生，鳞形或刺形，或同一树上兼有两型叶。球花单性。雌雄同株或异株，单生于枝顶或叶腋；雄球花具3–8对交叉对生的雄蕊，每雄蕊具2–6个花药；雌球花有3–16枚交叉对生或3–4片轮生的珠鳞，全部或部分珠鳞的腹面基部有1至多数直立胚珠，稀胚珠单生于两珠鳞之间，苞鳞与珠鳞完全合生。球果圆形、卵圆形或圆柱形；种鳞薄或厚，发育种鳞有1至多粒种子；种子周围具窄翅或无翅，或上端有一长一短的翅。

22属，约150种，分布于南北两半球。我国产8属，29种，7变种，分布几遍全国；南海诸岛栽培1属，1种。

1. 刺柏属 Juniperus L.

常绿乔木或灌木。雌雄同株或异株。枝细，有长的鳞片状脱落痕；小枝不在一个平面，横截面圆柱形或三、四或六棱形。叶片交叉或3小叶轮生；幼叶长针状，成年叶鳞片状或针状，在小枝上常不二态，有时在幼枝或成熟枝上叶二态，叶面有两条白色的气孔带或叶背基部有少数气孔。雄球花黄色，卵形或长圆形；小孢子叶6–16，每个有2–8个孢子囊。种球顶生活腋生，浆果状，球形或椭圆形，果皮不裂或在第二年（第一年）或第三年成熟时轻裂；种鳞共生的，多汁，每一个可育鳞片包含1–3颗种子。种子无翼，有松香点。

北半球约60种；中国23种，其中10种为中国特有种，南海诸岛栽培1种。

1. 圆柏　　别名：桧、刺柏

Juniperus chinensis L., Mant. Pl. 1: 127. 1767; L. G. Fu, Y. F. Yu, Robert P. Adams & Aljos Farjon in Fl. China 4: 74. 1999.——*Sabina chinensis* (L.) Antoine, Cupress. Gatt. 54. 1857; F. W. Xing et al. in Fl. Nansha Isl. Neighb. Isl. 36. 1996.

乔木，高达20 m；幼树的枝条通常斜上伸展，形成尖塔形树冠，老则下部大枝平展，形成广圆形的树冠；小枝通常或稍成弧状弯曲，生鳞叶的小枝近圆柱形或近四棱形。叶二型，即刺叶和鳞叶；刺叶生于幼树上，老龄树则全为鳞叶，壮龄树兼有刺叶与鳞叶；生于1年生小枝的一回分枝的鳞叶三叶轮生，直伸而紧密，近披针形，先端微渐尖，长2.5–5 mm，背面有腺体；刺叶三叶交互轮生，斜展，披针形，先端渐尖，长6–12 mm，上面微凹，有2条白粉带。雌雄异株，稀同株，雄球花黄色，椭圆形，长2.5–3.5 mm，雄蕊5–7对，常有3–4花药。球果近圆球形，径6–8 mm，两年成熟，有1–4粒种子；种子卵圆形；子叶2枚。

产地　西沙群岛（永兴岛）有栽培。

分布　几遍全国，各地亦多见栽培。朝鲜、日本也有。

用途　本种为常见的庭园观赏树种。

1a. 龙柏（栽培变种）

Juniperus chinensis 'Kaizuca' Cheng & W. T. Wang, Fl. Reip. Pop. Sin. 7: 364. 1978; F. W. Xing et al. in Fl. Nansha Isl. Neighb. Isl. 37. 1996.

树冠圆柱状或柱状塔形；枝条向上直展，常有扭转上升之势，小枝密，在枝端成几相等长之密簇；鳞叶排列紧密，幼嫩时淡黄绿色，后呈翠绿色；球果蓝色，微被白粉。

产地　西沙群岛（永兴岛地）有栽培。

分布　长江流域及以南各地区、华北各大城市庭园有栽培。

用途　本种为常见的庭园观赏树种。

种子植物门 SPERMATOPHYTA

被子植物亚门 ANGIOSPERMAE

番荔枝科 Annonaceae

乔木，直立或攀援灌木；木质部通常有香气。单叶互生，全缘，羽状脉，有叶柄，无托叶。花通常两性，辐射对称，单生或簇生，或组成团伞花序、圆锥花序、聚伞花序，顶生、与叶对生、腋生或腋外生、或生于老枝上，通常有苞片或小苞片；萼片通常3，离生或基部合生，裂片镊合状或覆瓦状排列；花瓣6片，排成2轮，少数3或4片排成1轮；雄蕊多数，螺旋排列，花药2室，纵裂，外向；花丝短；心皮多数或少数，花柱短，柱头头状或长圆形，每心皮有胚珠1至多颗；花托通常凸起呈圆柱状或圆锥状。成熟心皮离生，果通常不开裂，有果柄；种子通常有假种皮，有丰富、嚼烂状的胚乳和微小的胚。

约120属，2,100余种，广布于热带和亚热带地区，尤以东半球为多。我国有24属，120种，6变种，分布于华东、华南至西南地区；南海诸岛栽培有1属2种。

1. 番荔枝属 Annona L.

灌木或乔木，被单毛或星状毛。叶互生，羽状脉，有叶柄。花顶生或与叶对生，单朵或数朵成束；萼片3，镊合状排列；花瓣分离或基部连合，6片，2轮，或内轮退化成鳞片状或完全消失，外轮的长三角形或阔而扁平，基部或全部内凹，质厚，镊合状排列，内轮的通常为覆瓦状排列；雄蕊多数，密生，花丝肉质，药隔膨大，顶端截形，少数突尖；心皮多数，通常合生，每心皮有胚珠1颗，基生，直立。成熟心皮愈合成一肉质而大的聚合浆果。

约120种，产于美洲热带地区，少数产于热带非洲。我国栽培有6种；南海诸岛栽培2种。

1. 侧脉两面凸起，花蕾卵形，内轮花瓣存在，果实幼时具下弯的刺..1. 刺果番荔枝 *A. muricata*
1. 侧脉在叶面平坦，花蕾披针形，内轮花瓣退化成鳞片状，果实无刺..2. 番荔枝 *A. squamosa*

1. 刺果番荔枝　　别名：红毛榴莲

Annona muricata L., Sp. Pl. 1: 536–537. 1753; W. Y. Chun et al. in Fl. Hainanica 1: 258. 1964; Tsiang & P. T. Li in Fl. Reip. Pop. Sin. 30(2): 170. 1979; F. W. Xing et al. in Fl. Nansha Isl. Neighb. Isl. 38. 1996; B. T. Li & Michael G. Gilbert in Fl. China 19: 711, 712. 2011.

常绿乔木，高达8 m。叶纸质，倒卵状长圆形至椭圆形，长5–18 cm，宽2–7 cm，顶端急尖或钝，基部宽楔形或圆形，叶面翠绿色而有光泽，叶背浅绿色，两面无毛；侧脉每边8–13条，两面各为凸起，在叶缘前网结；花蕾卵圆形；花序1–2朵腋生，花淡黄色，长3.8 cm；萼片卵状椭圆形，长约5 mm，宿存；外轮花瓣厚，阔三角形，长2.5–5 cm，顶端急尖至钝，内面基部有红色小凸点，无柄，镊合状排列，内轮花瓣稍薄，卵状椭圆形，长2–3.5 cm，顶端钝，有短柄，覆瓦状排列；雄蕊长4 mm，花丝肉质，药隔膨大；

心皮长 5 mm，被白色柔毛。果卵圆状，长 10–35 cm，直径 7–15 cm，幼时有下弯的刺，刺随后脱落而残存有小突起，果肉微酸多汁，白色；种子多颗，肾形，长 1.7 cm，棕黄色。花期：4–7 月；果期：7 月至翌年 3 月。

产地　西沙群岛（永兴岛）有栽培。

分布　广东、海南、广西、台湾和云南等地区有栽培。原产热带美洲。

用途　本种果实硕大而有酸甜味，可食用。

2. 番荔枝

Annona squamosa L., Sp. Pl. 1: 537. 1753; W. Y. Chun et al. in Fl. Hainanica 1: 258–259. 1964; Tsiang & B. T. Li in Fl. Reip. Pop. Sin. 30(2): 171. 1979; T. C. Huang et al. in Taiwania 39(1–2): 8. 1994; F. W. Xing et al. in Fl. Nansha Isl. Neighb. Isl. 39. 1996; B. T. Li & Michael G. Gilbert in Fl. China 19: 711, 713. 2011.

落叶小乔木，高 3–5 m。叶薄纸质，两列，椭圆状披针形或长圆形，长 6–18 cm，宽 2–7.5 cm，顶端急尖或钝，基部阔楔形或圆形，叶背苍白绿色，初时被微毛，后变无毛；侧脉每边 8–15 条，上面平坦，下面凸起；叶柄长 8–15 mm。花单生或 2–4 朵聚生于枝顶或与叶对生，长约 2 cm，青黄色，下垂；花蕾披针形；萼片三角形，被微毛；外轮花瓣狭而厚，肉质，长圆形，顶端急尖，被微毛，镊合状排列，内轮花瓣退化成鳞片状，被微毛；雄蕊长圆形，药隔宽，顶端近截形；心皮长圆形，连成易于分开的球状或心状圆锥形聚合浆果，直径 5–10 cm，无毛，黄绿色，外面被白色粉霜。花期：5–6 月；果期：6–11 月。

产地　南沙群岛（太平岛）、西沙群岛（永兴岛、金银岛）有栽培。

分布　广东、海南、广西、福建、台湾、浙江、云南等地有栽培。原产热带美洲。

用途　本种为热带地区著名水果；树皮纤维可造纸；根可药用，治急性赤痢、精神抑郁、脊椎病；果实可治恶疮肿痛，补脾。亦为紫胶虫寄主树。

樟科 Lauraceae

常绿或落叶乔木或灌木，少数为藤本；树皮通常芳香。叶互生、近对生或轮生，羽状脉、三出脉或离基三出脉，全缘，很少分裂；无托叶。花序圆锥状、总状、伞形或为花束；花辐射对称；花被裂片等大，6–9裂，2轮或3轮；雄蕊3–12枚，通常3轮，每轮3枚，有时部分雄蕊不育，第3轮基部通常有腺体，花药2–4室，少为1室，药室自基部向顶端瓣裂；子房上位，1室，有胚珠1颗。果为浆果或核果，基部有时为宿存花被或花被管所承托，有时花被管增大将果实全部包裹。

45属，约2,500种，分布于热带和亚热带地区。我国有20属，约480种，主产长江以南各地区；南海诸岛有1属，1种。

1. 无根藤属 Cassytha L.

寄生藤本植物；叶退化为微小的鳞片。花极小，两性，组成短穗状花序；花被裂片6，2轮，外面3枚较小，全部宿存，花被管短。雄蕊9枚，3轮，花药2室，退化雄蕊3枚或缺。果包藏于花后增大的肉质花被管内。

约20种，产热带地区。我国有1种，分布于南部地区；南海诸岛亦产。

1. 无根藤　别名：无头藤

Cassytha filiformis L., Sp. Pl. 1: 35–36. 1753; W. Y. Chun et al. in Fl. Hainanica 1: 301. 1964; H. W. Li & P. Y. Pai in Fl. Reip. Pop. Sin. 31: 463. 1982; P. Y. Chen et al. in Acta Bot. Austro Sin. 1: 130. 1983; T. C. Huang et al. in Taiwania 39(1–2): 15, 41. 1994; F. W. Xing et al. in Fl. Nansha Isl. Neighb. Isl. 39. 1996; X.W. Li, Jie Li & Henk van der Werff in Fl. China 7: 254. 2008.

缠绕草本，借盘状吸根攀附于寄主之上，幼嫩部分被短小柔毛；茎线状，极长，绿色或绿褐色，无毛或稍被毛。花白色，小，无梗，长不及2 mm，组成疏花的穗状花序，花序长2–5 cm，有小苞片，花被片外面的3枚小，圆形，有缘毛，内面3枚较大，卵形；第1轮的花丝花瓣状，其他的线状。浆果小，球形，肉质，直径约7 mm，顶端有宿存的花被片。花果期：4–12月。

产地　南沙群岛（太平岛、鸿庥岛）、西沙群岛（永兴岛、石岛、东岛、中建岛、晋卿岛、琛航岛、广金岛、金银岛、甘泉岛、珊瑚岛、赵述岛）、东沙群岛（东沙岛）。寄生于草海桐、海岸桐等植物的树冠上。

分布　我国华南、华中、华东、西南地区。热带亚洲、非洲和澳大利亚。

用途　全株药用，化湿消肿，通淋利尿，治肾炎水肿、尿路结石、尿路感染、跌打损伤、疖肿等。

防己科 Menispermaceae

攀援或缠绕藤本，稀直立灌木或小乔木。根常有苦味，有时有肉质块根。茎有线纹，无刺，木质部常有辐射髓线。叶为单叶，互生，常螺旋状排列，稀具3小叶的复叶；常无托叶；叶柄两端肿胀；叶片通常不分裂，有时为掌状分裂，常为掌状脉，少羽状脉。花序腋生，有时生于老茎上，稀腋上生或顶生，通常为伞形状聚伞花序，稀退化为单花，或在盘状花托上密集成头状，再排列成聚伞圆锥花序、复伞形花序，或总状花序；苞片通常小，稀叶状；花小，通常有花梗，单性，雌雄异株，辐射对称，少为两侧对称；萼片通常3轮生，较少2或4萼片，极少退化为1萼片，有时螺旋状着生，分离，较少合生，覆瓦状或镊合状排列；花瓣通常3或6，排成1或2轮，较少2或4花瓣，有时退化为1花瓣或无花瓣，通常分离，很少合生，覆瓦状或镊合状排列；雄蕊6–8，稀2或多数，花丝分离或合生，有时雄蕊完全联合成聚药雄蕊，花药1–2室或假4室，药室纵裂或横裂，在雌花中有时有退化雄蕊；心皮1–6，稀多数，分离，子房上位，通常一侧膨胀，花柱顶生，柱头分裂，稀不裂，胚珠2，其中1胚珠败育，在雄花中有或无退化雌蕊。果为核果，外果皮膜质或革质，中果皮通常肉质，内果皮骨质或有时木质，稀革质，表面通常有各种皱纹，稀平滑，胎座迹半球形、球形或薄片状，有时不明显或无。种子通常弯，种皮薄，胚乳有或无，胚通常弯，胚根小，对着花柱残迹，子叶平并为叶状或厚而半圆柱状。

约35属，350种，分布于热带亚热带，少数种类分布于温带。我国有19属77种（43种特有）；南海诸岛有2属2种。

1. 花序为聚伞花序，作圆锥花序式、总状花序式或穗状花序式排列……1. 轮环藤属 *Cyclea*
1. 花序通常为伞形状聚伞花序或复伞形聚伞花序，有时在盘状的花托上密集成头状，再排成复伞形聚伞花序或总状花序式……2. 千金藤属 *Stephania*

1. 轮环藤属 **Cyclea** Arn. ex Wight

藤本。叶具掌状脉，叶柄通常长而盾状着生。聚伞圆锥花序通常狭窄，很少阔大而疏松，腋生、顶生或生老茎上；苞片小；雄花：萼片通常4–5，很少6，通常合生而具4–5裂片，较少分离；花瓣4–5，通常合生，全缘或4–8裂，较少分离，有时无花瓣；雄蕊合生成盾状聚药雄蕊，花药4–5，着生在盾盘的边缘，横裂；雌花：萼片和花瓣均1–2，彼此对生，很少无花瓣；心皮1个，花柱很短，柱头3裂或较多裂。核果倒卵状球形或近圆球形，常稍扁，花柱残迹近基生；果核骨质，背肋二侧各有2–3列小瘤体，具马蹄形腔室，胎座迹通常为1–2空腔，常于花柱残迹与果梗着生处之间穿一小孔；种子有胚乳；胚马蹄形，背倚子叶半柱状。

约29种，分布于亚洲南部和东南部。我国有13种，分布于长江流域及其以南各地区；南海诸岛有1种。

1. 毛叶轮环藤

Cyclea barbata Miers, Ann. Mag. Nat. Hist., ser. 3, 18: 19. 1866; X. R. Luo, T. Chen & Michael G. Gilbert in Fl. China 7: 27–28. 2008; Y. Tong in Biodivers. Sci. Appendix 1, 21(3): 364–374. 2013.

草质藤本，长达 5 m；嫩枝被扩展或倒向的糙硬毛。叶纸质或近膜质，三角状卵形或三角状阔卵形，长 4–10 cm 或过之，宽 2.5–8 cm 或过之，顶端短渐尖或钝而具小凸尖，基部微凹或近截平，两面被伸展长毛，上面较稀疏或有时近无毛，缘毛甚密，长而伸展；掌状脉 9–10 条，有时可多至 12 条，向下的常不很明显；叶柄被硬毛，长 1–5 cm，明显盾状着生。花序腋生或生于老茎上，雄花序为圆锥花序式，阔大，长 7–30 cm，宽达 12 cm，被长柔毛，花密集成头状，间断着生于花序分枝上，雄花：有明显的梗；萼杯状，被硬毛，高 1.5–2 mm，4–5 裂达中部；花冠合瓣，杯状，高 0.7 mm，顶部近截平；聚药雄蕊稍伸出；雌花序下垂，为狭窄的总状圆锥花序，雌花：无花梗；萼片 2，稍不等大，倒卵形至菱形，长约 0.4 mm，外面被疏毛；花瓣 2，与萼片对生，长约 0.5 mm，宽达 1 mm，无毛；子房密被硬毛，柱头裂片锐尖。核果斜倒卵圆形至近圆球形，红色，被柔毛；果核长约 3 mm，背部二侧各有 3 列乳头状小瘤体，围绕胎座迹的一行不很明显。花期：秋季；果期：冬季。

产地　西沙群岛（永兴岛）。攀援于路旁灌木之上。

分布　广东、海南。越南、泰国、缅甸、老挝、印度尼西亚、印度东北部。

2. 千金藤属 Stephania Lour.

草质或木质藤本，有或无块根；枝有直线纹，稍扭曲。叶柄常很长，两端肿胀，盾状着生于叶片的近基部至近中部；叶片常纸质，三角形、三角状近圆形；叶脉掌状，自叶柄着生处放射伸出。花序腋生或生于腋生、无叶或具小型叶的短枝上，很少生于老茎上，通常为伞形聚伞花序，或有时密集成头状；雄花：花被辐射对称；萼片 2 轮，很少 1 轮，每轮 3–4 片，分离或偶有基部合生；花瓣 1 轮，3–4，与内轮萼片互生，很少 2 轮或无花瓣；雄蕊合生成盾状聚药雄蕊，花药 2–6 个，通常 4 个，生于盾盘的边缘，横裂；雌花：花被辐射对称，萼片和花瓣各 1 轮，每轮 3–4 片，或左右对称，有 1 萼片和 2 花瓣（偶有 2 萼片和 3 花瓣），生于花的一侧；心皮 1，近卵形。核果鲜时近球形，两侧稍扁，红色或橙红色，花柱残迹近基生；果核通常骨质，倒卵形至倒卵状近圆形，背部中肋二侧各有 1 或 2 行小横肋型或柱型雕纹；种子马蹄形，有肉质的胚乳。

约 60 种，分布于亚洲和非洲热带及亚热带地区，个别种类分布于大洋洲。我国有 37 种；南海诸岛有 1 种。

1. 粪箕笃

Stephania longa Lour., Fl. Cochinch. 2: 608. 1790; X. R. Luo, T. Chen & Michael G. Gilbert in Fl. China 7: 19–20. 2008; Y. Tong in Biodivers. Sci. Appendix 1, 21(3): 364–374. 2013.

草质藤本，长 1–4 m 或更长。无块根。枝纤细，有条纹。叶柄长 1–4.5 cm，基部常扭曲无毛；叶片纸质，盾状着生，三角状卵形至披针形，长 3–9 cm，宽 2–6 cm，基部近截形或微凹，有时微圆，先端钝，有小凸尖，两面无毛，下面淡绿色，有时粉绿色，上面深绿色；掌状脉 10–11 条。花序为复伞形状聚伞花序，腋生有 5–6 分枝，每个分枝的顶端生 1 头状花序；花序梗长 1–4 cm；雄花序较纤细，被短硬毛；雄花萼片 8，偶有 6，排成 2 轮，楔形或倒卵形，长约 1 mm，背面被乳头状短毛，花瓣常 4，有时 3，淡绿黄色，常圆形，长约 0.4 mm，聚药雄蕊长约 0.6 mm；雌花萼片和花瓣均为 4，少为 3，长约 0.6 mm，子房无毛，柱头浅裂。核果阔倒卵球形，长 5–6 mm，红色；果梗稍肉质；果核背部具 10 多行雕纹。花期：12 月至翌年 7 月；果期：6–10 月。

产地　西沙群岛（永兴岛）。攀援于路旁灌木。

分布　广东、海南、广西、福建、台湾、云南。老挝。

莲叶桐科 Hernandiaceae

常绿乔木或灌木，或为攀援藤本。单叶或指状复叶，具叶柄，部分卷曲攀援，无托叶。花两性、单性或杂性，辐射对称，排列成腋生和顶生的伞房花序或聚伞状圆锥花序；有苞片或无苞片。花萼基部管状，上部具3–5个裂片；花瓣与萼片相同；雄蕊3–5，花药2室，瓣裂；雄蕊附属物排列于花丝基部外侧或无；子房下位，1室，胚珠1颗，垂生。果为核果，多少具纵肋，有2–4个阔翅或无翅而包藏于膨大的总苞内；种子1粒，无胚乳，外种皮革质。

4属，59种，分布于亚洲东南部、大洋洲东北部、中南美洲及非洲西部的热带地区。我国有2属15种，1亚种和6变种，主产华南、西南及东南地区至台湾；南海诸岛有1属，1种。

1. 莲叶桐属 Hernandia L.

常绿乔木。单叶互生，叶片卵形或盾形，侧脉3–7对，具叶柄。花单性同株，具梗，有总苞，生于圆锥花序的分枝顶端，中央为雌花，无梗，基部具1杯状小总苞；侧生的为雄花，具短梗；小总苞的苞片4–5，在芽中近镊合状。雄花：花被裂片6–8，成2轮，近镊合状；雄蕊与萼裂片同数，对生，花丝具1–2个腺体或无；花药2室，外向，药室纵裂。雌花；萼裂片8–10，成2轮，近镊合状；子房下位，花柱短，柱头扩大成不规则的牙齿或裂片；退化雄蕊4–5。果包藏于膨大的总苞内。种子圆球形或卵球形，种皮厚而硬，具棱；胚厚，分裂或嚼烂状。

约24种，分布于亚洲东南部、美洲中部、非洲西部。我国1种，产海南、台湾；南海诸岛有1种。

1. 莲叶桐

Hernandia nymphaeifolia (C. Presl) Kubitzki, Bot. Jahrb. Syst. 90: 272. 1970; X. W. Li. et al. in Fl. China 7: 255. 2008.——*H. sonora* L., Y. R. Li in Fl. Reip. Pop. Sin. 31: 465. 1984; T. C. Huang et al. in Taiwania 39(1–2): 14. 1994; F. W. Xing et al. in Fl. Nansha Isl. Neighb. Isl. 41. 1996.

常绿乔木。树皮光滑。单叶互生，心状圆形，盾状，长20–40 cm，宽15–30 cm，先端急尖，基部圆形至心形，纸质，全缘，具3–7脉；叶柄几与叶片等长。聚伞花伞或圆锥花序腋生；花梗被绒毛；每个聚伞花序具苞片4。花单性同株，两侧为雄花，具短的小花梗；花被片6，排列成2轮；雄蕊3，每个花丝基部具2个腺体，花药2室，内向，侧瓣裂；中央的为雌花，无小花梗，花被片8，2轮，基部具杯状总苞；子房下位，花柱短，柱头膨大，不规则的齿裂，具不育雄蕊4。果为1膨大总苞所包被，肉质，具肋状凸起，直径3–4 cm；种子1粒，球形，种皮厚而坚硬。

产地　南沙群岛（太平岛）。常生于海岸林中。

分布　海南东部和东南部、台湾南部。亚洲热带地区。

白花菜科 Capparidaceae

草本、灌木或乔木，或攀援藤本。叶互生，稀对生，单叶或指状复叶；托叶 2 枚或缺，有时变为锐刺。花两性，单生或组成总状花序、伞形花序或伞房花序，顶生或腋生；萼片通常 4 片，最多达 8 片 (极少为 2 片)；花瓣 4 至多片，分离或基部与雌蕊柄合生；子房上位，通常具柄，1–3 室，花柱短或缺，胚珠 1 至多颗。果为蒴果或浆果；种子多颗，少有 1 颗，通常肾形或多角形。

约 30 属，650 种，主产热带、亚热带地区，少数分布至温带。我国有 5 属，约 42 种，主产华南、西南地区及台湾；南海诸岛有 3 属，3 种。

1. 雌雄蕊柄缺。
  2. 雄蕊 14–25；萼片分离；小叶 3 或 5；雌蕊柄缺 .... 1. 黄花草属 *Arivela*
  2. 雄蕊 6；萼片基部 1/4–1/2 连结；小叶 3；雌蕊柄 3–12 mm .... 2. 白花菜属 *Cleome*
1. 雌雄蕊柄存在 .... 3. 羊角菜属 *Gynandropsis*

1. 黄花草属 Arivela Raf.

一年生草本，植株被腺毛或无毛。掌状复叶，小叶 3–5，互生，叶柄长或短；无托叶；小叶卵形至倒披针状椭圆形，全缘或具锯齿；小叶柄间相联接成蹼状。总状花序顶生或生于上部叶腋，果期伸长；花常具苞片；萼片 4，等大，离生；花瓣 4，等大，离生；雄蕊 14–25(–25)，花丝着生于盘状或圆锥状的雌雄蕊柄；雌蕊不具雌蕊柄，花柱粗短。蒴果，长圆柱形。种子 10–40，肾形，无假种皮。

约 10 种，分布于非洲和亚洲。我国 1 种，分布于南部地区；南海诸岛产 1 种。

1. 臭矢菜　　别名：黄花草

Arivela viscosa (L.) Raf., Sylva Tellur. 110. 1838; M. L. Zhang & Gordon C. Tucker in Fl. China 7: 432. 2008.——*Cleome viscosa* L., Sp. Pl. 672. 1753; W. Y. Chun et al. in Fl. Hainanica 1: 344–345. 1964; P. Y. Chen et al. in Acta Bot. Austro Sin. 1:130. 1983; F. W. Xing et al. in Fl. Nansha Isl. Neighb. Isl. 42–44. 1996.

草本，茎被黏质腺毛。叶柄长 1.5–3.5 cm，小叶 3 或 5 片，很少 7 片，倒卵形或倒卵状长圆形，中间 1 片最大；侧脉 5–7 对。总状花序顶生，具 3 裂的叶状苞片；花梗长 1–2 cm，被毛；萼片披针形，长约 4 mm；花瓣黄色，狭倒卵形，具爪或无，长 8–10 mm；雄蕊 16–20 枚，着生于花盘上；子房圆柱状，着生于花盘上，无雌蕊柄，密被腺毛，顶端细尖，花柱短。果长 4–10 cm，有明显的纵网纹，被黏质腺毛，种子褐色，有皱纹。花果期：几乎全年。

产地　南沙群岛（赤瓜礁）、西沙群岛（永兴岛、石岛、东岛、中建岛、晋卿岛、琛航岛、广金岛、金银岛、甘泉岛、珊瑚岛、西沙洲、赵述岛）。生于旷野草地上。

分布　广东、海南、广西、湖南、江西、福建、台湾、浙江和云南等地区。广布于热带各地。

用途　全草水煎外洗或研粉撒布患处，有散瘀消肿、去腐生肌之功效。治跌打肿痛、劳伤腰痛、疮疡溃烂等。

2. 白花菜属 Cleome L.

一年生草本，分枝少，植株被腺毛或无毛，无刺。掌状复叶螺旋状互生，叶柄长或短，小叶 3–7，全缘或具锯齿；托叶缺或鳞片状，早落。总状花序顶生或生于上部叶腋；花稍两侧对称，萼片 4，等大，基部 1/4–1/2 连合，花瓣 4，等大，离生；雄蕊 6，稀 4，离生，花丝着生于盘状或圆锥状的雌雄蕊柄上；雌蕊柄纤细，果期时伸长并稍弯曲，有时退化；心皮 1，花柱粗短，长 0.2–0.8 mm，柱头头状。蒴果长圆柱形，开裂。蒴果具种子 10–40 枚，肾形，假种皮有或无。

约 20 种，分布于旧世界暖温带之热带地区。我国引入 1 种；南海诸岛有 1 种。

1. 皱子白花菜

Cleome rutidosperma DC., Prodr. 1: 241. 1824; M. L. Zhang & Gordon C. Tucker in Fl. China 7: 429–430. 2008.

一年生草本，高 15–30 cm。茎无毛或疏被长柔毛，分枝疏散。叶具 3 小叶；小叶椭圆状披针形，顶端急尖或渐尖、钝形或圆形，基部渐狭或楔形。花单生于茎上部叶腋内；花梗长 1.1–2.1 cm；萼片 4，分离，狭披针形，长约 4 mm，边缘有纤毛；花瓣 4，2 个中央花瓣中部有黄色横带，近倒披针状椭圆形，长约 6 mm，宽约 2 mm，全缘；雄蕊 6，花丝长 5–7 mm；雌蕊柄长 1.5–2 mm；子房线柱形，长 5–13 mm，花柱短而粗，柱头头状。果线柱形，表面平坦或微呈念珠状，两端变狭，顶端有喙，长 3.5–6 cm。种子近圆形，直径 1.5–1.8 mm，背部有 20–30 条横向脊状皱纹，皱纹上有细乳状突起，爪开张，彼此不相连，爪的腹面边缘有一条白色假种皮带。花果期几全年。

产地 西沙群岛（永兴岛）。生于路旁草地上。

分布 广东、海南、广西、台湾、安徽及云南西部。原产热带非洲，现归化于热带美洲、热带亚洲和澳大利亚。

3. 羊角菜属 Gynandropsis DC.

一年生草本，稀为多年生，植株无毛或被腺毛。掌状复叶螺旋状互生，叶柄长或短，叶柄基部或顶端具叶枕；小叶3或5，小叶倒披针形至菱形，边缘具锯齿，小叶柄间相连接成蹼状。总状花序顶生；花柄基部具苞片；花萼4，等大，每萼片内方基部具1蜜腺；花瓣4，等大，离生；雌雄蕊柄与花瓣仅等长；雄蕊6，花丝着生于雌雄蕊柄基部；雌蕊柄纤细，果期伸长并弯曲；花柱粗短，柱头头状。蒴果长圆柱形，开裂。每蒴果具种子10–40，近肾形，无假种皮。

2种，分布于泛热带地区并延伸至暖温带。我国有1种；南海诸岛有1种。

1. 白花菜　　别名：羊角菜

Gynandropsis gynandra (L.) Briq., Annuaire Conserv. Jard. Bot. Genève. 17: 382. 1914; M. L. Zhang & Gordon C. Tucker in Fl. China 7: 432. 2008.——*Cleome gynandra* L., Sp. Pl. 671. 1753; W. Y. Chun et al. in Fl. Hainanica 1: 344. 1964; P. Y. Chen et al. in Acta Bot. Austro Sin. 1: 130. 1983; T. C. Huang et al. in Taiwania 39(1–2): 37. 1994; F. W. Xing et al. in Fl. Nansha Isl. Neighb. Isl. 42. 1996.

草本，幼枝稍被腺毛，老枝无毛。叶柄长4–6 cm；小叶无柄或近无柄，倒卵形或倒卵状披针形，中间1片最大，顶端急尖或钝，基部楔形，边全缘或有小锯齿；叶脉4–6对。总状花序顶生，延长，被腺毛，具3裂的叶状苞片；花梗长1–2 cm；萼片披针形；花瓣白色，具长约5 mm的爪；雄蕊6枚，着生在雌蕊柄上。雌蕊柄长约2 cm；子房圆柱状，被腺毛。果长4–8 cm，有网状纵纹；种子褐黑色，有皱纹。花果期：几乎全年。

产地　西沙群岛（永兴岛、石岛、金银岛）、东沙群岛（东沙岛）。生于旷野荒地。

分布　我国黄河流域及其以南各地区。广布于热带各地。

用途　全草药用，外用消肿止痛，治痔疮、风湿关节炎；种子有小毒，但可供药用，有杀头虱、家畜及植物寄生虫之效；种子煎剂内服可驱肠道寄生虫，外用能治刨伤脓肿。

十字花科 Brassicaceae

草本，常有辛辣液汁。茎直立或匍匐，有时无。基生叶旋叠状，茎生叶互生或很少对生，常为单叶，全缘至羽状深裂，少数为复叶，无托叶。花两性，辐射对称，通常排列成总状花序；萼片 4，分离；花瓣 4，基部常成爪状，分离，十字形排列，与萼片互生，极少退化；雄蕊通常 6 枚，四强，外轮 2 枚短，内轮 4 枚长；常有腺体；子房上位，由 2 心皮组成，1 室，但常由假隔膜分成 2 室；侧膜胎座；胚珠 1 至多数，排成 1–2 列。果为长角果或短角果，2 瓣裂或不开裂；种子小，1 至多数，排成 1–2 列；无胚乳；子叶直叠、横叠或对折。

约 330 属，3,500 种，主产北温带。我国有 102 属，约 412 种，主产西南、西北、东北的高山区和丘陵地带；南海诸岛栽培有 2 属，4 种和 1 变种。

1. 果实不含海绵质，成熟时开裂，种子间无横隔分开……1. 芸薹属 *Brassica*
1. 果实含海绵质，成熟时不开裂，种子间有横隔分开……2. 萝卜属 *Raphanus*

1. 芸薹属 Brassica L.

一年生至多年生草本。无毛或具单毛。茎直立或上行，分枝或不分枝。单叶，全缘至羽状深裂。总状花序伞房状，结果时延长；花中等大，黄色或白色；内轮萼片基部囊状；侧蜜腺柱状，中蜜腺近球形，长圆形或丝状；花瓣具长爪。长角果线形或长圆形，圆筒状，先端具喙，多为锥状，2 瓣开裂，果瓣无毛，有 1 明显中脉；隔膜完全，透明；种子每室 1 行，球形或卵形；子叶对折。

约 40 种，分布于地中海地区。我国有 18 种（包含变种）；南海诸岛有 2 种和 2 变种。

本属植物中有许多种类是常见的蔬菜，有些种类种子可榨油。

1. 叶厚，肉质；花长 1.2–2.5 cm。
  2. 茎不肥厚，不具块茎；一年生草本；茎生叶基部耳状……1. 芥蓝 *Brassica oleracea* var. *albiflora*
  2. 茎肥厚或具块茎；二年生草本；茎生叶基部非耳状……2. 擘蓝 *Brassica oleracea* var. *gongylodes*
1. 叶较薄，近草质；花长不过 1 cm。
  3. 基生叶片平滑，叶柄较窄，腹面明显内凹而抱茎，基部耳形……3. 青菜 *Brassica rapa* var. *chinensis*
  3. 基生叶片皱缩，叶柄宽而扁平，基部非耳形……4. 黄芽白 *Brassica rapa* var. *glabra*

1. 芥蓝　别名：白花甘蓝

Brassica oleracea L. var. **albiflora** Kuntze, Revis. Gen. Pl. 1: 19. 1891.——*B. alboglabra* L. H. Bailey, Gent. Herb. 179. 1922 et 2: 223. 1930; P. Y. Chen et al., Acta Bot. Austro Sin. 1: 130. 1983; K. C. Ktlarl, Fl. Reip. Pop. Sin. 33: 18. 1987.

一年生草本，高 0.5–1 m，通常 30–40 cm，无毛，具粉霜；茎直立，有分枝。基生叶卵形，长达 10 cm，边缘具微小不整齐裂齿，不裂或基部有小裂片，叶柄长 3–7 cm；茎生叶卵形或圆卵形，长 6–9 cm，边缘波状或有不整齐尖锐齿，基部耳状，沿叶柄下延，有少数显著裂片；茎上部叶长圆形，长 8–15 cm，顶端圆钝，不裂，边缘有粗齿，不下延或有显著叶柄。总状花序长，直立；花白色或淡黄色，直径 1.5–2 cm；花梗长 1–2 cm，开展或上升；萼片披针形，长 4–5 mm，边缘透明；花瓣长圆形，长 2–2.5 cm，有显著脉纹，顶端全缘或微凹，基部成窄爪。长角果线形，长 3–9 cm，顶端皱缩成长 5–10 mm 的喙。种子凸球形，直径约 2 mm，红棕色，有微小窝点。花期：3–5 月；果期：5–6 月。

产地　南沙群岛（永暑礁）、西沙群岛（永兴岛）有栽培。

分布　我国广东、海南、广西等地有栽培。

用途　本种作蔬菜或饲料。

2. 擘蓝　　别名：芥蓝头

Brassica oleracea var. **gongylodes** L., Sp. Pl. 2: 667. 1753.——*B. caulorapa* Pasq., Catal. Ort. Bot. Nap. 17. 1867; K. C. Kuan, Fl. Reip. Pop. Sin. 33: 18. 1983.——*B. oleracea* L. var. *caulorapa* DC., Prodr. 1: 213. 1824; P. Y. Chen et al., Acta Bot. Austro Sin. 1: 130. 1983.

二年生草本，高 30–60 cm，全体无毛，带粉霜；茎短，在离地面 2–4 cm 处膨大成 1 个实心长圆球体或扁球体，绿色，其上生叶。叶略厚，宽卵形至长圆形，长 13–20 cm，基部在两侧各有 1 裂片，或仅一侧有 1 裂片，边缘有不规则裂齿；叶柄长 6–20 cm，常有少数小裂片；茎生叶长圆形至线状长圆形，边缘具浅波状齿。总状花序顶生；花直径 1.5–2.5 cm；花梗长 7–15 mm；萼片直立，线状长圆形，长 5–7 mm；花瓣宽椭圆状倒卵形或近圆形，长 13–15 mm。长角果圆柱形，长 6–9 cm，喙常很短，且基部膨大；种子直径 1–2 mm，有棱角。花期：4 月；果期：6 月。

产地　西沙群岛（永兴岛）有栽培。

分布　我国各地有栽培。原产欧洲。

用途　球茎作蔬菜。

3. 青菜　　别名：小白菜

Brassica rapa var. **chinensis** (L.) Kitam., Mem. Coll. Sci. Kyoto Imp. Univ., Ser. B, Biol. 19: 79. 1950.——*B. chinensis* L., Gent. Pl. 1: 19. 1755 et Amoen. Acad. 4: 280. 1759; K. C. Kuan, Fl. Reip. Pop. Sin. 33: 25. 1987.

一年生或二年生草本，高 25–70 cm，全株无毛，被粉霜。基生叶倒卵形或宽倒卵形，长 20–30 cm，坚挺而开展，叶片平滑，有光泽，全缘或有波状齿；叶柄长 3–5 cm，基部抱茎；茎生叶倒卵形或椭圆形，基部耳形，抱茎。总状花序顶生，呈圆锥状；花浅黄色，长约 9 mm；花梗长约 9 mm；萼片长圆形，长 3–4 mm；花瓣长圆形，长约 5 mm，顶端圆钝，基部具宽爪。长角果线形，长 2–6 cm，喙长 8–12 mm；果梗长可达 30 mm；种子球形，直径 1–1.5 mm，紫褐色。花期：4 月；果期：5 月。

产地　南沙群岛（太平岛、永暑礁、华阳礁）、西沙群岛（永兴岛、金银岛）有栽培。

分布　我国各地普遍栽培。原产亚洲。

用途　本种为各地最常见的蔬菜之一。

4. 黄芽白　白菜、大白菜

Brassica rapa var. **glabra** Regel, Mem. Coll. Sci. Kyoto Imp. Univ., Ser. B, Biol. 19: 79. 1950.——*B. pekinensis* (Lour.) Rupr., Fl. Ingr. 96. 1860; K. C. Kuan, Fl. Reip. Pop. Sin. 33: 23. 1987.——*Sinapis pekinensis* Lour., Fl. Cochinch. 400. 1790.

二年生草本，高 40–60 cm。茎不分枝或上部分枝。基生叶多而大，倒卵状长圆形或宽倒卵形，长 30–60 cm，宽不及长的一半，叶片皱缩，顶端圆钝，叶缘波状；叶柄扁平，长 5–9 cm，宽可达 8 cm，边缘有具缺刻的宽薄翅；茎生叶抱茎或具柄，全缘或有裂齿。花黄色，直径 1.2–1.5 cm；花梗长 4–6 mm；萼片长圆形或卵状披针形，长 4–5 mm。花瓣倒卵形，长 7–8 mm，基部有爪。长角果短而粗，长 3–6 cm，宽约 3 mm，两侧压扁，喙长 4–10 mm；种子球形，直径 1–1.5 mm，棕色。花期：5 月；果期：6 月。

产地　南沙群岛（永暑礁）有栽培。

分布　原产我国华北地区，现各地广泛栽培。

用途　本种可作蔬菜或饲料。

2. 萝卜属 Raphanus L.

一年生或二年生草本，常具肉质直根。茎直立或匍匐，多分枝或不分枝。叶常呈提琴状分裂或羽状分裂，稀有不分裂的。花大，白色、淡紫色或紫红色。排列成分枝的总状花序；萼片直立，侧生萼片的基部稍呈囊状；花瓣具长瓣柄；雄蕊分离，无附属物；短雄蕊的基部常有蜜腺。长角果于种子间收缩呈念珠状，海绵质，顶端具长爪。种子球形或近球形；子叶纵折。

约 3 种，分布于地中海地区。我国有 2 种；南海诸岛栽培有 1 变种。

1. 长羽裂萝卜　　别名：萝卜、长羽萝卜

Raphanus sativus var. **longipinnatus** L. H. Bailey, Gen. Herb. 1(1): 25. 1922; P. Y. Chen et al., Acta Bot. Austro Sin. 1: 131. 1983.

一年生或二年生草本。直根肉质，长而大，坚实。茎分枝或不分枝。基生叶长而窄，长 30–60 cm，侧裂片 8–12 对。总状花序顶生或腋生；花白色或粉红色，直径 1.5–2 cm；花梗长 0.5–1.5 cm；萼片长圆形；花瓣倒卵形。长角果圆柱形，长 3–6 cm，在种子间明显缢缩而呈念珠状，有海绵质横隔，喙长 1–1.5 cm；种子卵形，长约 3 mm，红棕色。花期：4–5 月；果期：5–6 月。

产地　南沙群岛（东门礁）、西沙群岛（永兴岛）有栽培。

分布　我国各地有栽培。原产地中海地区。

用途　肉质根可作蔬菜；种子入药，治消化不良、气管炎、胸闷气逆、呕吐等症。

粟米草科 Molluginaceae

草本。叶对生，互生或假轮生，有时肉质；托叶缺或小而早落。花两性，辐射对称，单生或簇生，或组成聚伞花序或伞形花序，萼片通常5片，分离或在基部连合，覆瓦状排列，宿存；花瓣小或不存在；雄蕊下位或稍周位，定数或不定数，花丝分离或在基部呈各式连合，花药2室，纵裂；花盘不存在或环状；子房上位，3–5室或心皮3–5枚离生，花柱或柱头均与子房室同数，胚珠多数，弯或倒生。蒴果室背开裂或环裂，稀不开裂，或为宿萼所包围的干果；种子多数，有胚乳，胚弯曲。

约14属，120多种，主产热带和亚热带地区。我国有3属，约8种，主要分布于东南部至西南部；南海诸岛有2属3种。

1. 种子具环形种阜和假种皮；花有退化雄蕊……1. 星粟草属 *Glinus*

1. 种子无种阜和假种皮；花无退化雄蕊……2. 粟米草属 *Mollugo*

1. 星粟草属 Glinus L.

一年生铺散、仰卧草本，常多分枝，密被星状柔毛或无毛。单叶，互生、对生或假轮生，全缘或具不显的齿。花腋生成簇，具梗或近无梗；花被片5，离生，常具白色干膜质边缘，常不等，宿存；雄蕊(3–) 5 (–20)，离生或数多时成束，有退化雄蕊，花丝丝状；心皮3 (–5)，合生，子房宽椭圆形或长圆形，3(–5)室，胚珠多数，花柱3 (–5)或短缺，直立，伸展或外弯，线形或长圆状椭圆形，宿存。蒴果卵球形，3 (–5)瓣裂；种子肾形，多数，具环形种阜和假种皮，种皮具小瘤或平滑，胚弯。

约10种，分布于热带和亚热带地区，也可达温暖地区。我国有2种；南海诸岛有1种。

1. 长梗星粟草　别名：簇花粟米草

Glinus oppositifolius (L.) A. DC., Bull. Herb. Boissier, sér. 2, 1: 552, 559. 1901.——*Mollugo oppositifolia* L., Sp. Pl. 89. 1753; P. Y. Chen in Acta Bot. Austro Sin. 1: 11. 1983; W. C. Chen in Fl. Guangdong 2: 84. 1991.

披散草本，高10–60 cm，多分枝，微被柔毛。叶纸质，3–6片假轮生，匙形，线状倒披针形或长圆状倒卵形，长1–3.5 cm，宽3–6 mm，顶端钝或急尖，基部渐狭，全缘或有疏离小齿；叶脉不明显；叶柄长1–8 mm。花绿白色，白色或黄白色，通常2–7朵簇生于叶腋；花梗纤细，长5–14 mm；萼片5，长圆形，长3.5–4 mm；3脉，边缘膜质；无花瓣；雄蕊3–5枚，花丝线形；子房长椭圆形，3–5室，花柱3–5枚，外弯。蒴果长圆形，长3–3.5 mm；种子栗色，近肾形，具粒状突起；假种皮较小，种阜线状，白色。花果期：几乎全年。

产地　南沙群岛（永暑礁、渚碧礁、东门礁）、西沙群岛（永兴岛、石岛、琛航岛）。生于海边沙地或空旷草地上。

分布　广东、海南、台湾。热带亚洲和非洲，南至澳大利亚北部。

用途　全草入药，清肠胃湿热，治急性阑尾炎。

2. 粟米草属 Mollugo L.

一年生草本。茎铺散、斜升或直立，多分枝，无毛。单叶，基生、近对生或假轮生，全缘。花小，具梗，顶生或腋生，簇生或成聚伞花序、伞形花序；花被片 5，离生，草质，常具透明干膜质边缘；雄蕊通常 3，有时 4 或 5，稀更多 (6–10)，与花被片互生，无退化雄蕊；心皮 3(–5)，合生，子房上位，卵球形或椭圆球形，3(–5) 室，每室有多数胚珠，着生中轴胎座上，花柱 3(–5)，线形。蒴果球形，果皮膜质，部分或全部包于宿存花被内，室背开裂为 3(–5) 果瓣；种子多数，肾形，平滑或有颗粒状凸起或脊具凸起肋棱，无种阜和假种皮；胚环形。

约 20 种，分布于热带和亚热带地区，欧洲和北美温暖地区也有。我国有 4 种；南海诸岛有 2 种。

1. 叶全部基生；花组成二歧聚伞花序……1. 裸茎粟米草 *M. nudicaulis*
1. 叶基生或茎生；花簇生……2. 种棱粟米草 *M. verticillata*

1. 裸茎粟米草　别名：无茎粟米草

Mollugo nudicaulis Lam., Encycl. 4: 234. 1786; How & C. F. Wei, Fl. Hainanica l: 382. 1964; Xing et al., Acta Bot. Austro Sin. 9: 41. 1994.

草本，高 5–25 cm；茎多而纤细，从基生叶丛中抽出，二歧分枝。叶全基生，椭圆状匙形或倒卵形至卵状匙形，长 1–5 cm，宽 6–20 mm，顶端钝或圆，基部渐狭，有时下延；侧脉 4–7 对，纤细，不明显；叶柄长 2–15 mm，二歧聚伞花序顶生，扩展，花白色或黄色，花梗纤细，长 2–8 mm；萼片 5，长圆形，长 2–3 mm，顶端钝；无花瓣；雄蕊 3–5 枚，分离，花丝线形，基部不扩大；子房近圆形，3 室，花柱 3 枚，极短，外反。蒴果近圆形或椭圆形，3 爿裂；种子多数，栗黑色，在种脐上有微小的鳞片，背部有不明显的脉纹。花果期：5–12 月。

产地　西沙群岛（永兴岛）。生于海边沙地或空旷草地上。

分布　广东、海南。印度、巴基斯坦、斯里兰卡、新喀里多尼亚、南美洲和热带非洲。

2. 多棱粟米草　　别名：种棱粟米草

Mollugo verticillata L., Sp. Pl. 89. 1753; W. C. Chen, Fl. Guangdong, 2: 85. 1991.——*M. costata* Y. T. Chang & C. F. Wei in Acta Phytotax. Sinica 8: 263. 1963; P. Y. Chen in Acta Bot. Austro Sin. 1: 131. 1983.

一年生草本，高 10–30 cm。叶纸质，基生叶莲座状，倒卵形或卵状匙形，长 1.5–2 cm，茎生叶 3–7 片，假轮生或 2–3 片生于节的一侧，倒披针形或线状倒披针形，长 1–2.5 cm，宽 1.5–5 mm，顶端急尖或钝，基部狭楔形或渐狭，全缘，干时两面黄绿色；叶柄短或几无柄。花白色、紫白色或淡黄色；花梗纤细，长 3–5 mm，萼片 5，稀 4 片，长圆形或卵状长圆形，长 2.5–3 mm，顶端尖，边缘膜质，覆瓦状排列；无花瓣；雄蕊 3 枚，少有 2 枚或 4–5 枚，花丝基部稍扩大；子房 3 室，花柱 3 枚。蒴果膜质，椭圆形或近球形，长 3–4 mm，1/2–3/4 为宿萼包围，顶端冠以宿存的花柱，3 爿裂；种子多数，肾形，栗色，平滑，有光泽，背部具 3–5 条弧形的凸起脉纹，棱间有细密的横纹，无假种皮和种阜。花果期：夏季至冬季。

产地　南沙群岛（东门礁）、西沙群岛（永兴岛、金银岛）。生于海边沙地上。

分布　广东、海南、广西、福建、台湾。北美洲。

番杏科 Aizoaceae

草本或亚灌木，常肉质。叶互生或对生，有或无托叶。花通常两性，辐射对称；萼管与子房分离或贴生，裂片5–8，覆瓦状排列，很少镊合状排列；花瓣多数或缺，1或多轮，着生在萼管上，线形；雄蕊周位，多数，排成数轮或少数，稀1枚，分离或基部合生成束，花药2室，纵裂；子房上位或下位，1至数室，胚珠单生至多数，基生，顶生或生于中轴胎座上。果为蒴果、坚果和核果状，常为宿萼所包。

约20属，600多种，主要分布在非洲南部和地中海地区，少数分布于南美洲、大洋洲至亚洲的热带和亚热带地区。我国有3属，3种，主产东南部至南部沿海地区；南海诸岛有2属，2种。

1. 子房3–5室，花柱3–5；种皮平滑；对生叶等大……1. 海马齿属 *Sesuvium*
1. 子房1–2室，花柱1–2，种皮具棱或有颗粒状小点；对生叶不等大……2. 假海马齿属 *Trianthema*

1. 海马齿属 Sesuvium L.

匍匐或直立肉质草本或亚灌木。叶对生，肉质叶柄基部常扩大并具鞘，无托叶；花腋生，无或有柄，单生，簇生或为聚伞花序；萼深5裂，外面顶端常有细尖头，内面常有颜色；花瓣缺；雄蕊5枚，与萼裂片互生，或雄蕊多数，着生于萼管顶部，花丝丝状，分离或基部合生；子房上位，3–5室，每室有胚珠多颗，花柱3–5，丝状。蒴果膜质，为宿萼所包围，近中部环裂；种子多数，球状肾形，种皮平滑。

约8种，分布于全世界的热带和亚热带海岸地区。我国南部及东南部沿海地区有1种；南海诸岛也有。

1. 海马齿

Sesuvium portulacastrum (L.) L., Syst. ed. 10. 1058. 1759; P. Y. Chen et al. in Acta Bot. Austro Sin. 1: 131. 1983; T. C. Huang et al. in Taiwania 39(1–2): 8, 35. 1994.

多年生、肉质草本；茎匍匐、无毛，节上生根，绿色或红色，常有白色瘤状小点，通常长20–80 cm。叶肉质，常有白色瘤状小点，线状倒披针形或线状匙形，长1.5–5 cm，宽0.2–1 cm，顶端钝，中部以下渐狭成柄，柄长7–15 mm。花单生于叶腋内，花梗长5–15 mm；花萼长6–8 mm，萼管长约2 mm，裂片5，卵状披针形；花瓣缺；雄蕊15–40枚，着生于萼管顶部，花丝分离或近中部以下合生；子房卵圆形，无毛，3室或4室，花柱3枚，稀4–5枚。蒴果卵状，长不超过花萼，中部以下环裂；种子小，黑色。花果期：夏秋。

产地　南沙群岛（太平岛）、西沙群岛（永兴岛、石岛、东岛、中建岛、晋卿岛、琛航岛、广金岛、羚羊礁、金银岛、甘泉岛、珊瑚岛、银屿、石屿、赵述岛、南岛、中沙洲、南沙洲）、东沙群岛（东沙岛）。生于海岸沙地或珊瑚石缝中，有时也见于季节性的沼泽或咸水小湖边。

分布　广东、海南、广西、福建、台湾。全世界的热带、亚热带滨海地区。

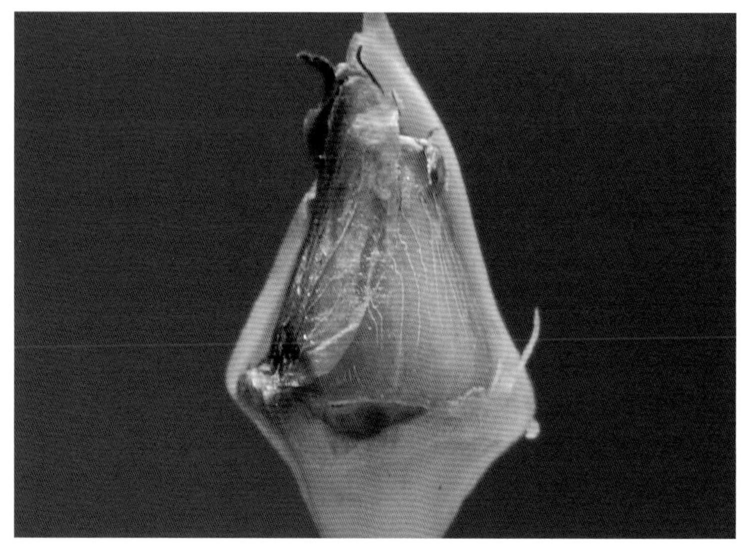

2. 假海马齿属 Trianthema L.

草本，稀亚灌木；茎伏地或近直立，常多分枝。叶对生，常不等大，叶柄基部扩大并具鞘，常成对合生；托叶细小或缺。花单生或数朵簇生于叶腋，无或有柄；花萼裂片 5；无花瓣；雄蕊 5 至多数，与花萼裂片互生；子房上位，顶部截平或凹入，1 或 2 室，每室有 1 至多颗胚珠，花柱 1–2。蒴果圆柱形或陀螺形，具盖；种子球状肾形，种皮具棱或有颗粒状小点，有长珠柄。

约 20 种，分布于亚洲、非洲和大洋洲的热带和亚热带地区，少数分布至美洲的热带地区。我国 1 种，产台湾和海南岛南部；南海诸岛亦产。

1. 假海马齿

Trianthema portulacastrum L., Sp. Pl. 223. 1753; P. Y. Chen et al. in Acta Bot. Austro Sin. 1: 131. 1983; T. C. Huang et al. in Taiwania 39(1–2): 35. 1994.

匍匐或近直立草本。叶薄肉质，对生，无毛，全缘，广椭圆形、倒卵形或倒心形，长 0.8–5 cm，宽 0.4–4.5 cm，顶端钝、微凹或微尖，基部楔形，叶柄长 0.4–3 cm，基部膨大并具鞘，叶鞘膜质，基部合生成小袋状；托叶长 2–2.5 mm。花无花梗，单生于叶腋；花萼长 4–5 mm，通常淡粉红色，稀白色，萼管常与叶柄基部贴生，裂片 5，稍钝，在背面近顶部具 1 短尖头；雄蕊 10–25 枚，花丝白色，无毛，长 2–3 mm；子房近陀螺形，无毛，花柱 1 枚，长约 3 mm。蒴果顶端截平，2 裂，上部肉质，基部的壁薄，不开裂，有种子多颗；种子黑色，肾形，有不明显的波状棱，宽 1–2.5 mm。花果期：夏秋季。

产地　南沙群岛（永暑礁、赤瓜礁、东门礁、渚碧礁）、西沙群岛（永兴岛、珊瑚岛、中建岛）、东沙群岛（东沙岛）。生于空旷地或海边沙地上。

分布　海南、台湾。全世界的热带海滨地区。

用途　本种可作饲料。

马齿苋科 Portulacaceae

草本或亚灌木，常肉质。叶互生或对生，稀轮生，全缘；托叶干膜质或刚毛状，稀不存在。花辐射对称，两性，单生、簇生或组成聚伞花序、总状花序或圆锥花序，腋生或顶生；萼片 2，稀 4–8 片，草质或干膜质，覆瓦状排列，分离或基部连合并贴生于子房；花瓣 4–6 片，稀较少或更多，覆瓦状排列，分离或基部连合，常早落；雄蕊与花瓣同数或更多，且与花瓣对生，分离，花药 2 室，内向纵裂；子房上位或半下位，1 室，具基生胎座，胚珠 1 至多颗，花柱顶部常 2 至多裂。蒴果周裂或爿裂，很少为不开裂的坚果；种子球状肾形。

约 19 属，500 多种，主要分布在美洲的热带和亚热带地区，少数在东半球。我国有 2 属，约 6 种，主要分布在东南部至西南部；南海诸岛有 2 属，7 种。

1. 花单生或簇生成头状；蒴果周裂；叶长不及 4 cm，有腋毛……1. 马齿苋属 *Portulaca*
1. 花组成顶生的圆锥花序；蒴果 2–3 爿裂；叶长 4 cm 以上，无毛……2. 土人参属 *Talinum*

1. 马齿苋属 **Portulaca** L.

一年生至多年生草本；茎直立或匍匐，多分枝，或半灌木状，常肉质，节上生根。单叶对生、互生或在茎上部的轮生，全缘，圆柱状或扁平，多数近无柄，托叶为膜质鳞片状或毛状的附属物，少有完全退化，多有腋毛。花 2 至多朵簇生于枝顶或头状，或为单花，花通常为总苞状的叶轮所围绕；萼片 2，基部合生，其分离部分脱落；花瓣通常 4–6 片，分离或基部合生；雄蕊 4 至多枚；子房半下位，1 室，胚珠多数，花柱顶部通常 2 至多裂。蒴果盖裂；种子细小，胚弯。

约 150 种，广布于热带、亚热带地区，少数至温带。我国连引入共 7 种，主产东南至西南部；南海诸岛有 6 种。

1. 花直径大于 2 cm。
  2. 叶扁平；蒴果具环状增大的翅……6. 环翅马齿苋 *P. umbraticola*
  2. 叶圆柱状线形。
    3. 花直径约 2 cm……3. 多毛马齿苋 *P. pilosa*
    3. 花直径 2.5–4 cm……1. 大花马齿苋 *P. grandiflora*
1. 花直径小于 1 cm。
  4. 叶对生；花瓣 4……4. 四瓣马齿苋 *P. quadrifida*
  4. 叶互生；花瓣 5。
    5. 全株无毛；叶扁平，倒卵形……2. 马齿苋 *P. oleracea*
    5. 叶腋具毛；叶厚，卵形至长圆形……5. 沙生马齿苋 *P. psammotropha*

1. 大花马齿苋　别名：太阳花、松叶牡丹

Portulaca grandiflora Hook., Bot. Mag. t. 2885. 1829.——*P. pilosa* L. ssp. *grandiflora* (Hook.)

Geesink in Blumea 17: 297. 1969; P. Y. Chen et al. in Acta Bot. Austro Sin. 1: 131. 1983.

一年生肉质草本，高 10–15 cm；茎匍匐或直立，分枝，稍带紫色，光滑。叶散生或簇生，圆柱形，长 1–2.5 cm，宽约 3 mm，在叶腋有长约 5 mm 的丛生白色长柔毛，花常单朵或两朵顶生，直径 2.5–4 cm，有玫瑰红、粉红、白、黄等色，基部为 8–9 枚轮生的叶和白色长柔毛围绕；萼片卵形，长 6–8 mm；花瓣倒卵形，直径约 2.5 cm，顶端略凹入，有时重瓣；雄蕊多数，花丝长约 6 mm，花药椭圆形；花柱长约 13 mm，柱头常 5–7 裂；子房半下位。蒴果盖裂，近球形，直径约 5 mm；种子多数，小，灰黑色，有小瘤状突起。花期：6–9 月；果期：8–11 月。

产地　南沙群岛（永暑礁、赤瓜礁、渚碧礁）、西沙群岛（永兴岛、石岛、东岛、琛航岛、金银岛、珊瑚岛）有栽培或有时逸为野生。

分布　我国大部分地区有栽培。原产热带美洲。

用途　本种为常见的观赏花卉，易于栽培。

2. 马齿苋　　别名：瓜子菜

Portulaca oleracea L., Sp. Pl. 445. 1753; P. Y. Chen et al. in Acta Bot. Austro Sin. 1: 131. 1983; T. C. Huang et al. in Taiwania 39(1–2): 18, 45. 1994.

一年生草本；茎匍匐或披散，肉质；叶互生或近对生，肉质，扁平，倒卵形或长圆状倒卵形至匙形，长 1–4 cm，宽 0.5–2 cm，顶端钝，基部楔形，具长仅 1 mm 的腋毛。花无梗，为长约 5 mm 的叶及不明显的毛所围绕；萼片长约 6 mm，绿色；花瓣通常 5 片，黄色，阔倒卵形，基部合生；雄蕊 7–15 枚，花丝长约 4 mm；花柱长约 5 mm，顶部常 5 裂，子房无毛。蒴果卵形，直径约 3 mm，盖裂；种子小，多数，黑色，有小瘤点。花期：5–8 月；果期：8–11 月。

产地　南沙群岛（太平岛、永暑礁、赤瓜礁）、西沙群岛（永兴岛、石岛、东岛、中建岛、琛航岛、广金岛、金银岛、甘泉岛、珊瑚岛、银屿、石屿、赵述岛、北岛、南岛）、东沙群岛（东沙岛）。生于旷地、路旁和耕地。

分布　几遍全国。广布于世界的热带至温带地区。

用途　茎叶可作蔬菜及饲料；药用治热痢便血、痈肿疔疮、妇人赤白带下、蛇虫咬伤、关节炎等。

3. 多毛马齿苋　别名：毛马齿苋、禾雀舌

Portulaca pilosa L., Sp. Pl. 445. 1753; P. Y. Chen et al. in Acta Bot. Austro Sin. 1: 132. 1983.

直立或披散、分枝草本，高 10–30 cm；茎肉质。叶互生，近圆状线形，椭圆形至线形，长 0.4–2.8 cm，宽 0.5–4 mm，腋内密被长柔毛。花小，无梗，为 4–9 片轮生叶和毛所围绕；萼片长圆形，长 2–6 mm，渐尖或急尖；花瓣 4–6 片，膜质，基部合生，倒卵圆形，长 2.5–12 mm，红色，淡红色或黄色；雄蕊通常 20–30 枚，花丝长 1–5 mm，花药球形至椭圆形；花柱长 2–8 mm，顶部 3–7 裂。蒴果卵形或近球形，直径 2–4 mm，蜡黄色，有光泽，盖裂；种子小，黑色，有小瘤体。花果期：4–9 月。

产地　西沙群岛（永兴岛、石岛、东岛、琛航岛、广金岛、羚羊礁、金银岛、甘泉岛、珊瑚岛、南岛）。生于海边沙地。

分布　广东、海南、福建、台湾。全世界热带地区。

用途　本种可作蔬菜和药用。

4. 四裂马齿苋　　别名：四瓣马齿苋

Portulaca quadrifida L., Mart. 1: 73. 1767; W. C. Chen in Fl. Guangdong 2: 90. 1991; T. C. Huang et al. in Taiwania 39(1–2): 45. 1994.

柔弱肉质草本；茎匍匐，节上生根并有一轮毛，叶对生或轮生，扁平，无柄或有短柄，卵形或卵状椭圆形，长 4–8 mm，宽 2–5 mm，顶端钝或急尖，具长约 5 mm 的腋毛。花小，常单朵顶生，为 4 个小苞片的总苞所围绕，具白色柔毛；萼片膜质，倒卵状长圆形，长 2.5–3 mm，有脉纹；花瓣 4 片，黄色，长圆形或宽椭圆形，长约 5 mm，宽约 4 mm，基部合生；雄蕊 8–12 枚，花丝长约 3.5 mm；花柱长约 4 mm，柱头 3–5 裂；子房卵圆形，有长柔毛。蒴果黄色，倒卵形，膜质，长约 3.5 mm；种子小，黑色，有小瘤体。花果期：几乎全年。

产地　西沙群岛（永兴岛、石岛、琛航岛、广金岛、珊瑚岛、赵述岛）、东沙群岛（东沙岛）。生于空旷地上。

分布　海南、台湾。亚洲、大洋洲和非洲的热带地区。

用途　本种可作蔬菜及供药用。

5. 沙生马齿苋

Portulaca psammotropha Hance, Ann. Bot. Syst. 2: 660. 1851; D. Q. Lu & M. G. Gilbert in Fl. China 5: 442–443. 2003; Y. Tong in Biodivers. Sci. Appendix 1, 21(3): 364–374. 2013.

多年生铺散草本，高 5–10 cm。根肉质，粗 4–8 mm。茎肉质，直径 1–1.5 mm，基部分枝。叶互生，叶片扁平，稍肉质，倒卵形或线状匙形，长 5–10 mm，宽 2–4 mm，顶端钝，基部渐狭成一扁平、淡黄色的短柄，干时有白色小点，叶腋有长柔毛。花小，无梗，黄色或淡黄色，单个顶生，围以 4–6 片轮生叶；萼片 2，卵状三角形，长约 2.5 mm，具纤细脉；花瓣椭圆形，与萼片等长；雄蕊 25–30；子房宽卵形，

苋科 Amaranthaceae

一年生或多年生草本，少数为攀援藤本或灌木。叶互生或对生，全缘，少数有微齿。无托叶。花小，两性或单性同株或异株，或杂性，有时退化成不育花，花簇生于叶腋内，成疏散或密集的穗状花序、头状花序、总状花序或圆锥花序，苞片1及小苞片2，干膜质；花被片3–5，干膜质，覆瓦状排列，常和果实同脱落，少有宿存；雄蕊通常与花被片同数且对生，偶较少，花丝分离，或基部合生成杯状或管状，花药2室或1室；有或无退化雄蕊；子房上位，1室，具基生胎座，胚珠1个或多数，珠柄短或伸长，花柱1–3，宿存，柱头头状或2–3裂。果实为胞果或小坚果，稀为浆果，果皮薄膜质，不裂、不规则开裂或顶端盖裂。种子1个或多数。凸镜状或近肾形，光滑或有小瘤点，胚环状，胚乳粉质。

约60属。850种，分布很广。我国有13属，约39种；南海诸岛有5属，9种，1变种。

1. 叶互生。
  2. 胚珠或种子2个或数个；花柱伸长……4. 青葙属 *Celosia*
  2. 胚珠或种子1个；花柱短或无……3. 苋属 *Amaranthus*
1. 叶对生。
  3. 花在花期后向下折；小苞片有刺；穗状花序；雄蕊花药2室……1. 牛膝属 *Achyranthes*
  3. 花在花期后仍向上；小苞片无刺；头状花序；雄蕊花药1室。
    4. 有退化雄蕊；柱头1，头状……2. 莲子草属 *Alternanthera*
    4. 无退化雄蕊；柱头2–3，或2裂……5. 千日红属 *Gomphrena*

1. 牛膝属 Achyranthes L.

草本或亚灌木；茎具明显的节。叶对生，有叶柄。穗状花序顶生或腋生，花期后反折，平展或下倾；花两性，单生于干膜质宿存苞片的基部，并有2小苞片，小苞片有1长刺，基部加厚，两旁各有1短膜质翅；萼片4–5，膜质，无毛，花后变硬；雄蕊5，少数4或2，远短于萼片，花丝基部连合成一浅杯状，花药2室，不育雄蕊舌状，上部阔或撕裂状；子房长椭圆形，胚珠1颗，珠柄长，花柱丝状，柱头头状。胞果卵状长圆形、卵形或近球形，不开裂，连同花萼和小苞片一齐脱落；种子长圆形，凸镜状。

约15种，分布于两半球的热带及亚热带地区。我国产3种；南海诸岛有1种，1变种。

1. 土牛膝　　别名：南蛇牙草、倒扣草、倒梗草

Achyranthes aspera L., Sp. Pl. 204. 1753; K. C. Kuan in Fl. Reip. Pop. Sin. 25(2): 227. 1979; P. Y. Chen et al. in Acta Bot. Austro Sin. 1: 132. 1983.

多年生草本，高20–120 cm；茎四棱形，有柔毛，节部稍膨大。叶片宽卵状倒卵形或椭圆状长圆形，长1.5–7 cm，宽0.4–4 cm，顶端圆钝，具突尖，基部楔形或圆形，全缘或波状，两面密生柔毛；叶柄长5–15 mm，密生柔毛或近无毛。穗状花序顶生，长10–30 cm，花期后反折；花长3–4 mm，疏生；苞片披针形，长3–4 mm；小苞片刺状，长2.5–4.5 mm；萼片5，淡青色，披针形，长约4 mm；雄蕊长2.5–3.5 mm，花丝基部合成杯状，不育雄蕊约

与花丝等长。胞果卵形，长 2.5–3 mm。种子卵形，长约 2 mm，棕色。花期：6–8 月；果期：10 月。

产地　西沙群岛（永兴岛、石岛、东岛、晋卿岛、琛航岛、广金岛、金银岛、甘泉岛、珊瑚岛）。生于海岸林中或旷地上。

分布　长江以南各地区。印度、越南、菲律宾、马来西亚等地。

用途　根入药，主治感冒发热、扁桃体炎、白喉、流行性腮腺炎、泌尿系结石、肾炎水肿等症。

1a. 钝叶土牛膝

Achyranthes aspera L. var. **indica** L., Sp. Pl. 1: 204. 1753; K. C. Kuan in Fl. Reip. Pop. Sin. 25(2): 228. 1979; T. C. Huang et al. in Taiwania 39(1–2): 8, 35. 1994.——*A. obtusifolia* Lam. in Encycl. 1: 545. 1783.

本变种茎密生白色或黄色长柔毛。叶片倒卵形，长 1.5–6.5 cm，宽 2–4 cm，顶端圆钝，常有凸尖，基部宽楔形，边缘波状，两面密生柔毛。

产地　南沙群岛（太平岛）、东沙群岛（东沙岛）。生于旷地上。

分布　广东、台湾、四川、云南。印度、斯里兰卡。

2. 莲子草属 **Alternanthera** Forsk.

匍匐或上升草本，茎多分枝。叶对生，全缘。花两性，排成具总花梗或无总花梗的头状花序，花序数个或单个簇生于叶腋；苞片 1 枚，小苞片 2 枚；萼片 5，几等长或不等长；雄蕊 2–5 枚，花丝基部合生成杯状，花药 1 室；子房球形或卵形，胚珠 1 颗，花柱短，柱头头状。胞果球形或卵形，不裂，边缘翅状。种子凸镜状。

约 200 种，分布于美洲热带及暖温带。我国 5 种，主产长江以南各地区；南海诸岛产 1 属，3 种。

1. 茎直立……………………………………1. 巴西莲子草 *A. brasiliana*
1. 茎匍匐。
   2. 头状花序具总梗……………………………2. 空心莲子草 *A. philoxeroides*
   2. 头状花序无总梗……………………………3. 虾钳菜 *A. sessilis*

1. 巴西莲子草　别名：红龙草

Alternanthera brasiliana (L.) Kuntze, Revis. Gen. Pl. 2: 537. 1891; Y. Tong in Biodivers. Sci. Appendix 1, 21(3): 364–374. 2013.——*Gomphrena brasiliana* L., Cent. Pl. II, 13. 1756.

多年生草本，高约 60–70 cm。茎直立，被短柔毛。叶对生，纸质，披针形，长 7–10 cm，宽 2–3.5 cm，被绒毛，叶两面紫红色；叶柄 0.5–1.5 cm。头状花序球形，顶生或腋生，具总花梗，直径 0.8–1.3 cm；苞片龙骨状，较花被片短或近等长；苞片及小苞片披针形，白色，具绒毛，长 3–4 mm，先端渐尖；雄蕊 5。胞果藏于被片中，椭球形，先端急尖，径约 2 mm。种子卵状长圆形。花果期：几全年。

产地　西沙群岛（永兴岛）有栽培。

分布　我国南部地区有栽培。原产中美洲和南美洲。

用途　本种用于园林绿化。

2. 空心莲子草　　别名：喜旱莲子草

Alternanthera philoxeroides (Mart.) Griseb., Abh. Königl. Ges. Wiss. Göttingen 24: 36. 1879; B. J. Bao, S. E. Clemants, T. Borsch in Fl. China 5: 427. 2003.

多年生草本；茎基部匍匐，上部上升，管状，不明显 4 棱，长 55–120 cm，具分枝，幼茎及叶腋有白色或锈色柔毛，茎老时无毛，仅在两侧纵沟内保留。叶片矩圆形、矩圆状倒卵形或倒卵状披针形，长 2.5–5 cm，宽 7–20 mm，顶端急尖或圆钝，具短尖，基部渐狭，全缘，两面无毛或上面有贴生毛及缘毛，下面有颗粒状突起；叶柄长 3–10 mm，无毛或微有柔毛。花密生，成具总花梗的头状花序，单生在叶腋，球形，直径 8–15 mm；苞片及小苞片白色，顶端渐尖，具 1 脉；苞片卵形，长 2–2.5 mm，小苞片披针形，长 2 mm；花被片矩圆形，长 5–6 mm，白色，光亮，无毛，顶端急尖，背部侧扁；雄蕊花丝长 2.5–3 mm，基部连合成杯状；退化雄蕊矩圆状条形，和雄蕊约等长，顶端裂成窄条；子房倒卵形，具短柄，背面侧扁，顶端圆形。胞果倒心形，长约 1 mm，包藏于宿存被片中。种子卵圆形，褐色。花果期：3–11 月。

产地　南沙群岛（美济礁）。生于路旁草地。

分布　广东、海南、广西、湖南、江西、福建、台湾、浙江、江苏、湖北、四川、河北、北京。原产巴西。

3. 虾钳菜　别名：莲子草

Alternanthera sessilis (L.) DC., Cat. Hort. Monspel. 77. 1813; P. Y. Chen et al. in Acta Bot. Austro Sin. 1: 132. 1983.——*Illecebrum sessile* L., Sp. Pl. ed. 2. 300. 1762.——*A. denticulata* R. Br. in Prodr. Fl. Nov. Holland. 417. 1810.——*Gomphrena sessilis* L., Sp. Pl. 1: 225. 1753.——*A. nodiflora* R. Br. in Prodr. Fl. Nov. Holland. 417. 1810.

匍匐或平卧草本；茎细长，有2行纵列的白色柔毛，节上密被柔毛。叶椭圆状披针形或披针形，长2.5–6 cm，宽0.2–2 cm，顶端急尖或钝，基部渐狭成短叶柄，全缘或具不明显的小齿。穗状花序外形呈球形或长圆形，长0.5–1 cm；苞片和小苞片卵圆形，长0.5 mm，宿存；花密集；萼片披针形，几等长，长约2 mm；雄蕊通常3枚，花丝长约0.7 mm，基部连合成杯状，花药长圆形；不育雄蕊三角状钻形；花柱极短，柱头浅裂。胞果倒心形，长2–2.5 mm，侧扁，翅状。种子卵球形。花期：5–7月；果期：7–9月。

产地　南沙群岛（永暑礁）、西沙群岛（永兴岛）。生于菜园潮湿处及路旁草地。

分布　长江以南各地区。越南、缅甸、马来西亚、菲律宾、印度。

用途　全草入药，治牙痛、痢疾、便血、跌打、疮疖、毒蛇咬伤、疖肿、湿疹、皮炎、癣疥、乳汁不通等症。

3. 苋属 Amaranthus L.

一年生草本。叶互生，全缘，有叶柄。花单性，雌雄同株，密集，簇生于叶腋，或排成顶生或腋生的穗状花序；苞片 1 枚；小苞片 2 枚；萼片 2–5 片，直立，薄膜质，卵形至线形，常有芒；雄花多位于花序上部；雄蕊与萼片同数。花丝离生，花药 2 室，不育雄蕊缺；雌花多位于花序下部；子房卵形至长圆形，胚珠 1 颗，花柱短或无，柱头 2–4 裂，通常 3 裂，线形。胞果球形或卵形，膜质，盖裂或不规则开裂，径约 2 mm；种子黑色，有光泽，具白色环状、膜质的假种皮。

约 40 种，分布于世界各地。我国产 13 种；南海诸岛野生和栽培的有 4 种。

1. 植株具刺……2. 刺苋 *A. spinosus*
1. 植株无刺。
  2. 圆锥花序式的穗状花序，萼片和雄蕊 5 数……1. 繁穗苋 *A. cruentus*
  2. 穗状花序；萼片和雄蕊 2–3 数。
    3. 苞片约与萼片等长；有芒；胞果盖裂，果皮光滑（栽培）……3. 苋 *A. tricolor*
    3. 苞片短于萼片；胞果不裂，果皮有皱纹……4. 野苋 *A. viridis*

1. 繁穗苋

Amaranthus cruentus L., Syst. Nat. (ed. 10) 2: 1269. 1759; B. J. Bao, S. E. Clemants, T. Borsch in Fl. China 5: 418. 2003.

一年生草本。茎直立，无毛，绿色。叶菱状卵形或长圆状披针形，基部楔形，顶端渐尖或急尖，全缘或波状；叶柄绿色，长约为叶身的 1/2。穗状花序组成圆锥花序式，直立；苞片和花被片顶端芒刺明显；雌花中苞片长约为花被片的 1.5 倍；花被片较胞果短。胞果直径 3–4 mm，盖裂。种子近球形。花期：6–7 月；果期：9–10 月。

产地　西沙群岛（永兴岛）。生于旷野草地。

分布　我国各地均有。原产热带，现世界广泛栽培。

用途　本种作观赏植物和蔬菜。

2. 刺苋

Amaranthus spinosus L., Sp. Pl. 991. 1753; K. C. Kuan in Fl. Reip. Pop. Sin. 25(2): 210. 1979; P. Y. Chen et al. in Acta Bot. Austro Sin. 1: 133. 1983.

直立草本，高 30–100 cm。叶片菱状卵形或卵状披针形，长 3–12 cm，宽 1–5.5 cm，顶端圆钝，基部楔形，全缘，无毛或幼时沿叶脉稍被柔毛；叶柄长 1–8 cm，在其旁具 2 刺，刺长 5–10 mm。花淡绿色或青白色，簇生于叶腋，或排成顶生或腋生稠密的穗状花序，苞片鳞片状，短于花萼；萼片 5 片，长圆形，长 2–2.5 mm；雄蕊 5 枚；子房长圆形，柱头 2–3 枚。胞果盖裂，长约 1–1.2 mm。种子近球形，直径约 1 mm，黑色。花果期：7–11 月。

产地　西沙群岛（永兴岛）。生于荒地或路旁。

分布　我国大部分地区有分布。日本、中南半岛、马来西亚、菲律宾、印度、美洲。

用途　全草入药，用于治疗消化道出血、痢疾、急慢性肠炎、湿热带下、疮疡、湿疹、痔疮出血、咽喉痛等症。

3. 苋

Amaranthus tricolor L., Sp. Pl. 989. 1753; K. C. Kuan in Fl. Reip. Pop. Sin. 25(2): 212. 1979; P. Y. Chen et al. in Acta Bot. Austro Sin. 1: 133. 1983.——*A. gangeticus* L. in Syst. Nat. (ed.10) 2: 1268. 1759.——*A. gangeticus* var. *angustior* L. H. Bailey in Gentes Herb. 1: 21. 1920.——*A. mangostanus* L. in Cent. Pl. I. 1: 32. 1755.

直立无刺草本；茎绿色或红色，高 30–100 cm。叶形多样，披针形至圆形，卵形或三角状卵形，长 5–10 cm，顶端圆或急尖，或短渐尖，基部阔三角形或楔形，绿色或紫红色或具紫红色斑。花青白色，簇生于叶腋，或排成密集顶生或腋生的穗状花序；苞片长约 3–4 mm，有芒；萼片 3 片，长 3.5–4 mm，有芒；子房圆柱形，具 2–3 枚线形花柱。胞果长圆形，盖裂，长 2–2.5 mm。种子近圆形或倒卵形，直径约 1 mm，黑色。花期：5–8 月；果期：7–9 月。

产地　西沙群岛（永兴岛、石岛、东岛、中建岛、琛航岛、珊瑚岛）有栽培。

分布　全国各地均有栽培，或有时逸为半野生。原产印度。

用途　茎、叶作蔬菜；全草入药，有明目、利大小便、去寒热的功效。

4. 野苋　别名：皱果苋、绿苋

Amaranthus viridis L., Sp. Pl. ed. 2. 1405. 1763; K. C. Kuan in Fl. Reip. Pop. Sin. 25(2): 216. 1979; P. Y. Chen et al. in Acta Bot. Austro Sin. 1: 133. 1983; T. C. Huang et al. in Taiwania 39(1–2): 8, 35. 1994.——*A. gracilis* Desf., Tabl. Ec. Bot. 43. 1804; Backer in Steen. Fl. Malesiana ser. 1. 4: 76. 1949.——*Euxolus viridis* Moq, Prodr. 13(2): 273–274. 1849.

无刺草本；高 30–60 cm；全体无毛。叶片卵形，卵状菱形或卵状椭圆形，长 3–9 cm，宽 2.5–6 cm，顶端钝，常凹入，基部截平或阔三角形而稍下延。花青白色，排成腋生或顶生的穗状花序，有时花序分枝；苞片和小苞片卵形，长约 1 mm；萼片 2–3，卵状长圆形，长 1.2–1.5 mm，顶端具凸尖头；雄蕊 2–3 枚；子房长圆形，花柱短，柱头 2–3 裂。胞果扁圆形，具喙，果皮有皱纹，不开裂或不规则盖裂。种子近球形，直径约 1 mm, 黑色或黑褐色。花期：6–8 月；果期：8–10 月。

产地　南沙群岛（太平岛、永暑礁、赤瓜礁、华阳礁）、西沙群岛（永兴岛、石岛、中建岛、琛航岛、甘泉岛、珊瑚岛）、东沙群岛（东沙岛）。生于空旷地上或路旁湿润处。

分布　几遍全国各地。原产热带非洲，现广泛分布于两半球的温带、亚热带和热带地区。

用途　茎、叶可作野菜食用；全草入药，有清热解毒、利尿止痛功效；根治痢疾，叶镇痛。

4. 青葙属 Celosia L.

一年生或多年生草本、亚灌木或灌木。叶互生，卵形至条形，全缘，有叶柄。花两性，排成顶生或腋生、密集或间断的穗状花序；每花有 1 苞片或 2 小苞片，干膜质，宿存，花被片 5，干膜质，光亮，无毛，直立开展，宿存；雄蕊 5，花丝钻状或丝状，上部离生，基部连合成杯状；无退化雄蕊；子房 1 室，具 2 至多数胚珠，花柱 1，宿存，柱头头状，微 2–3 裂，反折。胞果卵形或球形，具薄壁，盖裂。种子凸镜状肾形，黑色，光亮。

45–60 种，分布于非洲、美洲和亚洲的热带至温带地区。我国产 3 种，分布几遍全国；南海诸岛有 1 种。

1. 青葙　别名：狗尾草

Celosia argentea L., Sp. Pl. 205. 1753; K. C. Kuan in Fl. Reip. Pop. Sin. 25(2): 200. 1979; P. Y. Chen et al. in Acta Bot. Austro Sin. 1: 133. 1983.——*C. swinhoei* Hemsl. in Journ. L. Soc., Bot. 26

(176): 318. 1891.

一年生草本，高 0.3–1 m，全体无毛；茎直立，有分枝。叶披针形至椭圆状披针形，长 5–12 cm，顶端渐尖或长渐尖，基部渐狭。顶生穗状花序；花两性，全部发育；苞片长卵形至披针形，长 3–5 mm，宿存；萼片白色或淡红色，长圆状披针形，长 5–7 mm；雄蕊长 3–4 mm；子房长卵形，花柱细长，柱头 2 浅裂。胞果卵形。长 3–3.5 mm，包裹在宿存花被片内。种子凸透镜状肾形，直径约 1.5 mm，黑色，有光泽。花期：5–8 月；果期：6–10 月。

产地　南沙群岛（太平岛、赤瓜礁）、西沙群岛（永兴岛）、东沙群岛（东沙岛）。生于空旷草地上。

分布　几遍全国。朝鲜、日本、越南、缅甸、泰国、菲律宾、马来西亚、印度、俄罗斯及非洲热带均有分布。

用途　本种可作饲料；种子入药，治眼红肿痛、怕光流泪、急性结膜炎等症。

2. 蒺藜

Tribulus terrestris L., Sp. Pl. 387. 1753; W. Y. Chun et al. in Fl. Hainanica 1: 412. 1964.

一年生或二年生草本；茎平卧地面，无毛或被长硬毛或长柔毛；枝长 30–60 cm。叶对生，不等大；小叶 4–8 对，长圆形或斜长圆形，长 5–10 mm，宽 2–5 mm，被银色柔毛，顶端具短凸尖头，基部常偏斜；托叶对生，披针形，被柔毛。花小，腋生，黄色，直径约 1 cm；花梗短于叶；萼片狭披针形，长达 4 mm，外面被长柔毛；花瓣稍长；胚珠每室 3–4 颗。分果爿 5，硬，长 4–6 mm，无毛或被毛，中部边缘有平生、广展的锐刺 2 条，下部亦常有较小的锐刺 2 条，其余部位常有小瘤体。花期：春末夏初；果期：10–12 月。

产地　西沙群岛（琛航岛、珊瑚岛）。生于沙滩上或旷地上。

分布　我国各地均有分布。广布于全球温带地区。

用途　果实入药，治头痛、目赤多泪、风痒、月经不调、乳汁不通。

酢浆草科 Oxalidaceae

一年生或多年生草本，少有灌木或乔木。叶互生或基生，指状或羽状复叶，有时因小叶退化成为单叶；无托叶或有细小的托叶。花两性，辐射对称，单生或组成近伞形花序或伞房花序，少有总状花序或聚伞花序；萼片5，覆瓦状排列；花瓣5片，有时基部稍连合，旋转排列；雄蕊10枚，排列成2轮，下位，基部通常合生，稀分离，有时其中5枚无药，花药2室，纵裂；子房上位，5室，每室有胚珠1至数颗，生于中轴胎座上，花柱5枚，离生，宿存，柱头头状或浅裂。果为一开裂的蒴果或肉质的浆果；种子具肉质种皮，胚乳丰富，胚直生。

约8属，950种，广布于热带和温带地区。我国有3属，13种，南北均产；南海诸岛有1属，1种。

1. 酢浆草属 Oxalis L.

一年生或多年生、披散或匍匐状、无茎或有茎草本，有时具鳞茎或块茎。叶互生或基生，指状复叶，通常有小叶3片；托叶小或缺。花1至多朵组成伞房状的聚伞花序或伞房花序，花序腋生或基生；花黄色、淡紫色或红色，少有白色；萼片与花瓣均5片；雄蕊10枚，分离或于基部合生为一束，长短各5枚，全具药；子房5室，每室有1至多颗胚珠，花柱5枚，分离。蒴果，室背开裂，果瓣宿存于中轴上；蒴果开裂时种子弹出，胚乳肉质，胚直立。

约800种，主产南非和中、南美洲。我国有8种，各地均产；南海诸岛有1种。

1. 酢浆草　别名：酸味草

Oxalis corniculata L., Sp. Pl. 435. 1753; W. Y. Chun et al. in Fl. Hainanica 1: 416. 1964.

平卧、多分枝草本，被疏长毛；茎长可达50 cm，无鳞茎。叶互生；叶柄长2.5–7 cm；托叶小，与叶柄合生；小叶3片，倒心脏形，长5–10 mm，与叶柄同被疏柔毛。花单生或数朵组成腋生的聚伞花序，长2–3 cm；花总梗约与叶柄等长，花黄色，长8–10 mm；花梗长1–2.5 cm；苞片对生，线形，密被柔毛；萼片5，披针形，长约5 mm，密被柔毛；花瓣5片，倒卵形，比萼片长；雄蕊分离；子房圆柱状，密被柔毛，柱头5枚。蒴果近圆柱状，长1–2 cm，有3条纵沟，被柔毛，每室有种子数颗，成熟时开裂，将种子弹出；种子黑褐色，具皱纹。花果期：几乎全年。

产地　西沙群岛（永兴岛、琛航岛）。生于路旁草地及海边沙地。

分布　全世界温带及热带地区。

用途　全草入药，治感冒、肠炎、腹泻、跌打肿痛、毒蛇咬伤、尿路结石、白带、黄疸型肝炎、痢疾。

3. 西沙黄细心

Boerhavia erecta L., Sp. Pl. 3. 1753; P. Y. Chen et al. in Acta Bot. Austro Sin. 1: 143. 1983; T. L. Wu in Fl. Guangdong 2: 108. 1991.

草本，高 20–80 cm，直立或基部外倾，初被短柔毛，后变无毛。叶柄长 1.5–4 cm。叶对生，卵形或披针形，长 1.5–5 cm，宽 1–4 cm，基部圆至截平，顶端急尖，稀钝，上面粗糙，下面白色，被短柔毛或红色腺点。花排成聚伞圆锥花序，长 2–3 cm，1–3 次分枝；小花梗长 0.5–5 mm；小苞片 1–2，披针形，长 0.8–1 mm，花被长 1.7–2.5 mm，白色、粉红色或红色；雄蕊 2–3，突出。果倒圆锥形，无毛，长 3–3.5 mm，顶截平，具 5 棱。花果期：夏季。

产地　西沙群岛（永兴岛）。生于沙滩上或旷地上。

分布　海南南部。亚洲热带地区。

西番莲科 Passifloraceae

攀援草本或藤本，稀为灌木或小乔木，具腋生卷须，稀直立而无卷须。单叶，稀为复叶，互生，罕对生；通常具托叶，脱落；叶柄常有腺体；全缘或分裂。聚伞花序腋生，有时退化仅存 1–2 朵花；通常有苞片 1–3 枚；花两性、单性，稀为杂性；萼片 (3–)5(或 8) 枚，花瓣 (3–)5(或 8) 枚，稀不存在；雄蕊 5 枚，稀 4–8 枚或不定数，花丝离生或合生成管状；雌蕊由 3–5 枚心皮组成，子房上位，常生于雌雄蕊柄上，1 室，侧膜胎座，花柱与心皮同数。果为浆果或蒴果；种子少数至多数，具囊状、常呈红色的假种皮，胚乳肉质，胚大。

约 16 属，660 余种，分布于热带和温带地区，尤以美洲热带地区最多。我国有 2 属，约 23 种，产南部和西南部；南海诸岛有 1 属，1 种。

1. 西番莲属 **Passiflora** L.

攀援草质或木质藤本，稀为灌木或小乔木。单叶，稀为复叶，全缘或分裂，背面和叶柄常有腺体，托叶线状或叶状。花单生或为腋生聚伞花序，两性，通常大而美丽；萼片 5 枚，常为花瓣状，有时在背部顶端具 1 角状附属物；花瓣 5 枚，有时不存在；副花冠常由 1 至数轮由萼管喉部生出的线状裂片组成；内花冠膜质，扁平或褶状，全缘或流苏状；雄蕊 (4)5(–8) 枚，生于雌雄蕊柄上；子房 1 室，胚珠多数，花柱 3(–5) 枚，基部分离或连合，柱头头状或肾形。果为浆果；假种皮肉质。

约 520 种，主产美洲热带和亚热带，少数产澳大利亚和亚洲。我国产 19 种，分布于东南部和西南部；南海诸岛产 1 种。

1. 龙珠果

Passiflora foetida L., Sp. Pl. 959. 1753; P. Y. Chen et al. in Acta Bot. Austro Sin. 1: 134. 1983; T. C. Huang et al. in Taiwania 39(1–2): 45. 1994.

草质藤木；茎有棱角，被平展柔毛或无毛。托叶细线状分裂；叶柄长 2–6 cm；叶阔卵形至长圆状卵形，长 (3–)4.5–13 cm，宽 (2.5–)4–12 cm，两面及叶柄均被丝状长伏毛，上面混生少数腺毛，下面散生小腺点，基部心形，3 浅裂，边缘呈不规则的波状，顶端急尖或渐尖。聚伞花序退化而仅具 1 花；花白色或淡紫色，直径 2–3 cm；苞片 1–3 回羽状分裂；萼片长 1.5–1.8 cm，背面近顶端具 1 角状附属物；副花冠裂片 3–5 轮；内花冠高 1–2.5 mm；雌雄蕊柄长 5–7 mm，花丝基部合生，上部分离，扁平；花药长约 4 mm；子房椭圆形，基部具短柄，长约 6 mm；花柱 3(–4)，长 5–6 mm，柱头头状。浆果卵圆形或球形，直径 2–3 cm。种子多数，椭圆，长 3–4 mm。花期：7–8 月；果期：翌年 4–5 月。

产地 西沙群岛（永兴岛、石岛、东岛、晋卿岛、琛航岛、广金岛、金银岛、甘泉岛、珊瑚岛、赵述岛）、东沙群岛（东沙岛）。

生于旷地上或灌丛中。

分布 广东、海南、广西、福建、台湾、云南。原产安的列斯群岛。

用途 果味甜可食，润燥除痰、生津止渴；叶敷治痈疮。

葫芦科 Cucurbitaceae

草质或木质藤本；具侧生的卷须，稀无卷须。单叶互生，有时为鸟足状复叶；无托叶。花单性或稀为两性，雌雄同株或异株，单生、簇生或排成各式花序；萼片和花瓣5数，整齐；雄蕊5或3，花丝分离或合生成柱状，当雄蕊为5枚时，花药1室，若为3枚时，通常2枚2室，另1枚1室，药室通直或者双折；子房下位或稀半下位，由3心皮组成，胚珠通常多数。花柱1–4枚，柱头厚。果实大型至小型，浆果状不开裂或以多种方式开裂；种子多数，常扁平，无胚乳。

约123属，800种以上，主要分布于热带和亚热带，在温带地区少见。我国有35属（1属为特有属，9属为引进），151种（73种为特有种，14种为引进）；南海诸岛连栽培的共有8属，9种，2变种。

1. 花丝分离。
  2. 花瓣分离或5深裂几达基部。
    3. 雄花的萼管短，短钟状或杯状；雄蕊常伸出。
      4. 花梗上有盾状苞片；果实表面常有明显的瘤状突起……8. 苦瓜属 *Momordica*
      4. 花梗上无苞片。
        5. 雄花组成总状花序；果成熟时干燥，顶端盖裂……7. 丝瓜属 *Luffa*
        5. 雄花单生或簇生；果肉质，不开裂。
          6. 花萼裂片叶状，有锯齿，反折……1. 冬瓜属 *Benincasa*
          6. 花萼裂片钻形，全缘，不反折。
            7. 药隔不伸出；卷须2–3叉；叶二回羽状深裂……2. 西瓜属 *Citrullus*
            7. 药隔伸出；卷须不分叉；叶3–7浅裂……4. 黄瓜属 *Cucumis*
    3. 雄花的萼管伸长，筒状或漏斗状；雄蕊不伸出……6. 葫芦属 *Lagenaria*
  2. 花冠明显钟状，5裂片仅达花冠中部或中部之上……5. 南瓜属 *Cucurbita*
1. 花丝合生成柱状……3. 红瓜属 *Coccinia*

1. 冬瓜属 **Benincasa** Savi

一年生草质藤本；卷须2–3歧分枝。叶掌状5裂；叶柄没有腺体。花单性同株，腋生，单生，黄色，大。雄花：具长花梗；萼管阔钟状，裂片5，近叶状，有锯齿，反折；花冠轮状，5深裂达基部；雄蕊3枚，分离，着生在萼管的喉部以下，花丝短，花药2室，分离，伸出，呈S形曲折。雌花：具短花梗；花萼及花冠如雄花；退化雄蕊3枚；子房长圆形，密被长毛，具3胎座，花柱粗，柱头3枚。果大，肉质，不开裂，有毛和被白粉。

1种，1亚种，产热带亚洲。我国各地常见栽培；南海诸岛亦有。

1. 冬瓜

Benincasa hispida (Thunb.) Cogn. in DC., Mor. Phan. 3: 513. 1881; P. Y. Chen et al. in Acta Bot.

Austro Sin. 1: 134. 1983; A. M. Lu & Z. Y. Zhang in Fl. Reip. Pop. Sin. 73(1): 198. 1986.——*Cucurbita hispida* Thunb., Fl. Jap. 322. 1784.

一年生藤本；茎被褐黄色毛；卷须短，2–3 歧分枝。叶肾状近圆形，长 19–24 cm，宽 10–32 cm，5–7 浅裂或有时深裂达叶片的中部，裂片宽三角形或卵形，顶端常急尖，基部深凹入，边缘具小齿，叶面有疏柔毛或近无毛，背面被粗硬的毛；叶柄长 5–20 cm，被长毛。花梗被硬毛，雄花梗长 5–15 cm，雌花梗长不及 5 cm；苞片位于花梗的基部，被柔毛，长 6–10 mm；萼管被长柔毛，裂片披针形而具小齿，长 8–12 mm; 花瓣稍开展，顶端钝和具短尖头，两面有疏柔毛，长 3–5 cm; 花丝基部扩大，被粗硬毛，长 2–3 mm，花药长 4–5 mm；子房卵形或圆筒形，被开展的微红色或白色的硬毛，长 2–4 cm，花柱长 2–3 mm，柱头宽 12–15 mm。果很大，重达 25kg，长圆筒形、长圆形或近圆头形，长 25–70 cm，直径 14–33 cm，有毛，被白粉；种子多数，卵形，扁平，白色，长 8–11 mm。花果期：夏秋。

产地　西沙群岛（永兴岛、东岛、琛航岛、赵述岛、羚羊礁、南岛、南沙洲）有栽培。

分布　我国各地常见栽培。亚洲热带、亚热带地区，澳大利亚、马达加斯加。

用途　果为夏季蔬菜之一。种子可治水肿胀满、口渴、肺痛、咳嗽；皮和瓤用于治肾炎，利尿作用显著。

1a. 节瓜

Benincasa hispida (Thunb.) Cogn. var. **chieh-qua** How, Acta Phytotax. Sin. 3(1): 76. 1954.

本变种与冬瓜不同的是：子房鲜时被污浊色或黄色粗毛，果实小，圆筒形，长 15–25 cm，直径 4–11 cm，成熟时被糙硬毛，无白蜡质粉被。

产地　南沙群岛（永暑礁）有栽培。

分布　我国南部，尤其广东、广西普遍栽培。

用途　果实为夏季蔬菜之一。

2. 西瓜属 Citrullus Schrad.

一年生或多年生草质藤本，匍匐生；卷须 2–3 叉分枝，稀不分枝。叶 3–7 深裂，裂片羽状深裂。花单性，同株或异株，黄色，单生，很少簇生。雄花；萼管钟状，裂片 5；花冠轮状或阔钟状，5 深裂；雄蕊 3 枚，着生于萼管基部，花丝分离，短，花药分离或稍黏合，1 个 1 室，其他的 2 室，室线形，呈 S 型弯曲，药隔扩大。雌花：退化雄蕊 3，短；子房卵形，具 3 胎座，花柱短，柱状，柱头 3，肾形。近 2 裂，胚珠多数，平生。果大，球形或长圆形，肉质，不开裂；种子多数，扁平，平滑。

4 种，分布于热带、非洲南部、亚洲东南部、地中海东部地区；中国有 1 种，为引进；南海诸岛亦有。

1. 西瓜

Citrullus lanatus (Thunb.) Matsum. & Nakai, Cat. Sem. Spor. Hort. Bot. Univ. Imp. Tokyo 30:

6. 葫芦属 Lagenaria Ser..

攀援草质藤本；植株被黏毛。叶柄顶端具 1 对腺体；叶片卵状心形或肾状圆形。卷须二歧。雌雄同株，花大，单生，白色。雄花：花萼管伸长，筒状或漏斗状，裂片 5，小；花冠裂片 5，长圆状倒卵形，微凹；雄蕊 3，花丝离生；花药内藏，稍靠合，长圆形，1 枚 1 室，2 枚 2 室，药室折曲，药隔不伸出；退化雌蕊腺体状。雌花：花梗短，花萼筒状，花萼和花冠同雄花；子房卵状或圆筒状，或中间缢缩，3 胎座，花柱短，柱头 3，2 浅裂；胚珠多数，水平着生。果实形状多型，不开裂，嫩时肉质，成熟后果皮木质，中空。种子多数，倒卵圆形，扁，边缘多少拱起，顶端截形。

6 种，主要分布于非洲热带地区。我国栽培 1 种和 3 变种；南海诸岛有 1 种。

1. 葫芦

Lagenaria siceraria (Molina) Standl., Publ. Field Mus. Nat. Hist. Chicago Bot. ser. 3: 435. 1930; P. Y. Chen et al. in Acta Bot. Austro Sin. 1: 135. 1983; A. M. Lu & Z. Y. Zhang in Fl. Reip. Pop. Sin. 73(1): 216. 1986.——*Cucurbita siceraria* Molina, Sagg. Chile 133. 1786.

草质藤本，有黏毛；卷须 2 分枝。叶纸质，近圆状心形，有时近 5 角或稍 3–5 裂，长 14–22 cm，宽 15–35 cm，边缘有尖齿，两面密被柔毛；叶柄长 5–10 cm，粗厚，有柔毛。雄花；萼管钟状，长 2 cm，直径 1 cm，有柔毛，裂片线状披针形，长 1.2 cm，宽 2–3 cm，稍皱，有明显的脉。雌花：萼管很短，长约 2 mm；子房椭圆球形，长 3 cm，宽 1.3 cm，有柔毛。果长短不一，长 20–60 cm，直径 9–16 cm；种子白色，顶端截形或 2 齿裂。花果期：夏秋季。

产地　西沙群岛（永兴岛）有栽培。

分布　我国各地有栽培。原产亚洲及非洲的热带地区；现广植于世界各热带地区。

用途　果为夏季蔬菜之一。种子入药，治水肿。

7. 丝瓜属 Luffa Mill.

一年生草质藤本；卷须2至多分枝。叶通常5–7裂。花黄色，单性同株；雄花组成总状花序，雌花单生。雄花：萼管钟状或陀螺状，裂片5；花冠轮状，5深裂；雄蕊3枚，稀5枚，着生在萼管的喉部以下，分离，花药伸出，若为3枚时，1枚1室，2枚2室，5枚时，全部1室，药室呈S形弯曲，药隔常扩大；退化雌蕊腺体状或缺。雌花：萼管由子房顶稍延伸，萼裂片和花冠如雄花；退化雄蕊3枚，稀4–5；子房伸长，圆筒状，具3个胎座，花柱柱状，柱头3，2裂，胚珠多数，平生。果通常大，圆柱形，有棱或无棱，嫩时肉质，熟时干燥，3室，内有纤维，顶端盖裂；种子多数，扁平。

约6种，分布于全世界热带和亚热带地区。我国有2种，均为引种栽培；南海诸岛有1种。

1. 丝瓜

Luffa aegyptiaca Mill., Gard. Dict. (ed. 8) no. 1. 1768; A. M. Lu & C. Jeffrey in Fl. China 19: 34. 2011.——*L. cylindrica* (L.) Roem., Syn. Mon. 2: 63. 1846; A. M. Lu & Z. Y. Zhang in Fl. Reip. Pop. Sin. 73(1): 194. 1986; P. Y. Chen et al. in Acta Bot. Austro Sin. 1: 135. 1983; T. C. Huang et al. in Taiwania 39(1–2): 12. 1994.——*Momordica cylindrica* L., Sp. Pl. 2: 1009. 1753.

一年生草质藤本；茎有纵棱，被短柔毛；卷须常3分枝。叶近圆心形或三角形，长、宽均为10–25 cm，通常5–7深裂，裂片三角形或披针形，顶端渐尖，基部深凹，边缘具疏齿，两面有短毛或上面常有白色小凸点，略粗糙；叶柄长10–12 cm，有毛。花黄色，雄花和雌花同生于一叶腋。雄花：组成总状花序，花生于总花梗的顶端，总花梗长10–15 cm，花梗长1–2 cm；萼管短，阔钟状，稍被毛，萼裂片披针形，长约1 cm；花瓣长圆状楔形，长2–3 cm；花丝长6–8 mm。雌花：单生，花梗长2–10 mm。子房圆柱状，平滑。果圆柱状，直或稍弯，长15–55 cm，直径5–10 cm，通常有纵浅槽或条纹，无棱，有短绒毛；种子卵形，黑色，平滑，长12 mm，宽9 mm，有约1 mm宽的边缘翅。花果期：夏秋季。

产地　南沙群岛（太平岛）、西沙群岛（永兴岛、东岛、中建岛、羚羊礁、金银岛、珊瑚岛）有栽培。

分布　我国各地普遍栽培。世界热带和亚热带地区常　有栽培。

用途　果为夏季蔬菜之一。全株入药，叶清暑热、止血、消炎；瓜络治胸胁痛、乳腺炎；种子治痰多咳嗽；茎治腰痛；根治支气管炎、哮喘。

8. 苦瓜属 Momordica L.

草质藤本；卷须不分枝或二歧分枝。叶近圆形或卵圆形，掌状 3–7 裂，稀不分裂，全缘或有锯齿。花单性，雌雄同株或异株；雄花单生或组成伞房花序或总状花序；雌花单生，具柄；通常有扩大的苞片 1 枚，小苞片有或缺；雄花：萼管短，钟状、杯状或短漏斗状，5 裂，基部有内藏的鳞片 2–3 个或多个；花冠轮状或宽钟状，通常 5 深裂；雄蕊 3 枚，很少 2 或 5 枚，生于萼管的喉部，花药初时黏合，然后分离，1 个 1 室，其他的 2 室，药室蜿蜒状，药隔顶端不伸长；雌花：花被与雄花的相似；退化雄蕊 3 枚或缺；子房长圆形或纺锤形，具 3 个胎座，花柱纤细，柱头 3，全缘或 2 裂，胚珠多数。果小或中等大，常有刺或瘤状突起，不开裂或成熟时开裂为 3 果瓣；种子扁平或肿胀，平滑或具刻纹。

约 45 种，大部分分布于热带非洲，一些栽培于热带地区。我国有 3 种，1 种为引进；南海诸岛栽培有 1 种。

1. 苦瓜

Momordica charantia L., Sp. Pl. ed. 1: 1009. 1753; A. M. Lu & Z. Y. Zhang in Fl. Reip. Pop. Sin. 73(1):189. 1986.

一年生攀援状草本；卷须不分歧。叶片卵状肾形或近圆形，长、宽均为 4–12 cm，两面具短柔毛，5–7 深裂，裂片卵状长圆形，边缘具粗齿或有不规则的小裂片，先端钝圆或急尖，基部弯缺半圆形，叶脉掌状。雌雄同株。雄花：单生于叶腋，花梗长 3–7 cm，中部或下部具 1 苞片；花萼裂片卵状披针形，被白色柔毛，长 4–6 mm，急尖；花冠黄色，裂片倒卵形，先端钝，急尖或微凹，长 1.5–2 cm；雄蕊 3，离生，药室 2 回折曲。雌花：单生，花梗长 10–12 cm，基部常具1苞片；子房纺锤形，密生瘤状突起，柱头3，膨大，2裂。果实纺锤形或圆柱形，多瘤皱，长10–20 cm，成熟后橙黄色，由顶端3瓣裂。种子多数，长圆形，具红色假种皮，两端各具3小齿，两面有刻纹，长1.5–2 cm。花果期：5–10月。

产地　南沙群岛（永暑礁）、西沙群岛（永兴岛、石岛、琛航岛、金银岛）有栽培。

分布　我国各地常见栽培。广泛栽培于世界热带到温带地区。

用途　本种为我国常见的蔬菜之一。花、果和根均可入药，果治烦热口渴、疮疖；花、根治痢疾。

秋海棠科 Begoniaceae

肉质草本或亚灌木，常具根状茎或块茎。茎直立或攀援、稀无茎。叶基生或在茎上互生，全缘或具锯齿，有时掌状分裂，稀为掌状复叶；叶基常偏斜，两侧不对称；托叶 2，常早落。花单性，雌雄同株，偶异株，辐射对称或两侧对称，常组成腋生的二歧聚伞花序。雄花：花被片 2–10，雄蕊多数，分离或基部合生，花药 2 室，纵裂；雌花：花被片 2–8(–10)，子房下位，常具棱或翅，2–3(4–6) 室，中轴胎座，稀为 1 室而成侧膜胎座，倒生胚珠多数，花柱 2 或 3，稀 4–8，分离或基部合生，柱头呈螺旋状、头状、肾状以及 U 字形。蒴果，稀为浆果，种子多数，椭圆形，种皮淡褐色，具网格。

2–3 属，1,400 多种，分布于热带亚热带地区。我国有 1 属，173 种；南海诸岛栽培有 2 种。

1. 秋海棠属 **Begonia** L.

多年生肉质草本，稀亚灌木，具根状茎。茎直立、匍匐、稀攀援状或常短缩而无地上茎。单叶，稀掌状复叶，互生或全部基生；叶片常偏斜，基部两侧不相等，边缘常有不规则疏而浅之齿，并常浅至深裂，叶脉通常掌状；托叶膜质，早落。花单性，雌雄同株，稀异株，(1–) 2–4 至数朵组成聚伞花序，有时呈圆锥状；有苞片；花被片花冠状；雄花：花被片 2–4，2 对生或 4 交互对生，通常外轮大，内轮小，雄蕊多数，花丝离生或仅基部合生，花药 2 室，顶生或侧生，纵裂；雌花：花被片 2–5(–6–8)；雌蕊由 2–3–4(–5–7) 心皮形成；子房下位，1 室，具 3 个侧膜胎座，或 2–3–4(–5–7) 室，具中轴胎座，每胎座具 1–2 裂片，裂片偶尔有分枝，柱头膨大，扭曲呈螺旋状或 U 字形，稀头状和近肾形，常有带刺状乳头。蒴果有时浆果状，常有明显不等大，稀近等大 3 翅，少数种类无翅，呈 3–4 棱或小角状突起；种子极多数，小，长圆形，浅褐色，光滑或有纹理。

约 1,400 种，分布于热带亚热带。我国有 173 种，主要分布于长江以南各地区；南海诸岛栽培有 2 种。

1. 叶面无斑点……………………………………………………………1. 四季秋海棠 *B. cucullata*
1. 叶面具银白色斑点……………………………………………………2. 竹节秋海棠 *B. maculata*

1. 四季秋海棠

Begonia cucullata Willd., Sp. Pl. 4(1): 414. 1805.——*B. semperflorens* Link & Otto, Icon. Pl. Rar. [Link & Otto] 9, pl. 5. 1828.

多年生草本，高 15–30 cm，肉质。茎直立，无毛，基部多分枝。单叶互生，卵形至阔卵形，长 6–10 cm，宽 4–6 cm，基部偏斜，顶端钝或急尖，边缘具锯齿，两面无毛。聚伞花序腋生，总花梗 1.5–4 cm，花单性；花红色或白色，雄花直径 1–2 cm，花被片 4，外层 2 片近圆形，直径约 1.5 cm，内层两片倒卵状长圆形，长 8–10 mm，宽约 5 mm；雌花较小，花被片 5；子房 3 室。蒴果长 10–12 mm，具 3 枚稍不等大的翅。花期：几全年。

产地　西沙群岛（永兴岛）有栽培。

分布　原产巴西，现世界广泛栽培。

用途　用作观赏花卉。

2. 竹节秋海棠

Begonia maculata Raddi, Mem. Mod. 18. Fis. 406. 182; C. M. Hu in Fl. Guangdong 3: 146. 1995.

常绿亚灌木。茎直立或披散，高 0.5–1.5 m，具分枝，平滑无毛，节部稍隆起。叶互生，稍肥厚，斜长圆形至长圆状卵形，长 10–20 cm，宽 4–5 cm，先端渐尖，基部斜心形，边缘呈浅波状，上面深绿色，散布多数银白色小圆点，下面深红色；叶柄稍肥厚，圆柱状，长 2–2.5 cm。聚伞花序腋生，下垂；花淡红色或白色；雄花：花被片 4，外层 2 片卵圆形，直径约 2 cm，先端钝，基部心形，内层两片长圆形，长约 9 mm，宽约 5 mm，对折成舟状；雌花：花被片 5，其中 4 片近等大，阔卵圆形，长约 1.5 cm，最内方的 1 片较小，椭圆形，长约 1 cm；子房 3 室，具淡红色的翅。蒴果长约 2.5 cm，具 3 枚等大的翅。花期：夏秋季。

产地　西沙群岛(永兴岛)有栽培。

分布　原产巴西，现世界广泛栽培。

用途　用作观赏花卉。

番木瓜科 Caricaceae

小乔木或灌木，有乳汁。叶互生，聚生于茎顶，掌状分裂或为掌状复叶；无托叶。花辐射对称，单性或两性，雌雄同株或异株，有时杂性，组成总状花序或圆锥花序，雌花有时单生或组成伞房花序；花萼小，5 裂，花瓣 5 枚，旋转状或镊合状排列，雄花及两性花花瓣下部合生成筒状，雌花花瓣初时黏合，最后分离；雄蕊 10 枚，2 轮，着生于花冠上，花丝分离或基部连合；子房上位，由 5 心皮组成，1 室或由假隔膜分成 5 室，具侧膜胎座，胚珠多数。果为肉质浆果。种子多数，由黏液包裹。

6 属，约 34 种，分布于热带美洲及非洲。我国引入栽培 1 种；南海诸岛也有。

1. 番木瓜属 Carica L.

直立小乔木；茎无皮刺，极少分枝。叶大形，具长柄，掌状深裂，或有时具掌状 7–9 小叶。花与果的性状如科的描述。

1 种，产热带美洲。

1. 番木瓜

Carica papaya L., Sp. Pl. 1036. 1753; W. Y. Chun et al. in Fl. Hainanica 1: 492. 1964; P. Y. Chen et al. in Acta Bot. Austro Sin. 1: 135. 1983; T. C. Huang et al. in Taiwania 39(1–2): 10, 37. 1994.

软木质常绿小乔木，高 2–10 m；茎不分枝或于损伤处产生分枝，有粗大的叶痕。叶近圆形。直径 45–65 cm，掌状 5–9 深裂，裂片羽状分裂；叶柄中空，长 50–90 cm。花乳黄色，单性异株或为杂性，雄花序为下垂的圆锥花序，雌花序及杂性花序为聚伞花序，或雌花单生；雄花长 2.5–4.5 cm，退化子房存在或缺；雌花及两性花较大，长 3.5–5 cm，子房 1 室；花柱短，5 枚，柱头流苏状。浆果长圆形或近球形，熟时橙黄色，长达 30 cm，果肉厚，味香甜；种子近圆形，黑色，有皱纹，假种皮胶状。

产地　南沙群岛（太平岛、中业岛、永暑礁）、西沙群岛（永兴岛、东岛、晋卿岛、琛航岛、金银岛、珊瑚岛、赵述岛）、东沙群岛（东沙岛）有栽培。

分布　广东、海南、广西、福建、台湾、云南等地常见栽培。原产热带美洲，现世界各热带、亚热带地区普遍种植。

用途　果可作蔬菜或水果食用。果、

根、叶均入药，果治消化不良、红白痢、骨及十二指肠疼痛、脚气浮肿、乳汁稀少、腰痛、足跟炎、解酒精中毒；鲜雄花、根及叶治骨折。

仙人掌科 Cactaceae

多年生肉质草本或灌木，性状上有很大的变异；茎绿色，分枝或不分枝，常具刺。叶通常退化成鳞片状或钻状而早落，或不存在，很少扁平而宽阔；无托叶。花两性，辐射对称或两侧对称，单生，腋生或有时生于茎端；萼片常呈花瓣状，基部多少连合成管；花瓣多数，多轮排列，分离或基部合生成管；雄蕊多数。着生于花瓣基部，且与其贴生或分离，花丝线状，花药内向，2 室，纵裂；子房下位。1 室，有侧膜胎座 3 至多数，胚珠多数，花柱 1 枚，柱头分裂。浆果常有刺或倒刺毛，肉质，有时干燥；种子多数，深藏于果肉内，种皮黑色或褐色，有时白色，胚乳缺。

110 属，1,000 多种，分布于美洲。我国引入栽培的有 60 属，600 多种；南海诸岛有 3 属，3 种。

1. 茎节具倒刺毛；叶钻形或圆柱形，早落；花被片分离……4. 仙人掌属 *Opuntia*
1. 茎节无刺毛；叶退化；花被片合成成管状。
  2. 分枝叶状侧扁，具粗大的中肋，柔软，无刺……3. 昙花属 *Epiphyllum*
  2. 分枝具棱。
    3. 茎分节；果实光滑，无鳞片……1. 天轮柱属 *Cereus*
    3. 茎不分节；果实具鳞片……2. 金琥属 *Echinocactus*

1. 天轮柱属 Cereus Mill.

多年生肉质草本，灌木状或乔木状。茎具棱或角，具小窠；刺和花着生于同一小窠。花大，漏斗状，长 9–30 cm，常为白色，夜间开放。浆果肉质，球形、卵形或长圆形，长 3–13 cm，无毛，成熟时常为红色，有时为为黄色，果肉白色、粉红色或红色。种子大，呈弯曲卵球形，亮黑色。

约 33 种，原产热带美洲。我国引入 3 种；南海诸岛有 1 种。

1. 天轮柱

Cereus jamacaru DC., Prodr. 3: 467. 1828; Y. Tong in Biodivers. Sci. Appendix 1, 21(3): 364–374. 2013.

乔木状，高达 9 m。茎具 3–4 棱，径 10–15 cm。小窠中具硬刺。花白色，着生于小窠，长约 25 cm。浆果，卵球形，长达 12 cm，无毛，成熟时红色。花期：夏季。

产地　西沙群岛（永兴岛）有栽培。

分布　原产南美，现世界广泛栽培。

用途　观赏花卉。

2. 金琥属 **Echinocactus** Link & Otto

多年生肉质灌木。茎直立，不分节，呈平顶的球形或短圆柱形，顶部具多数绒毛；具 (7–)8–27(–60) 纵棱；小窠疏离或老时汇合，近圆形至椭圆形；每小窠具 (5)7–19 枚硬刺，刺具环状肋。花生于茎顶，宽漏斗状至高脚碟状，白天开放；外轮花被片全缘，先端具刺，内轮花被片全缘、具锯齿、牙齿或啮蚀状；雄蕊多数；子房下位，具鳞片及绒毛，无刺，柱头 6–14(–17) 裂。果球形至卵球形，开裂或不开裂，具鳞片。种子球形、近肾形或倒卵球形，长 2.5–4.7 mm，红棕色至黑色。

1. 金琥

Echinocactus grusonii Hildm., Monatsschr. Kakteenk. 1: 4. 1891.

多年生肉质灌木，高达 1.3 m。茎呈平顶的圆球形，不分节，具多数分枝，幼时不明显；具多达 35 棱，幼时不明显；茎顶多绒毛；小窠生于纵棱边缘，每小窠具硬刺 12–16 枚，金黄色，其中辐射刺 8–10 枚，长约 3 cm，直，中刺 3–5 枚，长约 5 cm，稍弯曲。花生于茎顶，钟形，4–6 cm，花被片黄色，多数，披针形，先端形成长尖刺；雄蕊多数；子房下位，柱头 12–15 裂，黄白色。浆果，熟时黄色，果皮具鳞片。种子倒卵球形，稍压扁，红褐色。花期：6–10 月。

产地　南沙群岛（赤瓜礁）有栽培。

分布　我国南部地区有栽培。原产墨西哥，现热带亚热带地区广泛栽培。

用途　本种可作观赏多肉植物。

3. 昙花属 Epiphyllum Haw.

肉质植物，分枝，无刺，灌木状，常直立，有时附生；茎下部圆柱形，木质；茎节少数，扁平，叶状，多少二棱，很少略具3翅，无刺，有圆齿或凹缺，小窠小，位于凹缺或圆齿之间，无刺，具倒刺毛。花两侧对称，很大，通常夜间开放；花管明显，延伸，比花管裂片长得多，裂片狭窄，顶端渐尖，渐向里面渐宽阔；花冠裂片通常卵形或长圆形，自红色至白色；雄蕊伸延，多数；子房有鳞片或近光滑，花柱比雄蕊长，柱头9–18裂。浆果大，长圆形，红色或紫色，光滑或有瘤或有纵裂；果肉红色或白色，多汁；种子黑色。

约13种，原产热带美洲。我国引入栽培有4种；南海诸岛有1种。

1. 昙花

Epiphyllum oxypetalum (DC.) Haw., Philos. Mag. Ann. Chem. 6: 109. 1829; Z. Y. Li & N. P. Taylor. in Fl. China 13: 212. 2007.——*Cereus oxypetalus* DC., Prodr. 3: 470. 1828.

灌木状肉质植物，高达3 m；茎直立，老时圆柱形；茎节长，扁平而厚，少数，绿色，长15–40 cm，宽约6 cm，边缘波状；小窠无刺。花自节缘的小窠发出，芳香，长达25–30 cm，宽约10–27 cm，初开放时下垂，后渐升起；花被管长13–20 cm，宽约1 cm；外轮花萼裂片鳞片状，线形，长约3 mm，内轮的萼片状，线状披针形，长约5 cm；花瓣2轮，连合成管，裂片卵状长圆形，长7–10 cm，宽3–4.5 cm，纯白色；花药淡黄色；子房绿色，稍有棱，有鳞片，花柱白色，柱头16–18裂，乳白色。浆果有纵棱。花期：8–10月。

产地　西沙群岛（永兴岛）有栽培。

分布　我国各地常见栽培。原产墨西哥至巴西，现全球各热带地区普遍栽培。

用途　观赏花卉；花治肺热咳嗽。

4. 仙人掌属 **Opuntia** Mill.

肉质植物，通常呈小型或大型的灌木状。老茎下部常木质化，圆柱形，多分枝，茎有节；节通常掌状而扁平，很少呈圆柱状或球形。叶钻状，通常早落，小窠腋生，有绵毛及具倒刺毛的刺。花辐射对称，单生于成熟的节顶端附近的小窠上，花被片分离，萼片多数，绿色或其他颜色，渐向内呈花瓣状；花瓣开展，颜色种种，雄蕊比花瓣短得多；子房上的小窠有具倒刺毛的刺，花柱 1，圆锥形，下部加粗，柱头短裂。浆果梨状、球状、卵形或圆锥形，有刺或无刺，干燥或多汁，通常可食。种子通常白色，盘状扁平。

约 90 种，产美洲。我国引种 50 多种；南海诸岛有 1 种。

1. 仙人掌

Opuntia dillenii (Ker-Gawl.) Haw., Suppl. Pl. Succ. 79. 1819; P. Y. Chen et al. in Acta Bot. Austro Sin. 1: 135. 1983.

肉质植物，往往丛生呈大灌木状，高 0.5–3 m；茎下部近木质，圆柱形，茎节扁平，倒卵形至椭圆形，长 15–20 cm，幼时鲜绿色，后变灰绿色；小窠间距 2–6 cm，稍凸起，幼时被褐色或白色短绵毛，不久脱落；刺通常密集，长 1–3 cm，通常粗直呈圆柱状；具倒刺毛的刺多数，暗黄色，长约 6 mm。花单生，鲜黄色，直径 2–9 cm；花瓣广倒卵形，雄蕊多数，数轮排列，花丝黄绿色；子房倒卵形或梨形，花柱直立，白色。浆果肉质，倒卵形或梨形，长 5–8 cm，有刺，红色或紫色，果肉可食。

产地　南沙群岛（永暑礁、渚碧礁）、西沙群岛（石岛、中建岛、琛航岛、广金岛、珊瑚岛、北岛）有栽培或逸为野生。

分布　我国南方常见栽培，广东、海南、广西、四川、云南常见野生。原产中美洲，现广布于全球热带和亚热带地区。

用途　茎入药，治腮腺炎、乳腺炎、心胃气痛、急性菌痢。

长 7–8 mm，宽 6–7 mm，萼齿 4，半圆形，长 4 mm，宽 8 mm；雄蕊极多，长约 1.5 cm；花柱长 2.5–3 cm。果实梨形或圆锥形，肉质，洋红色，发亮，长 4–5 cm，顶端凹陷，有宿存的肉质萼片；种子 1 颗。花期：3–4 月；果期：5–6 月。

产地　南沙群岛（太平岛）、东沙群岛（东沙岛）有栽培。

分布　广东、广西、福建、台湾、四川和云南有栽培。原产印度尼西亚，马来西亚，巴布亚新几内亚及泰国。

用途　果实供食用。树皮及叶入药，外洗治烂疮、阴痒。

玉蕊科 Lecythidaceae

常绿乔木或灌木。叶旋状排列，常丛生于枝顶，稀对生。花两性，单生、簇生或组成穗状花序、总状花序或圆锥花序，顶生、腋生或生于茎和无叶的老枝上，辐射对称或两侧对称；花被周位或上位，萼管与子房贴生，萼檐2–6(–8)裂，裂片镊合状排列或覆瓦状排列，或在芽中严密合生，不显裂缝，花开放时撕裂为2–4裂片或于近基部环裂而整块脱落；花瓣4–6片，稀无花瓣，分离或基部合生，覆瓦状排列，基部通常与雄蕊管合生；雄蕊极多数，数轮排列，最内轮常小而无花药，外轮不发育或有时呈副花冠状，花丝基部多少合生，花药基着或背着，纵裂，稀孔裂；花盘整齐或偏于一侧，有时分裂；子房下位或半下位，2–6室，稀更多室，隔膜完全或不完全，每室有胚珠1至多颗，着生于中轴胎座上。果浆果状、核果或蒴果。通常大，常有翅，无胚乳。

约20属，450余种，广布于热带和亚热带地区。我国1属，3种；南海诸岛1属，1种。

1. 玉蕊属 Barringtonia J. R. & Forst.

常绿乔木或灌木，小枝有明显的叶迹。叶常丛生枝顶，有柄或近无柄，全缘或有齿；托叶小而且早落。总状花序或穗状花序顶生或生于茎和无叶的老枝上，通常长而俯垂，稀直立，总花梗基部常有一丛芽苞叶；苞片和小苞片均早落；花芽球状；萼檐2–5裂，或于芽中合生而不显裂缝。花开放时撕裂或环裂，裂片具平行脉。宿存；花瓣常4片，稀3或5片，覆瓦状排列；雄蕊多数，排成3–8轮，最内面1–3轮常无花药，花丝在花芽中折叠，花药基着，常于花开放前纵裂；花盘环状；花柱单一，线状，于芽中折叠，宿存，子房2–4室，每室有胚珠2–8颗，生于中轴近顶端，悬垂。果大，外果皮稍肉质，中果皮多纤维或海绵质而兼有纤维，内果皮薄；种子1颗，种皮膜质。

约56种，分布于非洲、亚洲和大洋洲的热带和亚热带地区。我国3种，分布于广东、海南、广西、台湾和云南；南海诸岛有1种。

1. 滨玉蕊

Barringtonia asiatica (L.) Kurz, Prelim. Rep. Forest Pegu App. A: 65. 1875; T. C. Huang et al. in Taiwania 39(1–2): 15. 1994.——*Mammea asiatica* L., Sp. Pl. 1: 512–513. 1753.

常绿乔木，枝条粗壮。叶无柄，革质，倒卵形或长圆状倒卵形至长圆状披针形，长20–50 cm，宽10–20 cm，基部阔楔形，边全缘，顶端圆钝、稍凹陷或有时渐尖，表面光亮无毛。总状花序顶生，有花4–20朵，花梗长5–9 cm；萼管长2–5 cm，花蕾时花萼不显裂缝，开花后2–3裂；花瓣4，白色，阔卵形，长5–6 cm，花丝和花柱白色，顶端红色，外面的花丝长7–9 cm，花柱长10–13 cm；子房有钝4棱。果阔金字塔形，有钝4棱，长9–11 cm，果皮厚。种子长圆形，长4–5 cm，花果期：几乎全年。

产地 南沙群岛（太平岛）。生于海边林中。

分布 海南、台湾。全世界热带海岸地区。

使君子科 Combretaceae

乔木、灌木或木质藤本。单叶对生或互生，稀轮生，全缘或呈波状，稀有锯齿，具叶柄，无托叶。叶基、叶柄或叶下缘齿间具腺体。花通常两性，有时两性花和雄花同株，辐射对称，偶有左右对称，由多花组成头状花序、穗状花序、总状花序或圆锥花序；花萼裂片 4–5(–8)，镊合状排列，宿存或脱落；花瓣 4–5 或不存在，覆瓦状或镊合状排列，雄蕊通常插生于萼管上，2 枚或与萼片同数或为萼片数的 2 倍，花丝在芽时内弯，花药丁字着，纵裂，花盘通常存在；子房下位，1 室，胚珠 2–6 颗，倒生，珠柄合生或分离；花柱单一；柱头头状或不明显。坚果、核果或翅果，常有 2–5 棱；种子 1 颗，无胚乳；胚有旋卷、折叠或扭曲的子叶和小的幼根。

约 20 属，近 500 种，广布于热带及亚热带。我国有 6 属，20 种（1 种为特有种）；南海诸岛有 2 属，3 种。

1. 灌木；叶柄和叶片基部不具腺体；花具花瓣……1. 榄李属 *Lumnitzera*
1. 乔木；叶片基部或叶柄具腺体；花不具花瓣……2. 诃子属 *Terminalia*

1. 榄李属 **Lumnitzera** Willd.

灌木或小乔木，平滑无毛。叶肉质，全缘，有光泽，密集于小枝末端，具极短的柄。总状花序，腋生或顶生；萼管延伸于子房之上，近基部具小苞片 2 枚，裂齿 5；花瓣 5 片，红色或白色；雄蕊 10 个或少于此数；子房下位，1 室，胚珠 2–5 颗，倒悬于子房室的顶端。果实木质，长椭圆形，近于平滑或具纵皱纹；种子 1 颗。

2 种，产东非至马达加斯加、大洋洲北部、亚洲热带及太平洋地区。我国 2 种均有，产海南、台湾；南海诸岛有 1 种。

1. 榄李

Lumnitzera racemosa Willd., Ges. Naturf. Freunde Berlin Neue Schriften 4: 187. 1803; J. Chen & N. J. Turland in Fl. China 13: 309. 2007; Y. Tong in Biodivers. Sci. Appendix 1, 21(3): 364–374. 2013.

常绿灌木或小乔木，高约 8 m，径约 30 cm，树皮褐色或灰黑色，粗糙，枝红色或灰黑色，具明显的叶痕，初时被短柔毛，后变无毛。叶常聚生枝顶，叶片厚，肉质，绿色，干后黄褐色，匙形或狭倒卵形，长 5.7–6.8 cm，宽 1.5–2.5 cm，先端钝圆或微凹，基部渐尖，叶脉不明显，侧脉通常 3–4 对，上举；无柄，或具极短的柄。总状花序腋生，花序长 2–6 cm；花序梗压扁，有花 6–12 朵；小苞片 2 枚，鳞片状三角形，着生于萼管的基部，宿存；萼管延伸于子房之上，基部狭，渐上则阔而成钟状或为长圆筒状，长约 5 mm，宽约 3 mm，裂齿 5，短，三角形，长 1–2 mm；花瓣 5 枚，白色，细小而芳香，长椭圆形，长 4.5–5 mm，宽约 1.5 mm，与萼齿互生；雄蕊 10 或 5 枚，插生于萼管上，约与花瓣等长，花丝长 4–5 mm，基部略宽扁，上部收缩，顶端弯曲，花药小，椭圆形，药隔凸尖；子房纺锤形，长 6–8 mm；花柱圆柱状，上部渐尖，长 4 mm；胚珠 4 枚，扁平，长椭圆形，倒悬于子房室之顶端，珠柄大部分合生而不等长。果成熟时褐黑色，木质，坚硬，卵形至纺锤形，长 1.4–2 cm，径 5–8 mm，每侧各有宿存的小苞片 1 枚，上部具线纹，下部平滑，1 侧稍压扁，具 2 或 3 棱，顶端冠以萼肢；种子 1 颗，圆柱状，种皮棕色。花果期：12 月至翌年 3 月。

产地　西沙群岛（琛航岛）。生于海边礁石上。

分布　广东、海南、广西及台湾。分布于南亚、东南亚、澳大利亚北部、太平洋岛屿及东非（包括马达加斯加）。

2. 诃子属 Terminalia L.

大乔木，具板根，稀为灌木。叶通常互生，常成假轮状聚生于枝顶，稀对生或近对生，全缘或稍有锯齿，无毛或被毛，间或具细瘤点及透明点，稀具管状黏腋腔；叶柄上或叶基部常具2枚以上腺体。穗状花序或总状花序腋生或顶生，有时排成圆锥花序状；花小，5数，稀为4数，两性；苞片早落，萼管杯状，延伸于子房之上，萼齿5或4，镊合状排列；花瓣缺；雄蕊10或8，2轮，着生于萼管上，花药背着；花盘在雄蕊内面；子房下位，1室；花柱长，单一，伸出；胚珠2，稀3–4，悬垂。假核果，通常肉质，稀革质或木栓质，具棱或2–5翅；内果皮具厚壁组织；种子1，无胚乳，子叶旋卷。

约150种，分布于热带非洲、美洲和亚洲，延伸至非洲南部、澳大利亚以及太平洋岛。我国产6种；南海诸岛有2种。

1. 叶大，长12–30 cm；果稍压扁，具纵棱2条……1. 榄仁树 *T. catappa*
1. 叶小，长3–8 cm；果不压扁，不具棱……2. 小叶榄仁树 *T. mantaly*

1. 榄仁树

Terminalia catappa L., Mant. Pl. Gen. 1: 128. 1767; P. Y. Chen et al. in Acta Bot. Austro Sin. 1: 136; T. Z. Hsu in Fl. Reip. Pop. Sin. 53(1): 10. 1984; T. C. Huang et al. in Taiwania 39(1–2): 10. 1994.

大乔木，高15 m或更高，树皮褐黑色，纵裂而剥落状；枝平展，近顶部密被棕黄色的绒毛，具密而明显的叶痕。叶大，互生，常密集于枝顶，叶片倒卵形，长12–22 cm，宽8–15 cm，先端钝圆或短尖，中部以下渐狭，基部截形或狭心形，两面无毛或幼时背面疏被软毛，全缘，稀微波状，主脉粗壮，上面下陷而成一浅槽，背面凸起，且于基部近叶柄处被绒毛，侧脉 10–12 对，网脉稠密；叶柄短而粗壮，长 10–15 mm，被毛。穗状花序长而纤细，腋生，长 15–20 cm，雄花生于上部，两性花生于下部；苞片小，早落；花多数，绿色或白色，长约 10 mm；花瓣缺；萼筒杯状，长 8 mm，外面无毛，内面被白色柔毛，萼齿 5，三角形，与萼筒几等长；雄蕊 10 枚，长约 2.5 mm，伸出萼外；花盘由 5 个腺体组成，被白色粗毛；子房圆锥形，幼时被毛，成熟时近无毛；花柱单一，粗壮；胚珠 2 颗，倒悬于室顶。果椭圆形，常稍压扁，具 2 棱，棱上具翅状的狭边，长 3–4.5 cm，宽 2.5–3.1 cm，厚约 2 cm，两端稍渐尖，果皮木质，坚硬，无毛、成熟时青黑色；种子 1 颗，矩圆形，含油质。花期：3–6 月；果期：7–9 月。

产地　南沙群岛（太平岛、永暑礁、北子岛、南钥岛、景宏岛、美济礁、南薰礁、赤瓜礁、华阳礁、渚碧礁）、西沙群岛（永兴岛、石岛、东岛、盘石屿、中建岛、晋卿岛、广金岛、金银岛、甘泉岛、珊瑚岛、银屿、西沙洲、赵述岛、南岛）、东沙群岛（东沙岛）有栽培或逸生。植于海边沙地或街道旁。

分布　广东、海南、广西、福建、台湾。热带亚洲、大洋洲、南美洲的热带海岸均有分布。

用途　树皮、叶入药，治腹泻下痢、感冒咳嗽、支气管炎。

2. 小叶榄仁树

Terminalia mantaly H. Perrier, Ann. Inst. Bot.-Géol. Colon. Marseille1: 24, t. 5. 1953.——*T. boivinii* auct. non Tul.: Y. Tong in Biodivers. Sci. Appendix 1, 21(3): 364–374. 2013.

乔木，高达 20 m。分枝平展，分层。单叶互生，常聚生小枝顶端呈假轮生，倒卵形至倒披针形，长 3–8 cm，宽 1.5–3 cm，基部楔形，顶端圆或钝，近无柄，侧脉 4–6 对，脉窝具腺体。穗状花序单生于叶腋，长且纤细，具多数小花，具香气；雄蕊 10 枚，伸出。果椭球形，不压扁且不具纵棱，长 3–4 cm，径 2–2.5 cm。花期：3–6 月；果期：7–9 月。

产地　西沙群岛（永兴岛）有栽培。

分布　广东、海南、广西、福建、台湾有栽培。原产马达加斯加。

用途　本种可作行道树。

藤黄科 Guttiferae

乔木或灌木，常有黄色的树脂液。单叶，对生，无托叶。花单性，常雌雄异株，两性或杂性，辐射对称；萼片2–6片，稀更多，覆瓦状排列；花瓣与萼片同数，覆瓦状排列或旋转排列，稀镊合状排列；雄蕊通常多数，花丝分离或基部合生，有时合生成数束而与花瓣对生，花药2室，常纵裂；子房上位，无柄，1至多室，花柱细长、粗短或缺，柱头通常盾状，有时辐射状，胚珠每室1至多颗，基生或生于子房室的内角，侧膜胎座；退化雄蕊常存在于雌花中，退化雌蕊常存在于雄花中。浆果、核果或蒴果；种子通常具假种皮，无胚乳，胚大，子叶常微小。

约40属，1,200种，主要分布于热带地区，温带地区也有分布。我国有8属（1属为特有属），95种（48种为特有种）；南海诸岛有1属，1种。

1. 红厚壳属 **Calophyllum** L.

乔木或灌木。叶对生，无毛，全缘，有多数平行纤细的侧脉且与中脉垂直，具叶柄。聚伞花序或总状花序。花序腋生、近腋生或顶生；花两性或单性，具花梗；萼片2–4片，覆瓦状排列，内面的一对常花瓣状；花瓣常4片，很少2或6–8片；雄蕊极多数，花丝线形，常蜿蜒状，基部合生成数束或分离，花药基着，纵裂；子房1室，具1颗基生的胚珠，花柱1枚，纤细，常蜿蜒状，柱头通常盾状。核果球形、椭圆形或卵形，外果皮薄，中果皮肉质至纤维状；种子大，无假种皮，胚纤细，直，子叶厚，肉质，富含油分。

约187种，分布于热带地区，主要在亚洲、非洲北部、热带美洲、马达加斯加、马斯克林群岛及澳大利亚。我国有4种；南海诸岛有1种。

1. 红厚壳　　别名：海棠果

Calophyllum inophyllum L., Sp. Pl. 513. 1753; W. Y. Chun et al. in Fl. Hainanica 2: 56. 1965; P. Y. Chen et al. in Acta Bot. Austro Sin. 1: 36. 1983; T. C. Huang et al. in Taiwania 39(1–2): 14. 41. 1994.

常绿乔木，高5–12 m，胸径30–60 cm，树皮厚，常有纵裂缝。叶厚革质，阔椭圆形或倒卵状长圆形，长6–18 cm，宽3–10 cm。顶端钝、圆形或微缺，基部钝或阔楔形，全缘，两面均有光泽，中脉在叶面凹下，背面凸起，侧脉多数，纤细，密，直达边缘，在两面均凸起；叶柄长1–2.5 cm。总状花序生于上部叶腋，有时组成圆锥花序，常具花3–12朵；花两性，白色，芳香，直径2–2.5 cm；花梗长1.5–4 cm；萼片4，近圆形，凹陷，外面2片长约8 mm，内面2片较大，花瓣状；花瓣4片，倒卵形，长9–12 mm，宽7–8 mm，顶端近圆形，内弯；雄蕊多数，花丝基部合生成4束；子房近球形，长约3.5 mm，花柱细长，稍弯，柱头盾状。核果球形，宽2.5–4 cm，成熟时黄色；种子球形。花期：春夏；果期：秋冬。

产地　南沙群岛（太平岛、永暑礁、北子岛、南钥岛、中业岛、南子岛、华阳礁）、西沙群岛（永兴岛、东岛、中建岛、晋卿岛、珊瑚岛、金银岛、琛航岛、甘泉岛、南岛）、东沙群岛（东沙岛）。生于海岸林中。

分布　海南、台湾。非洲东部、亚洲南部及东南部、大洋洲。

用途　种仁油可制皂、润滑油，亦可作照明，药用治皮肤病、风湿等症。木材质地坚实，是良好的造船、枕木、桥梁、车轴、农具等用料。

2. 刺蒴麻属 Triumfetta L.

直立或匍匐草本或为亚灌木。叶互生，不分裂或掌状 3–5 裂，有基出脉，边缘有锯齿。花两性，单生或数朵排成腋生或腋外生的聚伞花序；萼片 5 片，离生，镊合状排列，顶端常有突起的角；花瓣与萼片同数，离生，内侧基部有增厚的腺体；雄蕊 5 枚至多数，离生，着生于肉质有裂片的雌雄蕊柄上；子房 2–5 室，花柱单一，柱头 2–5 浅裂，胚珠每室 2 颗。蒴果近球形，3–6 爿裂开，或不开裂，表面具针刺；刺的先端尖细劲直或有倒钩；种子有胚乳。

100–160 种，主要分布于热带、亚热带地区。我国有 7 种，少数中广布于野草中，产南部及东部各地；南海诸岛有 3 种。

1. 叶细小，宽 0.7–1.5 cm，叶下面被单毛……………………1. 粗齿刺蒴麻 *T. grandidens*
1. 叶较大，宽 2–4 cm，叶下面被星状柔毛。
   2. 叶基部心形，先端圆钝，下面被黄褐色厚茸毛……………………2. 铺地刺蒴麻 *T. procumbens*
   2. 叶基部阔楔形或圆形，先端尖，下面被星状柔毛……………………3. 刺蒴麻 *T. rhomboidea*

1. 粗齿刺蒴麻

Triumfetta grandidens Hance, Journ. Bot. 15: 329. 1877; W. Y. Chun et al. in Fl. Hainanica 2: 63. 1965; F. W. Xing et al. in Acta Bot. Austro Sin. 9: 41. 1994.

木质草本，披散或匍匐，多分枝；嫩枝有柔毛。叶变异较大，下部的菱形，3–5 裂，上部的长圆形，长 1–2.5 cm，宽 7–15 mm，先端钝，基部楔形，两面无毛或下面脉上有毛，三出脉不强直上行，边缘有粗齿；叶柄长 5–10 mm，被毛。聚伞花序腋生，长 10–20 mm，花序梗长 5–7 mm；花梗长 2–3 mm；萼片线形，长 6 mm，外面被柔毛；花瓣阔卵形，有短柄，比萼片稍短；雄蕊 8–10 枚；子房 2–3 室，被毛。蒴果球形；针刺长 2–4 mm，被柔毛，先端有短勾。花期：冬春间。

产地　西沙群岛（永兴岛）。生于海边沙地上。

分布　广东、海南。越南、马来西亚。

用途　本种可供海岸固沙之用。

2. 铺地刺蒴麻

Triumfetta procumbens Forst. f., Prodr. 35. 1786; P. Y. Chen et al. in Acta Bot. Austro Sin. 1: 136. 1983; R. H. Miau in Fl. Reip. Pop. Sin. 49(1): 109. 1989; T. C. Huang et al. in Taiwania 39(1–2): 20, 47. 1994.

木质草本，茎匍匐；嫩枝被黄褐色星状短茸毛。叶厚纸质，卵圆形，有时 3 浅裂，长 2–4.5 cm，宽 1.5–4 cm，先端圆钝，基部心形，上面有星状短茸毛，下面被黄褐色厚茸毛，基出脉 5–7 条，边缘有钝齿；叶柄长 1–5 cm，被短茸毛。聚伞花序腋生，花序梗长约 1 cm；花梗长 2–3 mm。萼片狭长圆形，长 9–13 mm，顶端有角，下面被多数星状毛；花瓣较萼片略短，倒卵形；雄蕊多数，花丝长 5–8 mm, 无毛；子房球形。荚果球形，直径 1.5–2 cm，干后不开裂；针刺长 3–5 mm，有时稍长，粗壮，先端弯曲，有柔毛；果 4 室，每室有种子 1–2 颗。花果期：几乎全年。

产地　南沙群岛（太平岛、鸿庥岛）、西沙群岛（永兴岛、石岛、东岛、中建岛、晋卿岛、琛航岛、广金岛、羚羊礁、金银岛、甘泉岛、珊瑚岛、银屿、赵述岛、北岛、中岛、南岛、北沙洲、中沙洲、南沙洲）、东沙群岛（东沙岛）。生于海边沙滩上。

分布　海南。澳大利亚及西太平洋各岛屿。

3. 刺蒴麻

Triumfetta rhomboidea Jacq., Enum. Pl. Carib. 22. 1760; R. H. Miau in Fl. Reip. Pop. Sin. 49(1): 109. 1989.——*T. bartramia* L., Syst. ed. 10: 1044. 1757; W. Y. Chun et al. in Fl. Hainanica 2: 62. 1965.

亚灌木；嫩枝被灰褐色短茸毛。叶纸质，生于茎下部的阔卵圆形，长 3–8 cm，宽 2–6 cm，先端常 3 裂，基部圆形；生于上部的长圆形；上面有疏毛，下面有星状柔毛，基出脉 3–5 条，两侧脉直达裂片尖端，边缘有不规则的粗锯齿；叶柄长 1–5 cm。聚伞花序数枝腋生，花序梗及花梗均极短；萼片狭长圆形，长 5 mm，顶端有角，被长毛；花瓣比萼片略短，黄色，边缘有毛；雄蕊 10 枚；子房有刺毛。果球形，不开裂，被灰黄色柔毛，具勾针刺，刺长 2 mm，有种子 2–6 颗。花期：夏秋间；果期：冬季。

产地　西沙群岛（永兴岛）。生于旷野草地上。

分布　广东、海南、广西、福建、台湾、云南。热带亚洲及非洲。

用途　全株供药用，治毒疮、肾结石、痢疾等症。

梧桐科 Sterculiaceae

乔木或灌木，稀草本或藤本。叶互生，单叶，少为掌状复叶，全缘、具齿或深裂，通常有托叶。花序腋生，稀顶生，排成圆锥花序、聚伞花序、总状花序或伞房花序，稀单生；花单性、两性或杂性；萼片5枚，稀为3–4枚，多少合生，稀完全分离，镊合状排列；花瓣5片，有时无花瓣，分离或基部与雌雄蕊柄合生，旋转或覆瓦状排列；通常有雌雄蕊柄；雄蕊的花丝常合生成管状，有5个舌状或线状的退化雄蕊与萼片对生，或无退化雄蕊，花药2室，纵裂；雌蕊由2–5(10–12)个多少合生的心皮或单心皮所组成；子房上位，室数与心皮数相同；每室有胚珠2个或多个，稀1个，花柱1枚或与心皮同数。果通常为蒴果或蓇葖果，稀为浆果或核果；种子有胚乳或缺，胚直生或弯生，胚轴短。

约68属，1,100种，分布于热带和亚热带地区。我国有19属，90种，主产南部和西南部；南海诸岛有2属，2种。

1. 马松子属 **Melochia** L.

草本或半灌木，稀为乔木，略被星状柔毛。叶卵形或广心形，有锯齿。花小，两性，排成聚伞花序或团伞花序；萼5深裂或浅裂，钟状；花瓣5片，匙形或矩圆形，宿存；雄蕊5枚，与花瓣对生，基部连合成管状，花药2室，外向，药室平行；退化雄蕊无，稀为细齿状；子房无柄或有短柄，5室，每室有胚珠1–2个，花柱5枚，分离或在基部合生，柱头略增厚。蒴果室背开裂为5个果瓣，每室有种子1个；种子倒卵形，略有胚乳，子叶扁平。

50–60种，主要分布于热带和亚热带地区。我国有1种；南海诸岛亦有。

1. 马松子

Melochia corchorifolia L., Sp. Pl. 2: 675. 1753; Y. Tang, M. G. Gilbert & L. J. Dorr in Fl. China 12: 320. 2007.

半灌木状草本，高不及1 m；枝黄褐色，略被星状短柔毛。叶薄纸质，卵形、矩圆状卵形或披针形，稀有不明显的3浅裂，长2.5–7 cm，宽1–1.3 cm，顶端急尖或钝，基部 圆形或心形，边缘有锯齿，上面近于无毛，下面略被星状短柔毛，基生脉5条；叶柄长5–25 mm；托叶条形，长2–4 mm。花排成顶生或腋生的密聚伞花序或团伞花序；小苞片条形，混生在花序内；萼钟状，5浅裂，长约2.5 mm，外面被长柔毛和刚毛，内面无毛，裂片三角形；花瓣5片，白色，后变为淡红色，矩圆形，长约6 mm，基部收缩；雄蕊5枚，下部连合成筒，与花瓣对生；子房无柄，5室，密被柔毛，花柱5枚，线状。蒴果圆球形，有5棱，直径5–6 mm，被长柔毛，每室有种子1–2个；种子卵圆形，略成三角状，褐黑色，长2–3 mm。花期：夏秋季。

产地　西沙群岛（永兴岛）。生于路边草地。

分布　长江以南各地。泛热带分布。

2. 吉贝属 Ceiba Mill.

落叶乔木，树干有刺或无刺。叶螺旋状排列，掌状复叶，小叶3–9，具短柄，无毛背面苍白色，大都全缘。花先叶开放，单1或2–15朵簇生于落叶的节上，下垂，辐射对称，稀近两侧对称；萼钟状坛状，不规则的3–12裂，厚，宿存；花瓣基部合生并贴生于雄蕊管上，与雄蕊和花柱一起脱落，淡红色或黄白色；雄蕊管短；花丝3–15，分离或分成5束，每束花丝顶端有1–3个扭曲的一室花药；子房5室；每室胚珠多数；花柱线形。蒴果木质或革质，下垂，长圆形或近倒卵形，室背开裂为5爿；果爿内面密被绵毛，由宿存的室隔基部以上脱落，室隔和中轴无毛；种子多数，藏于绵毛内，具假种皮；胚乳少。

17种，分布于西非（1种）和热带美洲（16种）。我国引入2种；南海诸岛有1种。

1. 美丽异木棉

Ceiba speciosa (A. St.-Hil.) Ravenna, Onira 3(15): 46. 1998.

乔木，高达15 m。树干直立，下部膨大，树皮绿色，密生圆锥状皮刺。掌状复叶互生，纸质，小叶3–7枚，叶柄长达20 cm，托叶2，披针形，早落；小叶长圆状披针形，长10–15 cm，宽2–4 cm，具锯齿，先端渐尖，基部楔形，两面无毛。花1至多个簇生于叶腋或落叶的节上；花萼钟状，绿色，无毛，先端2–5浅裂；花瓣5，长椭圆形状披针形，长8–14 cm，宽3–4.5 cm，先端钝，粉红色，中部浅黄色，散生褐色条纹；花丝合生成管，花药5；花柱长于雄蕊，柱头5浅裂。蒴果长圆形，长15–22 cm，直径5–7 cm。种子多数，具棉毛。花期：9–12月；果期：1–5月。

产地　南沙群岛（南薰礁）有栽培。

分布　广东、海南、广西、福建、台湾、四川、云南等地区有栽培。原产南美洲。

3. 瓜栗属 Pachira Aubl.

乔木。叶互生，掌状复叶，小叶 3–11 片，全缘。花单生于叶腋，具梗；苞片 2–3 枚；花萼杯状，短，顶端截平或具不明显的浅齿，背面无毛，宿存，花瓣长圆形或线形，白色或淡红色，外面常被茸毛；雄蕊多数，基部合生成管，基部以上分离为多束，每束再分离为多数花丝，花药肾形；子房 5 室，每室有胚珠多数，花柱伸长，柱头 5 浅裂。蒴果近长圆形，木质或革质，室背开裂为 5 瓣，内面具长绵毛。种子大，近梯状楔形，无毛，种皮脆壳质，光滑；子叶肉质，内卷。

约 50 种，分布于美洲热带地区。我国引入 1 种；南海诸岛也有。

1. 瓜栗

Pachira aquatica (Cham. & Schlecht.) Walp., Repert. Bot. 1: 329. 1842.——*P. macrocarpa* (Schltdl. & Cham.) Walp., Repert. Bot. Syst. 1: 329. 1842; T. C. Huang et al. in Taiwania 39(1–2): 36. 1994.——*Calolinea macrocarpa* Cham. & Schlecht. in Linnaea 6: 423. 1831.

小乔木，高 4–5 m。小叶 5–11 片，具短柄或近无柄，长圆形至倒卵状长圆形，顶端渐尖或急尖，基部楔形，全缘，上面无毛，下面及叶柄被锈色星状茸毛；中央小叶长 13–24 cm，宽 4.5–8 cm，外侧小叶渐小；中脉在上面平，下面凸起，侧脉 16–20 对，网脉细密，均在下面隆起；叶柄长 11–15 cm。花单生于枝顶叶腋；花梗粗壮，长 2 cm，被黄色星状茸毛；萼杯状，近革质，长 1.5 cm，外面疏被星状柔毛，内面无毛，顶端截平或具 3–6 枚不明显的浅齿，基部有 2–3 枚圆形腺体，宿存；花瓣淡黄绿色，狭披针形至线形，长 15 cm；雄蕊管较短，分裂为多数雄蕊束，每束再分裂为 7–10 枚细长的花丝，花丝连雄蕊管长 13–15 cm，花药线形，弧曲，长 2–3 mm，横生；花柱长于雄蕊，柱头小，5 浅裂。蒴果近梨形，长 9–10 cm，直径 4–6 cm，果皮厚，木质，外面无毛，内面密被长绵毛，开裂，每室有种子多数；种子长 2–2.5 cm，宽 1–1.5 cm，为不规则的梯状楔形，表面暗褐色，有白色螺纹，内含多胚。花期：5–11 月。

产地　南沙群岛（东门礁）、东沙群岛（东沙岛）有栽培。

分布　广东、福建、云南等地有栽培。原产中美洲墨西哥至哥斯达黎加。

用途　种子炒熟可食。

锦葵科 Malvaceae

草本，灌木或小乔木，嫩枝、叶通常被星状毛或鳞秕，茎皮层纤维发达，具黏液腔。单叶，互生，具叶柄；托叶 2 枚，常早落；叶片全缘或各式分裂，通常为掌状脉。花单朵腋生或簇生，有时排成顶生或腋生的总状花序或圆锥花序。通常具副萼，由小苞片组成，位于花萼基部，小苞片线形至卵形，裂片 3 至多数。花通常两性，稀单性且雌雄异株，辐射对称；萼片 5 枚，稀 3–4 枚，镊合状排列，离生或合生；花瓣 5 枚，旋转排列，近基部与雄蕊管合生；雄蕊多数，合生成单体，雄蕊管顶部或上半部具分离花丝，花药 1 室，肾形或马蹄形，纵裂；花粉粒具刺；子房上位，由 2–25 心皮组成，中轴胎座，每室具胚珠 1 至多颗，花柱与心皮同数或 2 倍于心皮，稀不分裂而呈棒状，柱头通常头状或匙形。果为分果 (成熟心皮各自中轴脱落的分果爿) 或蒴果，室背开裂，很少为浆果；种子肾形或卵形，具毛或无毛。

约 100 属，1,000 种，分布于南北半球的热带及温带地区。我国产 19 属，约 81 种；南海诸岛野生及栽培共 8 属，14 种。

本科有的种类为棉、麻作物，有的种类为观赏花卉，少数为蔬菜和草药。

1. 雄蕊管全部或上半部分离，顶部截平或 5 齿裂；果为蒴果。
  2. 花柱顶部分裂为开展的花柱枝。
    3. 花萼整齐 5 裂，花后宿存……5. 木槿属 *Hibiscus*
    3. 花萼顶端具不整齐的 5 齿，花后脱落……1. 秋葵属 *Abelmoschus*
  2. 花柱顶部棒状或稍膨大。
    4. 小苞片 3–6 枚，长 0.2–1 cm，花后脱落；植物体无黑褐色油腺……8. 桐棉属 *Thespesia*
    4. 小苞片 3 枚，长 2–5 cm，叶状，宿存；植物体具黑褐色油腺……3. 棉属 *Gossypium*
1. 雄蕊管仅顶部分裂，花柱或花柱枝与心皮等数；果为分果，稀蒴果。
  5. 每心皮有 1 胚珠。
    6. 小苞片 3 枚；分果爿不开裂，具短刺 3 条……6. 赛葵属 *Malvastrum*
    6. 小苞片缺；分果爿具芒 2 条或具喙，通常劈裂……7. 黄花稔属 *Sida*
  5. 每心皮有胚珠 2 至多颗。
    7. 成熟心皮不肿胀，顶部有喙；果皮革质……2. 苘麻属 *Abutilon*
    7. 成熟心皮肿胀，顶部无喙；果皮膜质……4. 泡果苘属 *Herissantia*

1. 秋葵属 **Abelmoschus** Medik.

直立草本或亚灌木，植株地上各部分常被长硬毛。托叶 2 枚；叶片通常掌状分裂；有时呈戟形、箭形，叶缘具锯齿，稀全缘。花通常单生于叶腋，或聚生于枝顶；小苞片 4–16 枚，线形，宿存；花萼具不整齐的 5 齿，开花时一侧开裂至基部而呈佛焰苞状，并与花冠一起脱落；花冠黄色或红色，中央暗红色，漏斗状；花瓣 5 枚；雄蕊管短于花瓣，顶端 5 裂，雄蕊位于底部，子房 5 室，胚珠每室多颗，花柱顶部具 5 分枝或 5 个突起，柱头头状。蒴果长条形，室背开裂；种子肾形，光滑无毛。

约 15 种，产东半球热带及亚热带地区。我国 6 种；南海诸岛有 1 种。

3. 长梗黄花稔

Sida cordata (N. L. Burman) Borssum Waalkes, Blumea 14: 182. 1966; K. M. Feng in Fl. Rep. Pop. Sin. 49 (2): 26. 1984; W. Y. Chun et al. in Fl. Hainanica 2: 91. 1965.——*S. veronicaefolia* auct. non Lam.: T. C. Huang et al. in Taiwania 39 (1–2): 17. 1994.——*S. mysorensis* auct. non Wight & Arn.: P. Y. Chen et al. in Acta Bot. Austro Sin. 1: 137. 1983.

匍匐或披散草本，高约 0.3 m，小枝细长，茎、叶和花梗均具散生的长柔毛和短星状毛，无腺毛。托叶线形，长 2–3 mm，具疏柔毛；叶柄长 1–3 cm；叶心形，长 1–5 cm，边缘具钝齿或锯齿，顶端短渐尖。花腋生，单朵或数朵排成总状花序；花梗纤细，长 1.5–3 cm，近中部具关节，疏生长毛；花萼钟状，长约 5 mm，外面具疏生柔毛和星状毛，萼裂片三角形，渐尖；花冠黄色；雄蕊管长约 2 mm，无毛或具疏毛；花柱枝 5。分果扁球形；分果爿 5 个，近卵形，顶端钝，无芒，果皮薄膜质，平滑无毛或仅顶端具短毛；种子卵状，无毛。花期：7 月至翌年 2 月。

产地 南沙群岛（太平岛）、西沙群岛（永兴岛、金银岛）。生于空旷地上。

分布 广东、海南、广西、福建、台湾。亚洲东南部热带地区。

4. 心叶黄花稔

Sida cordifolia L., Sp. Pl. 684. 1753; W. Y. Chun et al. in Fl. Hainanica 2: 92. 1965; P. Y. Chen et al. in Acta Bot. Austro Sin. 1: 137. 1983.

亚灌木，高 0.3–1 m，全株密被浅黄色短星状毛，并混生有长 2–3 mm 的柔毛。托叶线形，长 3–8 mm，被柔毛；叶柄 1–2.5 cm；叶卵形，有时近圆形，长 1.5–5 cm，两面被短绒毛，下面沿叶脉被长柔毛，有时上面仅叶脉被绒毛，基部通常浅心形，有时圆钝，叶缘具钝齿或不规则的锯齿，顶端圆钝或急尖。花单朵腋生或在小枝顶部排成总状花序；花梗长 4–10 mm，近顶部具关节；花萼钟状，长 5–7 mm，外面密被绒毛和混生柔毛，内面仅萼裂片具绒毛；花瓣黄色，长约 8 mm；雄蕊管长约 6 mm。分果扁球形，分果爿 8–10 个，长约 3 mm，果皮具网纹，背部被短星状毛，顶部具芒 2 条，芒长约 3 mm，具倒生刚毛；种子肾形，近种脐处有短毛。花期：几乎全年。

产地 西沙群岛（永兴岛、金银岛、中建岛）。生于珊瑚礁沙地上。

产地 广东、海南、广西、福建、台湾、云南。亚洲、非洲和美洲热带和亚热带地区。

5. 白背黄花稔

Sida rhombifolia L., Sp. Pl. 2: 684. 1753; W. Y. Chun et al. in Fl. Hainanica 2: 92. 1965; P. Y. Chen et al. in Acta Bot. Austro Sin. 1: 137. 1983.

直立亚灌木，高 0.5–1 m，小枝常呈红色，嫩叶、叶柄和花梗均密被灰色短绒毛。托叶线形，长约 1.5 mm，被疏毛；叶柄长 3–5 mm；叶卵形至披针形或多少呈菱形，长 2.5–4.5 cm，宽 0.5–3 cm，上面近无毛，背面灰白色，密被短的星状茸毛，基部阔楔形至圆钝，叶缘具锯齿，顶端钝或急尖。花单朵腋生，有时在小枝顶部 2–5 朵密集呈簇生状；花梗长 1–2 cm，中上部具关节；花萼钟状，长 5–6 mm，外面被微绒毛；花冠黄色，花瓣顶部偏斜。分果爿 8–10 个，扁三棱状，无毛或具星状毛，顶部通常具 2 条短芒，芒长 1–2 mm，种子肾形，无毛。花期：9–12 月。

产地 西沙群岛（永兴岛）。生于旷野中。

分布 我国广东、海南、广西、福建、台湾、湖北、四川、贵州、云南。世界热带、亚热带地区。

8. 桐棉属 Thespesia Soland. ex Corr.

乔木或灌木，植株被星状毛或鳞秕。单叶；托叶极细；叶全缘或掌状分裂，叶脉掌状，叶下面常有蜜腺。花单朵腋生或排成总状花序；小苞片 3–6 枚，离生，小，花后脱落；花萼杯状，顶端截平或具 5 小齿，花后木质化，宿存；花冠钟状；花瓣 5 枚，通常黄色；雄蕊管有多数花药的花丝；子房 5 室或具隔膜而呈 10 室，每室具胚珠数颗，花柱 1，顶部棒状，具 5 纵槽纹或短 5 裂，柱头 5 枚。蒴果球形或梨形，果皮稍木质或革质，室背开裂、不完全开裂或不开裂；种子每室 3 至多数，倒卵球形，无毛或被柔毛或具乳头状突起。

约 17 种，分布于热带地区。我国有 2 种；南海诸岛有 1 种。

1. 杨叶肖槿　　别名：桐棉

Thespesia populnea (L.) Sol. ex Corrêa, Ann. Mus. Natl. Hist. Nat. 9: 290; W. Y. Chun in Sunyatsenia 1: 170. 1933.

常绿灌木或小乔木，高 4–8 m，嫩枝被褐色鳞秕。托叶披针形，长约 7 mm 早落；叶柄长 2.5–7.5 cm；叶阔卵形，长 8–15 cm，宽 7–10 cm，基部心形或近截平，全缘，顶端长渐尖或急尖。花单生于叶腋；花梗长 2.5–5 cm，被鳞秕；小苞片长圆状披针形，3–5 枚，披针形，长 8–10 mm，早落；花萼杯状，长 7–9 mm，具 5 尖齿，外面密生长柔毛；花冠黄色，钟状，长约 5 cm；雄蕊管长约 2.5 cm；花柱棒状，粗糙，顶端 5 槽纹。蒴果近球形，成熟时黑色，直径 2–3 cm，果皮革质，不完全开裂；种子三角状卵形，长达 12 mm，被褐色柔毛，间有无毛脉纹。花期：几全年。

产地　西沙群岛（永兴岛、东岛、琛航岛）。生于海岸林中。

分布　广东、海南、广西、台湾。马来西亚、越南、澳大利亚。

用途　该种常作为绿荫树种。

大戟科 Euphorbiaceae

灌木、乔木或草本，极少为藤本或为多浆植物，通常有乳状汁液。叶为单叶，互生，稀复叶，有时对生，有时退化为鳞片状或无叶；有些具腺体或星状毛；通常有托叶。花单性，雌雄同株或异株；花序各式，通常为聚伞花序；萼片分离或连合，有时退化或缺，通常呈覆瓦状或镊合状排列；无花瓣，稀具花瓣且有时合生；雄蕊通常多数或大部退化仅有1枚，分离或连合成柱，花丝在蕾时内弯或直立，花药2室，稀3–4室，药室纵裂，稀孔裂或横裂，常具花盘或退化雌蕊；雌花子房上位，3室，稀2或4室或更多室，胚珠每室2或1颗，花柱与子房室同数，分离或部分合生，通常分裂；花盘通常存在，环状或分裂为腺体。果为蒴果，分离成分果爿，或为浆果，稀为核果；种子有种阜，胚乳丰富，肉质胚直，子叶宽而扁，稀卷叠。

约300余属，8,000余种，主要分布于热带和温带。我国连引种的共有70属，460余种；南海诸岛有12属，24种。

1. 三出复叶……2. 秋枫属 *Bischofia*
1. 单叶。
  2. 花无花被，组成杯状聚伞花序，雌花单生于中央，周围环绕有数朵仅含1枚雄蕊的雄花；植物体含有丰富的乳汁。
    3. 茎不呈Z字型；杯状聚伞花序的总苞辐射对称……4. 大戟属 *Euphorbia*
    3. 茎呈Z字型；杯状聚伞花序的总苞左右对称……9. 红雀珊瑚属 *Pedilanthus*
  2. 花具花被，不排成杯状聚伞花序；植物体通常含有乳汁，但一般不太显著。
    4. 子房每室有胚珠2颗。
      5. 雌花不具花盘……12. 守宫木属 *Sauropus*
      5. 雌花具花盘。
        6. 雌雄异株，花盘环状……5. 白饭树属 *Flueggea*
        6. 雌雄同株，花盘种种……10. 叶下珠属 *Phyllanthus*
    4. 子房每室有胚珠1颗。
      7. 有花瓣……6. 麻风树属 *Jatropha*
      7. 无花瓣。
        8. 灌木。
          9. 叶片盾状着生，掌状深裂……11. 蓖麻属 *Ricinus*
          9. 叶片非盾状着生，亦非掌状深裂……3. 变叶木属 *Codiaeum*
        8. 草本。
          10. 无花柱……7. 小果木属 *Micrococca*
          10. 有花柱。
            11. 花柱羽状分裂，萼片内面无腺体……1. 铁苋菜属 *Acalypha*
            11. 花柱不裂，萼片内面基部有2腺……8. 地杨桃属 *Microstachys*

1. 铁苋菜属 Acalypha L.

草本、灌木或乔木。叶互生，常有锯齿，基出脉3–5条或羽状脉；叶柄较长；托叶细，披针形至条形。花单性，无花瓣，雄花极小，雌花稍大，排成穗状花序，通常雌雄同株，极少异株，同序或异序，或二者具存，如同序则雄花生于花序轴的上部，雌花生于花序轴下部；异序则雄花多朵簇生成团伞花序，由很多个团伞花序组成葇荑状穗状花序或圆锥花序，雌花1–3、稀5朵集生于花后增大呈叶状的苞片内，稀雌雄异株，无花瓣，亦无花盘。雄花：极小，生于极小的苞片内；萼片4，镊合状排列；雄蕊通常8枚，花丝分离，花药4室，长圆形或线形，弯曲蜿蜒状，无退化雌蕊。雌花：萼片3–4，覆瓦状排列，子房3室，稀2室，每室有胚珠1颗，花柱3，分离，常羽状分裂。蒴果开裂为3个2裂的分果爿；种子近球形，细小，有种阜，种皮脆壳质，子叶宽而扁。

约有400种，分布于全世界的热带和亚热带地区。我国15种；南海诸岛有4种。

1. 灌木；叶较大，长6–18 cm，宽6–14 cm .... 4. 红桑 *A. wilkesiana*
1. 草本，叶较小，长2–10 cm，宽1.5 cm。
    2. 叶片基部突然收狭呈楔形，叶柄长约为叶片的1.5倍 .... 2. 热带铁苋菜 *A. indica*
    2. 叶片基部圆钝，叶柄短于叶片。
        3. 花序上雌花部分有苞片8–10枚，苞片宽2.4–4 mm .... 3. 麻叶铁苋菜 *A. ianceolata*
        3. 花序上雌花部分有苞片1–3枚，苞片宽7–8 mm .... 1. 铁苋菜 *A. australis*

1. 铁苋菜　　别名：海蚌含珠

Acalypha australis L., Sp. Pl. 1004. 1753; W. Y. Chun et al. in Fl. Hainanica 2: 163. 1965; Y. Zhong in Journ. Hainan Teach. Coll. (Nat. Sci.) 3(1): 59. 1990; F. W. Xing et al. in Fl. Nansha Isl. Neighb. Isl. 127. 1996; H. S. Chiu & M. G. Gilbert in Fl. China 11: 252. 2008.

一年生草本，高10–60 cm，有时可达1 m；茎直立，被毛，多分枝，具细纵条纹。叶互生，薄纸质或近膜质，椭圆形或椭圆状至卵状披针形，长2–10 cm，宽1.5–4.5 cm，顶端短渐尖至渐尖，基部圆钝或阔楔形，边缘具钝齿，两面稍粗糙，疏被柔毛或无毛，三出脉；叶柄长0.5–4.5 cm；托叶披针形，长约1.5 mm，雌花通常3–5朵生于下部；雄花较小，花萼4片，卵形，镊合状排列，雄蕊常7–8枚，无退化雌蕊及花盘；苞片叶状，卵形，基部心形，疏被柔毛，长0.5–2 cm，边缘具钝齿，沿中脉向上折合，状如海蚌，花萼3片，卵形，具缘毛，子房圆球形，被毛，花柱3枚，羽状分裂至基部，如长毛状。蒴果小，钝三棱形，直径3–4 mm，被毛；种子近卵圆形，长约1 mm。花果期：夏秋季。

产地　西沙群岛（永兴岛）。生于空旷沙地上。

分布　我国东南部至西南部各地区。菲律宾、越南、朝鲜、日本。

2. 热带铁苋菜　　别名：印度铁苋菜

Acalypha indica L., Sp. Pl. 1030. 1753; T. C. Huang et al. in Taiwania 39(1–2): 12–13, 39. 1994; F. W. Xing et al. in Fl. Nansha Isl. Neighb. Isl. 126. 1996.

一年生草本，高达 80 cm；枝被绒毛。叶互生，菱状卵形，长 2–5 cm，宽 1.5–3.5 cm，顶端急尖，基部突然收狭呈楔形，边缘有锯齿，上面叶脉疏被柔毛或近无毛，下面沿叶脉被柔毛，其余无毛，基出脉 5 条；叶柄长 1.5–5 cm。被柔毛。穗状花序腋生，长 2–4 cm，雌雄同序，苞片阔卵形，长 3–5 mm，宽 6–12 mm，边缘有锯齿，被缘毛。蒴果 3 裂，长 1.5–2 mm，疏被短柔毛。

产地　南沙群岛（太平岛）、西沙群岛（永兴岛、中建岛、金银岛、珊瑚岛）、东沙群岛（东沙岛）。生于海边沙地上。

分布　海南、台湾。热带非洲、马达加斯加、印度、斯里兰卡、泰国、新加坡、爪哇、菲律宾。

3. 麻叶铁苋菜

Acalypha lanceolata Willd., Sp. Pl. 4: 524. 1805; W. Y. Chun et al. in Fl. Hainanica 2: 162. 1965; F. W. Xing et al. in Fl. Nansha Isl. Neighb. Isl. 126–127. 1996; H. S. Chiu & M. G. Gilbert in Fl. China 11: 252. 2008.——*A. boehmerioides* Miq., Fl. Ned. Ind., Eerste Bijv. 1: 459. 1860; T. C. Huang et al. in Taiwania 39(1–2): 12. 1994.

一年生草本，高 40–50 cm，基部有分枝，被微柔毛。叶互生，膜质，卵形，稀为披针形，长 5–8 cm，宽 3–4.5 cm，顶端渐尖，基部钝或近圆形，边缘有锯齿，两面被短绒毛，基出脉 5–7 条；叶柄纤细，长 4–7 cm，被毛；托叶锥状，长约 4 mm，花序 1–3 个腋生，长 1.5–4 cm，被柔毛，雄花位于花序轴上部，约占花序全长的 1/3，下部全为雌花，有苞片 8–10 枚；雄花苞片线形，长约 0.5 mm，内有花 5 朵。雄花：萼片 4 枚，卵形，长约 0.5 mm，雄蕊约 10 枚。雌花：苞片半圆形，宽 2.5–4 mm，背面被绒毛，顶端具 9–14 个三角形的裂齿；子房球形，被粗毛，花柱 3 枚，条裂。蒴果直径约 2.5 mm，外被绒毛；种子卵形，长约 1.5 mm。花期：夏季。

产地　南沙群岛（太平岛）、西沙群岛（永兴岛、琛航岛、金银岛、珊瑚岛）。生于空旷地上。

分布　海南。世界热带地区。

1. 火殃簕

Euphorbia antiquorum L., Sp. Pl. 1: 450. 1753; J. S. Ma & M. G. Gilbert in Fl. China 11: 300. 2008.

肉质灌木状小乔木，乳汁丰富，除花序外，全株无毛。茎常三棱状，偶有四棱状并存，高 3–5(8) m，直径 5–7 cm，上部多分枝；棱脊 3 条，薄而隆起，高达 1–2 cm，厚 3–5 mm，边缘具明显的三角状齿，齿间距离约 1 cm；髓三棱状，糠质。叶互生于齿尖，少而稀疏，常生于嫩枝顶部，倒卵形或倒卵状长圆形，长 2–5 cm，宽 1–2 cm，顶端圆，基部渐狭，全缘，两面无毛；叶脉不明显，肉质；叶柄极短；托叶刺状，长 2–5 mm，宿存；苞叶 2 枚，下部结合，紧贴花序，膜质，与花序近等大。花序单生于叶腋，基部具 2–3 mm 短柄；总苞阔钟状，高约 3 mm，直径约 5 mm，边缘 5 裂，裂片半圆形，边缘具小齿；腺体 5, 全缘。雄花多数；苞片丝状；雌花 1 枚，花柄较长，常伸出总苞之外；子房柄基部具 3 枚退化的花被片；子房三棱状扁球形，光滑无毛；花柱 3，分离；柱头 2 浅裂。蒴果三棱状扁球形，长 3.4–4 mm，直径 4–5 mm，成熟时分裂为 3 个分果爿。种子近球状，长与直径约 2 mm，褐黄色，平滑；无种阜。花果期：全年。

产地　南沙群岛（美济礁）、西沙群岛（永兴岛）有栽培。

分布　我国大部分地区有栽培。南亚、东南亚，野生起源不清楚。

2. 海滨大戟

Euphorbia atoto Forst.f., Fl. Ins. Austral. Prodr. 36. 1786; H. T. Chang in Sunyatsenia, 7(1–2), 82. 1948; W. Y. Chun et al. in Fl. Hainanica 2: 184. 1965; P. Y. Chen et al. in Acta Bot. Austro Sin. 1: 138. 1983; F. W. Xing et al. in Fl. Nansha Isl. Neighb. Isl. 116. 1996; J. S. Ma & M. G. Gilbert in Fl. China 11: 292. 2008.

多年生草本，高 10–40 cm，全株无毛；根茎粗壮，上端长出多数有分枝的茎；茎匍匐或斜升，有膨大或肥厚的节，下部通常木质。叶对生，长椭圆形或线状长椭圆形，长 (0.6)1.5–4 cm，宽 0.4–1.5 cm，顶端圆钝，常有小尖头，基部偏斜不对称，通常心形，稀截平、楔形或圆形，全缘；叶柄长约 2 mm；托叶膜质，卵状三角形，长约 1.5 mm，边缘撕裂状。杯状聚伞花序，总花梗长 2–5 mm，排列成顶生或腋生的聚伞花序式；总苞钟状，宽约 2 mm，不规则 5 裂，裂片三角状卵形，顶端急尖，边缘撕裂；腺体 4 枚，浅盘状，有白色花瓣状附片；雄花多数，花药黄色；子房无毛，花柱离生，顶端 2 裂。蒴果光滑；种子长椭圆状四棱形，平滑，无疣状突起或沟纹。花果期：7–11 月。

产地　南沙群岛 (太平岛)、西沙群岛 (永兴岛、石岛、中建岛、晋卿岛、琛航岛、广金岛、羚羊礁、金银岛、甘泉岛、珊瑚岛、银屿、赵述岛、北岛、中岛、南岛、中沙洲、南沙洲)、东沙群岛（东沙岛）。生于海边沙地。

分布　广东、海南、福建、台湾。中南半岛、马来西亚、印度尼西亚、日本及太平洋诸岛。

3. 猩猩草　　别名：草本一品红

Euphorbia cyathophora Murr., Commentat. Soc. Regiae Sci. Gott. 7: 81–83. 1786; J. S. Ma & M. G. Gilbert in Fl. China 11: 298. 2008.——*E. heterophylla* acut non L., Sp. Pl. 453. 1753; W. Y. Chun et al. in Fl. Hainanica 2: 186. 1965; P. Y. Chen et al. in Acta Bot. Austro Sin. 1: 138. 1983. F. W. Xing et al. in Fl. Nansha Isl. Neighb. Isl. 115. 1996.

亚灌木状草本，高达 1 m。叶于茎下部及中部的互生，在花序下部的对生，卵形、椭圆形、披针形或线形，长 3–10 cm，宽 1–5 cm，边缘为提琴状分裂，或具波状齿，或全缘，两面绿色，上面近无毛，下面疏被短柔毛；叶柄长 1–3 cm；花序下部的叶通常基部或全部红色。杯状花序多数，成密集的伞房花序式排列，生于茎或枝的顶端；总苞钟状，绿色，直径 3–4 mm，顶端 5 裂，裂片边缘齿状撕裂，腺体 1 枚，杯状，无花瓣状附片；雄花多数；雌花 1 朵，子房卵形，3 室，花柱 3 枚，离生，顶端 2 浅裂。蒴果卵状三棱形，直径约 5 mm，无毛或稍被毛。花期：4–11 月。

产地　西沙群岛（永兴岛、东岛、琛航岛、金银岛、珊瑚岛）。逸生于空旷沙地上。

分布　我国各地城市有栽培，海南有逸为野生。原产南美秘鲁。

用途　庭园绿化植物。

4. 飞扬草

Euphorbia hirta L., Sp. Pl. 454. 1753; W. Y. Chun et al. in Fl. Hainanica 2: 185. 1965; P. Y. Chen et al. in Acta Bot. Austro Sin. 1: 138. 1983; J. S. Ma & M. G. Gilbert in Fl. China 11: 296. 2008.——*Chamaesyce hirta* (Linnaeus) Millsp., T. C. Huang et al. in Taiwania 39(1–2): 13, 40. 1994.——*E. hirta* var. *typica* auct. non L.: H. T. Chang in Sunyatsenia, 7(1–2), 82. 1948.

一年生草本，高 20–50 cm。茎单生或自根茎基部生出多数基部膝曲状或斜升的茎，被多细胞的粗毛，上部的毛较密。叶对生，披针状长圆形、倒披针形、近三角形、长椭圆状卵形或卵状披针形，长 1–5 cm，宽 0.5–2.5 cm，顶端急尖或钝，基部极偏斜，边缘有细锯齿，稀为全缘，上面绿色，中部常有紫色斑，下面灰绿色，两面均被柔毛，下面及脉上的毛较密；叶柄长 1–2 mm。花序有长 0.5 mm 的总花梗，多数排列成紧密的腋生头状花序；总苞钟状，外面被稠密的短柔毛，顶端 5 裂，裂片三角状卵形；腺体 4 枚，有白色花瓣状附片；雄蕊少数；花柱顶端 2 浅裂。蒴果卵状三棱形，长约 1.5 mm，被贴伏短柔毛；种子卵状四棱形，每面有多少明显的横沟。花果期：4–11 月。

产地　南沙群岛（太平岛、赤瓜礁）、西沙群岛（永兴岛、石岛、东岛、中建岛、晋卿岛、琛航岛、广金岛、金银岛、甘泉岛、珊瑚岛）、东沙群岛（东沙岛）。生于珊瑚礁沙地上。

分布　广东、海南、广西、江西、福建、台湾、云南。日本、菲律宾、印度尼西亚、中南半岛、印度等亚洲热带和亚热带地区。

5. 通奶草

Euphorbia hypericifolia L., Sp. Pl. 454. 1753; F. W. Xing et al. in Fl. Nansha Isl. Neighb. Isl. 119. 1996; J. S. Ma & M. G. Gilbert in Fl. China 11: 293. 2008.——*E. indica* Lam., Encycl. Meth. Bot. 2: 423. 1788; W. Y. Chun et al. in Fl. Hainanica 2: 185. 1965; P. Y. Chen et al. in Acta Bot. Austro Sin. 1: 138. 1983.

一年生直立草本，高 15–30 cm；茎自基部分枝或不分枝，无毛或稍被短柔毛。叶对生，狭长圆形或倒卵形，长 1–2.5 cm，宽 0.4–1 cm，顶端钝，基部圆形，通常偏斜，不对称，边缘有不明显的细锯齿或全缘。上面深绿色，下面淡绿色，有时带紫红色，两面被稀疏的柔毛，有时上面变无毛；叶柄短。大戟花序数个簇生于叶腋或侧枝顶端；总苞陀螺形，长约 1 mm，顶端 5 裂，裂片卵状三角形，腺体 4 枚，有白色花瓣状附片；雄花少数；雌花 1 朵，子房 3 室，花柱 3 枚，分离，顶端短 2 裂。蒴果近球形，长约 2 mm，被伏贴的短柔毛。花果期：9–12 月。

产地　西沙群岛（永兴岛）。生于珊瑚礁沙地上。

分布　广东、海南、广西、云南、贵州、湖南、江西。印度东部及中南半岛也有分布。

6. 匍匐大戟　别名：乳草、奶疳草

Euphorbia prostrata Ait., Hort. Kew 2: 139. 1789; F. W. Xing et al. in Fl. Nansha Isl. Neighb. Isl. 117. 1996; J. S. Ma & M. G. Gilbert in Fl. China 11: 295–296. 2008.——*Chamaesyce prostrata* (Ait.) Small., Fl. S. E. U. S. 713. 1903; T. C. Huang et al. in Taiwania 39(1–2): 13. 1994.——*E. microphylla* auct. non Heyne: H. T. Chang in Sunyatsenia, 7(1–2), 82. 1948; P. Y. Chen et al. in Acta Bot. Austro Sin. 1:138. 1983.——*Chamaesyce tashiroi* auct. non (Hayata) H. Hara: J. Jap. Bot., 14: 356. 1938; T. C. Huang et al. in Taiwania 39(1–2): 40. 1994.

一年生匍匐状或披散草本，长可达 22 cm；茎通常紫红色，常沿一边被毛。叶对生，椭圆形或倒卵形，长 3–8 mm，宽 2–5 mm，顶端浑圆，基部偏斜，边缘有不明显的小齿，上面绿色，下面略带紫红色；叶柄长约 1 mm。大戟花序腋生，并与退化的叶混生，总花梗长约 1.5 mm；总苞陀螺形，长约 1 mm，无毛，顶端 5 裂，腺体 4 枚，有极小的白色花瓣状的附片；雄花少数；雌花子房三棱形，仅脊上被毛，其余均无毛，花柱 3 枚，离生，顶端 2 裂。蒴果三棱形，长约 1.5 mm，除果瓣的脊上被毛外，其余均无毛。花果期：4–10 月。

产地　南沙群岛（太平岛）、西沙群岛（永兴岛、东岛、珊瑚岛）、东沙群岛（东沙岛）。生于珊瑚礁沙地上。

分布　华南、西南地区。世界热带地区。

用途　全草供药用，可治痢疾、胃肠炎；外敷治对口疮、乳痈、疔疮等。

7. 一品红　　别名：圣诞树、状元红

Euphorbia pulcherrima Willd. ex Klotzsch, Allg. Gartenzeitung 2(4): 27–28. 1834; Y. Zhong in Journ. Hainan Teach. Coll. (Nat. Sci.) 3(1): 59. 1990; F. W. Xing et al. in Fl. Nansha Isl. Neighb. Isl. 115. 1996; J. S. Ma & M. G. Gilbert in Fl. China 11: 297–298. 2008.

灌木，高可达 4 m；茎光滑。叶互生，卵状椭圆形、长椭圆形或披针形，长 7–35 cm，宽 2.5–12 cm，顶端渐尖或短尖，基部宽楔形或楔形，生于下部的叶全为绿色，全缘、浅波状或浅裂，上面被短柔毛或近无毛，下面被柔毛，生于枝顶的叶较狭，常全缘，开花时朱红色；叶柄长 3–8 cm。杯状花序多数，生于枝端，花序梗长约 3 mm；总苞坛状，淡绿色，直径约 8 mm，边缘齿状分裂，有 1–2 个大而黄色的杯状腺体，无花瓣状附片；雄花多数，雌花 1 朵，子房 3 室，无毛，花柱 3 枚，顶端 2 深裂。花期：11–12 月。

产地　西沙群岛（永兴岛）有栽培。

分布　我国南北均有栽培。原产墨西哥和中美洲，现世界广泛栽培。

用途　庭园绿化植物；茎、叶供药用，有消肿的功效，可治跌打损伤。

8. 千根草　　别名：小飞扬、小乳汁草

Euphorbia thymifolia L., Sp. Pl. 454. 1753; W. Y. Chun et al. in Fl. Hainanica 2: 185. 1965; P. Y. Chen et al. in Acta Bot. Austro Sin. 1: 138. 1983; F. W. Xing et al. in Fl. Nansha Isl. Neighb. Isl. 117. 1996; J. S. Ma & M. G. Gilbert in Fl. China 11: 296. 2008.

一年生匍匐草本；茎多分枝，通常红色，长达 25 cm，稍被毛。叶对生，椭圆形、长圆形或倒卵形，长 4–9 mm，宽 2–5 mm，顶端圆钝，基部偏斜，不对称，圆形或近心形，边缘有细锯齿，稀为全缘，两面无毛或疏被短柔毛；叶柄长约 1 mm，大戟花序单生或数个呈聚伞状排列于叶腋，总花梗极短；总苞陀螺形，长约 1 mm，外被伏贴的短柔毛，顶端 5 裂，腺体 4 枚，有极小的白色瓣状附片；雄花少数；雌花子房 3 室、外被伏贴的短柔毛，花柱 3 枚，离生，顶端 2 裂。蒴果卵状三棱形，长约 1.5 mm，被伏贴短柔毛。花果期：3–11 月。

产地　南沙群岛（太平岛）、西沙群岛（永兴岛）。生于珊瑚礁沙地上。

分布　广东、海南、广西、江西、福建、台湾、云南。世界热带和亚热带地区。

用途　全草供药用，清热利湿、收敛止痒，治菌痢、肠炎、腹泻等。

5. 白饭树属 **Flueggea** Willd.

直立灌木或小乔木。叶互生，2列，全缘，花小，雌雄异株，腋生，具花梗，无花瓣，雄花多数簇生，雌花单一，稀为簇生。雄花：萼片5片近于花瓣状，覆瓦状排列，雄蕊5枚或较少，与腺体互生，花药直立，纵裂，花丝分离；退化雌蕊大，2–3裂，裂片延长。雌花：萼片与雄花相同，花盘环状，有齿缺，子房1–3室，每室有胚珠2颗，花柱下部合生。蒴果球形，果皮革质或具肉质的外果质，不规则炸裂或裂成2个分果爿；种子三棱形，种皮脆壳质，胚乳小，胚变曲，子叶宽而扁。

约12种，分布于世界热带地区。我国4种；南海诸岛有1种。

1. 白饭树　　别名：金柑藤、密花叶底珠

Flueggea virosa (Roxb. ex Will.) Voigt, Hort. Suburb. Calcutt. 152. 1845; B. T. Li & M. G. Gilbert in Fl. China 11: 177–179. 2008; T. C. Huang et al. in Taiwania 39(1–2): 13. 1994.——*Phyllanthus virosus* Roxb. ex Willd., Sp. Pl. 4: 578. 1805.

灌木，高1–6 m；小枝具纵棱，有皮孔；全株无毛。叶纸质，椭圆形、长圆形、倒卵形或近圆形，长2–5 cm，宽1–3 cm，顶端圆至急尖，有小尖头，基部钝或楔形，全缘，下面白绿色；侧脉每边5–8条；叶柄长2–9 mm；托叶披针形，长1.5–3 mm。花小，淡黄色，雌雄异株，多朵簇生于叶腋；苞片鳞片状，长不及1 mm；雄花梗长2–6 mm；萼片5，卵形，长0.8–1.5 mm，全缘或有不明显的细齿，雄蕊5，花丝长1–3 mm，花药椭圆形，长约0.5 mm，伸出萼外，花盘腺体5枚，与雄蕊互生，退化雌蕊常3深裂，顶端弯曲；雌花3–10朵簇生，子房卵圆形，3室，花柱3，基部合生，顶端2裂，裂片外弯。蒴果浆果状，近球形，直径3–5 mm，成熟时果皮淡白色，不开裂；种子栗褐色，具光泽，有小疣状凸起及网纹，种皮厚，种脐略圆形。花期：3–8月；果期：7–12月。

产地　南沙群岛（太平岛）。生于灌丛中。

分布　华东、华南及西南各地。广布于非洲、大洋洲和亚洲东部和东南部。

用途　全株入药，治风湿关节炎、湿疹、脓泡疮等。

6. 麻疯树属 Jatropha L.

乔木、灌木或多年生草本。叶互生，全缘或掌状分裂，具掌状脉。花雌雄同株，罕异株，二歧聚伞花序顶生或腋生，雌花常生于花序中央或二歧分叉处。雄花：萼片 5 片，覆瓦状排列，基部或多或少连合；花瓣 5 枚，分离或基部连合；花盘全缘或分裂成 5 枚腺体，雄蕊常 8–10 枚，有时多，排成 2 至数轮，花丝常合生，或仅内轮的合生，花药 2 室；无退化雌蕊。雌花的萼片、花瓣、花盘与雄花同；子房 2–4 室，常 3 室，每室 1 胚珠，花柱 3 枚，基部合生，不裂或二裂。蒴果成熟时裂成 2–4 个 2 瓣裂的分果爿；种子具种阜，外种皮脆壳质，胚乳肉质，子叶宽而扁。

约 200 余种，分布于世界热带地区，主产美洲和非洲。我国引种 3 种；南海诸岛有 2 种。

1. 叶基部心形，边缘全缘或 3–5 浅裂；花黄色；蒴果直径 2.5–3 cm .... 1. 麻疯树 *J. curcas*

1. 叶基部阔楔形至钝圆，边缘全缘，稀 3 裂；蒴果直径约 1 cm .... 2. 琴叶珊瑚 *J. integerrima*

1. 麻疯树　　别名：黄肿树、假白榄、芙蓉树、假花生

Jatropha curcas L., Sp. Pl. 1006. 1753; W. Y. Chun et al. in Fl. Hainanica 2: 172. 1965; F. W. Xing et al. in Fl. Nansha Isl. Neighb. Isl. 124. 1996; B. T. Li & M. G. Gilbert in Fl. China 11: 268. 2008.

灌木或小乔木，高 2–5 m，树皮平滑，苍白色；枝具凸起的叶痕。叶片纸质或膜质，卵状圆形或近圆形，长 7–16 cm，全缘或具 3–5 裂，基部心形，裂片顶端渐尖或急尖，掌状脉 5–7 条，幼时脉上被毛；叶柄长 6–18 cm。二歧聚伞花序伞房状，腋生，长 6–10 cm；总花梗长，中部以上具分枝；苞片线状披针形或披针形，长 4–8 mm。雄花：花梗短，萼片倒卵状长圆形，基部稍连合，长约 4 mm；花瓣长圆形，下部连合，长约 6 mm，淡绿色；雄蕊 10 枚，排成 2 轮，外轮 5，分离，内轮花丝下部连合，花药线状长圆形，长约 1.5 mm。雌花：萼片长圆形，长约 6.5 mm，顶端急尖，分离，其中 2 枚稍狭；花瓣分离，长圆形，长约 5 mm，淡绿色，内面被微毛；腺体 5 枚，近于正方形，长约 0.7 mm；子房卵圆形，3 室，花柱箭形，顶端 2 裂。蒴果近球形，直径约 2.5 cm，黄色，成熟时裂成 3 个 2 瓣裂的分果爿。种子长圆形，长约 1.6 cm，干时黑色，平滑。花期：4–5 月。

产地　南沙群岛（太平岛）有引种。

分布　原产热带美洲，现广布全世界热带地区。

用途　常栽培作绿篱；种子含油，性质与蓖麻油相似，可作催泻剂，也可为制肥皂的原料，种子榨油后的油粕可作农药和肥料，不宜食用。

2. 琴叶珊瑚

Jatropha integerrima Jacq., Enum. Syst. Pl. 32. 1760; Y. Tong in Biodivers. Sci. Appendix 1, 21(3): 364–374. 2013.

灌木，高 1–3 m。具白色乳汁。托叶小，早落；叶柄长 2–3 cm，被疏柔毛；叶片革质，基部着生，形状多样，卵形、长圆形、倒卵形、倒卵状披针形或提琴形，边缘全缘，稀 3 裂，长 4–11 cm，宽 2–4.5 cm，基部阔楔形至钝圆，近基部两侧叶缘小 2 裂或有小尖齿，裂片顶端具 1 枚小腺体，边缘全缘，先端急尖、渐尖或尾尖，基生脉 3 条，侧脉 5–6 对，仅中脉被疏柔毛。花单性，雌雄同株，组成腋生、腋外生或顶生的聚伞圆锥花序，长达 18 cm，红色；花序梗长约 3.5 cm，无毛；苞片披针形，长 0.5–1 cm；雄花：多朵，花萼长约 3 mm，裂片 5；花瓣长倒卵形，长约 1 cm，红色；花盘腺体 5 枚；雄蕊 10 枚，外轮花丝稍合生，内轮花丝合生至中部；雌花：单朵，花萼、花瓣和盘腺同雄花；子房无毛，花柱 3 枚，基部合生，顶端 2 裂，裂片条形。蒴果球状，长和宽约 1 cm，具 3 棱，6 裂。花果期：5–12 月。

产地　西沙群岛（永兴岛）有栽培。

分布　广东、香港、澳门、海南和台湾有栽培。原产美洲西印度群岛，现广泛栽培于各热带地区。

7. 小果木属 Micrococca Benth.

草本或灌木，直立，单性同株或异株，无毛或有毛。单叶互生，或最下部的叶对生，叶片基部常具2枚腺体，羽状脉，叶缘全缘或具锯齿或牙齿；叶柄具槽；托叶狭三角形，早落。圆锥花序或总状花序，腋生，每节具1枚雌花和多朵雄花（同一时间仅1朵开放）；苞片卵形至椭圆形，无毛或被疏毛；花辐射对称；萼片3或4；花瓣缺；雄花：萼片卵形，雄蕊3–66，花丝无毛，花药基着，侧向，药室2，分离，仅基部连结，无花盘，具花梗；雌花：萼片基部合生，裂片卵形，子房3–4室，每室具胚珠1枚，无花柱，柱头3，不分裂，具花盘，花盘3裂，裂片与心皮互生，带状，具花梗。蒴果，室背开裂或室间开裂，果皮薄，壳质；中轴顶部稍扩大。种子球形或卵球形，光滑无毛。

约14种，分布于非洲、亚洲和澳大利亚的热带地区。我国有1种；南海诸岛亦有。

1. 小果木　　别名：地构桐

Micrococca mercurialis (L.) Benth., Niger Fl. 503. 1849; Y. Tong in Biodivers. Sci. Appendix 1, 21(3): 364–374. 2013.——*Tragia mercurialis* L., Sp. Pl. 980. 1753.

草本，雌雄同株，被疏毛，高13–34 cm。叶互生，卵形至椭圆形，长1.8–5.3 cm，宽1–2.6 cm，叶上面无毛或微被毛，下面被疏毛，基部楔形之圆形，上方具2枚腺体，顶端急尖，边缘具锯齿，锯齿内常具腺体和毛，侧脉约5对；叶柄长0.5–2 cm；托叶长0.3–1.8 cm。总状花序腋生，长1.5–7 cm；总花梗0.5–4.3 cm，无毛；苞片卵形至椭圆形，长1–1.7 mm，宽0.3–1 mm，无毛或被疏毛；雄花：径0.5–1.5 mm，花梗长0.5–2 mm，无毛，萼片卵形，长0.3–1 mm，宽0.3–0.7 mm，无毛或外面微被毛，雄蕊3或4，花丝长0.1–0.3 mm，药室长0.2–0.4 mm，宽0.1–0.2 mm；雌花：径1–2 mm，花梗0.1–1.5 cm，被毛，花萼卵形，长1–1.7 mm，宽0.7–0.8 mm，外面被毛，花盘裂片长0.5–1 mm，宽0.1–0.3 mm，子房球形，径0.5 mm，被毛，柱头长0.2–0.8 mm，不分裂，平滑或具乳突。蒴果3室，球形或近球形，径3–5 mm，无毛至被疏毛，中轴长1–2 mm。种子球形，径1.5–2 mm，浅褐色，具洼点或瘤状。花果期：几全年。

产地　西沙群岛（永兴岛）。生于路边。

分布　海南。旧世界热带地区，从非洲（包括马达加斯加）、南亚、东南亚至澳大利亚北部。

8. 地杨桃属 Microstachys A. Jussieu

灌木，稀为草本。叶互生，罕为对生，叶片常小而坚硬，具齿或稀全缘，羽状脉；叶柄短；托叶小。花雌雄同株，稀异株，无花瓣及花盘；总状花序或穗状花序生于枝顶或与叶对生，雄花在每一苞片内 1–3 朵，雌花单生或生于花序基部；苞片基部两侧各有 1 枚腺体。雄花：萼片 3 片，合生或离生；雄蕊 2–3 枚，稀 4 枚，花丝分离或基部合生，花药纵裂；无退化雌蕊。雌花：萼片 3 片，通常比雄花的大；子房 3 室，稀 2 室，每室有胚珠 1 颗，花柱 3 枚，开展或外卷，分离或部分合生，不分枝。蒴果平滑或具刺，开裂成 3–2 个 2 瓣裂的分果爿；种子长圆形或近球形或圆柱形，具种阜，胚乳肉质，子叶宽而扁。

约 90 种，分布于世界热带地区，主产热带美洲。我国 1 种；南海诸岛亦有分布。

1. 地杨桃　　别名：坡荔枝

Microstachys chamaelea (L.) Müll. Arg., Linnaea 32: 95. 1893; B. T. Li & H. J. Etsser in Fl. China 11: 282. 2008.——*Sebastiania chamaelea* (L.) Müll Arg. in DC. Prodr. 15(2): 1175. 1866; W. Y. Chun et al. in Fl. Hainanica 2: 179. 1865; P. Y. Chen et al. in Acta Bot. Austro Sin. 1: 139. 1983; F. W. Xing et al. in Fl. Nansha Isl. Neighb. Isl. 128–129. 1996.——*Tragia chamaelea* L., Sp. Pl. 981. 1753.

多年生草本，高 25–60 cm，有时主茎不明显，基部多少木质化，自基部起多分枝；分枝二歧式，纤细，外倾而后上升，与主茎均具锐棱，无毛。叶互生，线状披针形或线状椭圆形，长 20–50 mm，宽 2–10 mm，边缘具细齿，下面疏被柔毛，侧脉不明显，顶端急尖，基部钝；叶柄长约 2 mm 托叶三角形，急尖，具缘毛，宿存。花雌雄同株，雄花穗状花序长 5–10 mm，雌花通常单生于花序轴的基部。雄花：直径约 1 mm；苞片卵形或长卵形，急尖；萼片卵形，急尖，边缘与苞片同具撕裂状细齿，雄蕊 3 枚。雌花：苞片及萼片均与雄花的相似但稍大，且萼片内面基部有 2 枚齿状腺体；子房 3 室，近圆形，长约 2 mm，具刺，花柱分离。蒴果近三棱状球形，具 3 凹槽，直径 3–4 mm，每一分果爿的背部具 2 纵行小皮刺，开裂后中轴宿存；种子近圆柱形，长约 3 mm，暗棕色或黄色，光滑。花果期：3–11 月。

产地　西沙群岛（永兴岛）。生于空旷沙地上。

分布　我国南部各地。印度、斯里兰卡、中南半岛、马来半岛、印度尼西亚及菲律宾。

12. 守宫木属 Sauropus Bl.

灌木，稀草本或攀援灌木。单叶互生，叶片全缘；羽状脉，稀三出脉；具叶柄；托叶 2，小，着生叶柄基部两侧。花小，雌雄同株或异株，无花瓣；雄花簇生或单生，腋生或茎花，稀组成总状花序或在茎的基部组成长而弯曲的总状聚伞花序或短聚伞花序；雌花 1–2 朵腋生或与雄花混生，稀生于雄花序基部；花梗基部通常具有许多小苞片；雄花：花萼盘状、壶状或陀螺状，全缘或 6 裂，裂片覆瓦状排列，直立或展开，呈不明显的 2 轮，边缘无明显增厚；花盘 6–12 裂，裂片与萼片对生，通常大小不相等，稀无花盘；雄蕊 3，与外轮萼片对生，花丝通常合生呈短柱状，花药外向，2 室，纵裂；无退化雌蕊；雌花：花萼通常 6 深裂，裂片覆瓦状排列，2 轮，结果时有时增厚；无花盘；子房卵状或扁球状，顶端截形或微凹，3 室，每室 2 胚珠，花柱 3，极短，分离或基部合生，顶端 2 齿裂或深裂，裂片外展或下弯。蒴果扁球状或卵状，成熟时分裂为 3 个 2 裂的分果爿；种子无种阜，胚乳肉质，子叶扁而宽。

约 56 种，分布于印度、缅甸、泰国、斯里兰卡、马来半岛、印度尼西亚、菲律宾、澳大利亚和马达加斯加等。我国有 15 种（4 个特有种，1 种为引入种），分布于华南至西南地区；南海诸岛有 1 种。

1. 艾堇

Sauropus bacciformis (L.) Airy Shaw, Kew Bull. 35(3): 685. 1980; B. T. Li & M. G. Gilbert Fl. China 11: 203. 2008; Y. Tong in Biodivers. Sci. Appendix 1, 21(3): 364–374. 2013.——*Phyllanthus bacciformis* L., Mant. Pl. 2: 294. 1771.

一年多或多年生草本，高 14–60 cm；茎匍匐状或斜升，单生或自基部有多条斜生或平展的分枝；枝条具锐棱或具狭的膜质的枝翅；全株均无毛。叶片鲜时近肉质，干后变膜质，形状多变，长圆形、椭圆形、倒卵形、近圆形或披针形，长 1–2.5 cm，宽 2–12 mm，顶端钝或急尖，具小尖头，基部圆或钝，有时楔形，侧脉不明显；叶柄长约 1 mm；托叶狭三角形，长约 2 mm，顶端具芒尖。花雌雄同株；雄花：直径 1–2 mm，数朵簇生于叶腋；花梗长 1–1.5 mm；萼片宽卵形或倒卵形，内面有腺槽，顶端具有不规则的圆齿；花盘腺体 6，肉质，与萼片对生，黄绿色；雄蕊 3，长 3–4 mm，花丝合生；雌花单生于叶腋，直径 3–4 mm；花梗长 1–1.5 mm；萼片长圆状披针形，长 2–2.5 mm，顶端渐尖，内面具腺槽，无花盘；子房 3 室，花柱 3，分离，顶端 2 裂。蒴果卵珠状，直径 4–4.5 mm，高约 6 mm，幼时红色，成熟时开裂为 3 个 2 裂的分果爿；种子浅黄色，长 3.5 mm，宽 2 mm。花期：4–7 月；果期：7–11 月。

产地　西沙群岛（永兴岛）。生于路旁草地。

分布　广东、海南、广西、台湾。孟加拉、印度、印度尼西亚、马来西亚、菲律宾、斯里兰卡、泰国、越南及印度洋岛屿。

蔷薇科 Rosaceae

草本、灌木或乔木，常绿或落叶，有刺或无刺。单叶或复叶，通常互生，有托叶，稀无托叶。花两性，稀单性，辐射对称，稀两侧对称，花萼、花瓣及雄蕊常为周位或上位；萼筒与子房分离或合生，萼片或裂片通常 5；花瓣 5 片，覆瓦状排列，稀无花瓣；雄蕊多数，稀 5–10 枚，1 至多轮；雌蕊 1 至多枚，分离或各式的连合，与萼筒离生或合生；子房上位、周位或下位，花柱分离或稀合生，顶生、侧生或基生，胚珠在每一心皮内一至多颗。果为梨果、核果、或为多数的瘦果而生于一肉质或干燥的花托上或囊状的花托中，少数为蓇葖果或稀为蒴果；种子常无胚乳，有肉质子叶。

约 95–125 属，2,825–3,500 种，分布于全世界，主产北温带。我国 55 属，950 种；南海诸岛有 1 属，1 种。

1. 蔷薇属 Rosa L.

直立、蔓延或攀援灌木，多数有皮刺、针刺或刺毛，稀无刺，被毛、无毛或有腺毛。叶互生，奇数羽状复叶，稀单叶；小叶边缘有锯齿；托叶贴生或着生于叶柄上，稀无托叶。花单生或成伞房状，稀复伞房状或圆锥状花序；萼筒 (花托) 球形、坛形至杯形，颈部缢缩；萼片通常 5 枚，稀 4 枚，开展，覆瓦状排列，有时呈羽状分裂；花瓣 5 片，稀 4 片，开展，覆瓦状排列，白色、黄色、粉红色至红色；花盘环绕萼筒口部；雄蕊多数分为数轮，着生在花盘周围；心皮多数，稀少数，着生在萼筒内，无柄，极稀有柄，离生；花柱顶生或侧生，外伸，离生或上部合生；胚珠单生，下垂。瘦果木质，多数，稀少数，着生在肉质萼筒内形成蔷薇果；种子下垂。

约 200 种，广泛分布于亚、欧、北非、北美各洲寒温带至亚热带地区。我国 82 种；南海诸岛引种 1 种。

1. 月季花　　别名：月月红

Rosa chinensis Jacq., Obs. Bot. 3: 7. t. 55. 1768; T. T. Yu et al. in Fl. Reip. Pop. Sin. 37: 422. 1985; Y. Zhong in Journ. Hainan Teach. Coll. (Nat. Sci.) 3(1): 59. 1990.

直立灌木，高 1–2 m；小枝粗壮，圆柱形，近无毛，有粗短的钩状皮刺或无刺。小叶 3–5 枚，稀 7 枚，连柄长 5–11 cm，小叶片宽卵形至卵状长圆形，长 2.5–6 cm，宽 1–3 cm，顶端长渐尖或渐尖，基部近圆形或宽楔形，边缘有锐锯齿，两面近无毛，上面暗绿色，常带光泽，下面颜色较浅，顶生小叶有柄，侧生小叶近无柄，总叶柄散生皮刺和腺毛；托叶大部贴生于叶柄，仅顶端分离部分成耳状，边缘有腺毛。花几朵集生，稀单生，直径 4–5 cm；花梗长 2.5–6 cm，近无毛或被腺毛；萼片卵形，顶端尾状渐尖，有时呈叶状，边缘常有羽状分裂，稀全缘，外面无毛，内面密被长柔毛；花瓣重瓣至半重瓣，红色、粉红色至白色，倒卵形，顶端凹缺，基部楔形；花柱离生，伸出萼筒口外，约与雄蕊等长。果卵球形或梨形，长 1–2 cm，红色，萼片脱落。花期：4–9 月；果期：6–11 月。

产地　西沙群岛（永兴岛）有栽培。

分布　原产我国，现世界各地广泛栽培。

用途　花、根、叶均入药；花含挥发油、槲皮苷鞣质等，治月经不调、痛经、痈疖肿毒；叶治跌打损伤；鲜花或叶外用，捣烂敷患处。本种是美丽的花卉植物，园艺品种很多。

含羞草科 Mimosaceae

常绿或落叶乔木或灌木，有时为藤本，稀草本。叶互生，通常二回羽状复叶，稀一回羽状复叶或变为叶状柄；叶柄具显著的叶枕；羽片通常对生；叶轴和叶柄上常有腺体；托叶有或无，或呈刺状。花小，两性，有时单性，辐射对称，组成头状、穗状或总状花序或再排成圆锥花序；苞片小，生于总花梗的基部或上部，通常脱落；小苞片早落或无；花萼管状(稀萼片分离)，通常5齿裂，稀3–4或6–7齿裂，裂片镊合状(极少覆瓦状)排列；花瓣与萼齿同数，镊合状排列，分离或合生成管状；雄蕊5–10(通常与花冠裂片同数或其倍数)或多数，突露于花被之外，十分显著，分离或连合成管或与花冠相连；花药小，2室，纵裂，顶端常有一脱落性腺体；花粉单粒或为复合花粉；心皮通常1枚，稀2–15枚，子房上位，1室，胚珠数枚，花柱细长，柱头小。果为荚果，开裂或不开裂，有时具节或横裂，直或旋卷；种子扁平，种皮坚硬，具马蹄形痕。

约56属，2,800种；分布于全世界热带、亚热带地区，少数种分布于温带地区，以中、南美洲为最盛。我国连引入栽培的有17属，连引入栽培的约66种，主产西南部至东南部；南海诸岛有6属，9种。

1. 雄蕊多数，通常10枚以上。
  2. 花丝分离，稀仅基部合生……1. 金合欢属 *Acacia*
  2. 花丝1/3以下合生成管状。
    3. 叶柄和叶轴上均无腺体；荚果成熟后开裂为2瓣，开裂后裂瓣不扭卷……2. 朱缨花属 *Calliandra*
    3. 叶柄上无腺体，但在每对羽片着生处的叶轴上均有1枚腺体；荚果成熟后不开裂……6. 雨树属 *Samanea*
1. 雄蕊10枚或更少。
  4. 药隔顶端有脱落性腺体……3. 榼藤属 *Entada*
  4. 药隔顶端无腺体。
    5. 荚果成熟时横裂为数节而残留缝线于果柄上……5. 含羞草属 *Mimosa*
    5. 荚果成熟时沿缝线纵裂……4. 银合欢属 *Leucaena*

1. 金合欢属 Acacia Mill.

灌木、小乔木或攀援藤木，有刺或无刺。托叶刺状或不明显，罕为膜质。二回羽状复叶；小叶通常小而多对，或叶片退化，叶柄变为叶片状，总叶柄及叶轴上常有腺体。花小，两性或杂性，5–3基数，大多数黄色，少数白色，通常约50朵，最多可达400朵，组成圆柱形的穗状花序或球形的头状花序，1至数个花序簇生于叶腋或枝顶再排成圆锥花序；总花梗上有总苞片；花萼通常钟状，具裂齿；花瓣分离或于基部合生；雄蕊多数，通常50枚以上，花丝分离或仅基部稍连合；子房无柄或具柄，胚珠多颗，花柱丝状，柱头小，头状。荚果长圆形或线形，直或弯曲，多数扁平，少有膨胀，开裂或不开裂；种子扁平，种皮硬而光滑。

约800–900种，分布于全世界热带和亚热带地区，主产大洋洲和非洲。我国连引入栽培18种；南海诸岛有1种。

1. 叶状柄较小，长6-10 cm，宽4-10 mm；花组成圆球形的头状花序……2. 台湾相思 *A. confusa*
1. 叶状柄较大，长10-20 cm，宽1.5-6 cm；花组成穗状花序……1. 大叶相思 *A. auriculiformis*

1. 大叶相思　　别名：耳叶相思

Acacia auriculiformis A. Cunn. ex Benth., London J. Bot. 1: 377. 1842; D. L. Wu & Ivan C. Nielsen in Fl. China 10: 55–59. 2010.

常绿乔木，枝条下垂，树皮平滑，灰白色；小枝无毛，皮孔显著。叶状柄镰状长圆形，长 10–20 cm，宽 1.5–4(–6) cm，两端渐狭，比较显著的主脉有 3–7 条。穗状花序长 3.5–8 cm，1 至数枝簇生于叶腋或枝顶；花橙黄色；花萼长 0.5–1 mm，顶端浅齿裂；花瓣长圆形，长 1.5–2 mm；花丝长约 2.5–4 mm。荚果成熟时旋卷，长 5–8 cm，宽 8–12 mm，果瓣木质，每一果内有种子约 12 颗；种子黑色，围以折叠的珠柄。花期：8–10 月；果期：9 月至翌年 4 月。

产地　南沙群岛（永暑礁）有栽培。

分布　广东、香港、澳门、广西、海南、福建、台湾和云南常见栽培。原产澳大利亚北部及新西兰。

产地　西沙群岛（永兴岛）。生于旷野。

分布　广东、海南、福建、云南。原产巴西。

3. 含羞草　别名：知羞草、呼喝草、怕丑草

Mimosa pudica L., Sp. Pl. 518. 1753; D. L. Wu in Fl. Reip. Pop. Sin. 39: 16. 1988; P. Y. Chen et al. in Acta Bot. Austro Sin. 1: 139. 1983.

披散、亚灌木状草本，高可达 1 m；茎圆柱形，具分枝，有散生、下弯的钩刺及倒生刺毛。托叶披针形，长 5–10 mm，被刚毛。羽片及小叶触之即闭合而下垂；羽片通常 2 对，指状排列于总叶柄之顶端，长 3–8 cm；小叶 10–20 对，线状长圆形，长 8–13 mm，宽 1.5–2.5 mm，先端急尖，边缘具刚毛。球形头状花序，直径约 1 cm，具长的总花梗，单生或 2–3 个生于叶腋；花小，淡红色，多数；苞片线形，花萼极小；花冠钟状，裂片 4 枚，外面被短柔毛；雄蕊 4 枚，伸出于花冠之外；子房有短柄，无毛；胚珠 3–4 颗，花柱丝状，柱头小。荚果长圆形，长 1–2 cm，宽约 5 mm，扁平，稍弯曲，荚缘波状，具刺毛，成熟时荚节脱落，荚缘缩存；种子卵形，长约 3.5 mm。花期：3–10 月；果期：5–11 月。

产地　南沙群岛（太平岛、赤瓜礁、华阳礁）、西沙群岛（永兴岛）、东沙群岛（东沙岛）。生于珊瑚礁沙地上。

分布　广东、海南、广西、福建、台湾、云南有逸生。原产热带美洲，现广布全世界。

6. 雨树属 Samanea Merr.

乔木，植物体无刺。树冠广阔，开展。二回羽状复叶有羽片 3–6 对；托叶披针形，早落；叶柄上无腺体；在每对羽片着生处的叶轴上均有 1 枚腺体；小叶对生。花序为圆球形的头状花序或伞形花序，单 1 或数个簇生于叶腋或顶生；花两性，中央的花通常较大；花萼钟状或管状，先端具 5 裂片；花冠漏斗状，具 5 裂片；雄蕊多数，伸出花冠之上，花丝 1/3 以下合生成管状，花药药隔顶端无腺体；子房无柄，花柱条形，胚珠多数。荚果厚而扁，直或微弯，成熟后不开裂，种子间有隔膜，缝线增厚，具多数种子。种子扁，种皮光亮。

3 种，产于中美洲至南美洲，主要集中在亚马孙河流域。我国引入栽培 1 种；南海诸岛亦有。

1. 雨树

Samanea saman (Jacq.) Merr., J. Wash. Acad. Sci. 6(2): 47. 1916; D. L. Wu & I. C. Nielsen in Fl. China 10: 71. 2010.

落叶乔木，高 10–25 m；树冠广阔，树干自低处分枝。幼枝及叶柄和叶轴均被黄色茸毛。二回羽状复叶有羽片 3–5 对；羽片长 10–15 cm，每对羽片及每对小叶着生处的叶轴上均有 1 枚腺体；小叶 2–8 对；小叶片斜长圆形或斜长方形，长 2–6 cm，宽 1–3 cm，由上向下逐渐变小，两侧甚不对称，下面密被短柔毛，上面无毛，光亮，基部宽楔形，先端圆，具小短尖。头状花序单 1 或数枚簇生于叶腋，直径 5–6 cm；花序梗长 5–9 cm，密被短柔毛；花萼长约 6 mm；花冠淡粉红色，长约 1.2 cm；雄蕊约 20 枚，长为花冠的 4 倍，花丝上部玫瑰红色，下部白色；子房无柄。荚果长圆形，长 10–20 cm，宽 1.5–2.5 cm，扁，直或稍弯，边缘增厚并有淡色的条纹，绿色，老时果瓣近木质，黑色。种子约 20–25 颗，埋于瓤中。花期：夏至秋季；果期：秋季。

产地　南沙群岛（南薰礁、渚碧礁）有栽培。

分布　广东、海南、台湾、云南有栽培。原产南美洲北部热带地区，现全世界热带地区广泛栽培。

苏木科 Caesalpiniaceae

乔木或灌木，有时为藤本，稀草本。叶互生，一回或二回羽状复叶，稀为单叶 (或单小叶)；托叶常早落；小托叶存在或缺。两性花，稀单性，通常或多或少两侧对称，极少为辐射对称，组成总状花序或圆锥花序，稀穗状花序；小苞片小或大而呈萼状，包覆花蕾时则苞片极退化；花托极短或杯状，或延长为管状，萼片 5(–4)，离生或下部合生，在花蕾时常覆瓦状排列；花瓣常 5 片，稀 1 片或无花瓣，在蕾时覆瓦状排列，上面的 (近轴的) 一片为其邻近侧生的二片所覆盖；雄蕊 10 枚或较少，稀多数，花丝离生或合生，花药 2 室，通常纵裂，花粉单粒；子房具柄或无柄，与花托管内壁的一侧离生或贴生；胚珠倒生，1 至多数，花柱细长，柱头顶生。荚果开裂或不开裂而呈核果状或翅果状；种子有时具假种皮，子叶肉质或叶状，胚根直。

约 180 属，3,000 种，分布于全世界热带和亚热带地区，少数属分布至温带地区。我国连引入栽培的有 21 属，约 113 种，4 亚种，12 变种；南海诸岛有 6 属，10 种。

1. 叶为二回羽状复叶。
  2. 植株无刺，高大乔木……4. 凤凰木属 *Delonix*
  2. 植株有刺，多为攀援灌木……2. 云实属 *Caesalpinia*
1. 叶为一回羽状复叶或单叶。
  3. 萼在花蕾时不分裂；单叶……1. 羊蹄甲属 *Bauhinia*
  3. 萼在花蕾时离生达基部；叶为一回羽状复叶。
    4. 花药背着药；药室纵裂……6. 酸豆属 *Tamarindus*
    4. 花药基着药或背着药；药室孔裂或短纵裂。
      5. 无小苞片；花瓣近等大；荚果不开裂或在 1 侧或 2 侧缝线开裂，若为后者则荚果不卷曲，或断裂成含单粒种子的荚节……5. 番泻决明属 *Senna*
      5. 具小苞片；花瓣不等大；荚果弹裂，果荚开裂后卷曲……3. 山扁豆属 *Chamaecrista*

1. 羊蹄甲属 Bauhinia L.

乔木、灌木或攀援藤本。托叶早落；单叶，全缘，顶端凹缺或分裂为 2 裂片，有时深裂达基部而成 2 片离生的小叶；基出脉 3 至多条，中脉常伸出于 2 裂片间形成一小芒尖。花两性，稀单生，组成总状花序、伞房花序或圆锥花序；苞片和小苞片通常早落；花托短陀螺状或延长为圆筒状；萼杯状，佛焰状或于开花时分裂为 5 萼片；花瓣 5 片，略不等，常具瓣柄；能育雄蕊 10、5 或 3 枚，有时 2 或 1 枚，花药背着，纵裂，稀孔裂；退化雄蕊数枚，花药较小，无花粉；假雄蕊顶端渐尖，无花药，有时基部合生呈掌状；花盘扁平或肉质而肿胀，有时缺；子房通常具柄，有胚珠 2 至多颗，花柱细长丝状或短而粗，柱头头状或盾状。荚果长圆形、带状或线形，通常扁平，开裂，稀不裂；种子圆形或卵形，扁平，胚根直或近于直。

约 600 种，遍布世界热带地区。我国有 40 种，4 亚种，11 变种，主产南部和西南部；南海诸岛有 1 种。

1. 羊蹄甲

Bauhinia purpurea L., Sp. Pl. 375. 1753; T. C. Huang et al. in Taiwania 39(1–2): 41. 1994; F. W. Xing et al. in Fl. Nansha Isl. Neighb. Isl. 138. 1996; D. Z. Chen et al. in Fl. China 10: 10. 2010.

乔木，高达 10m；幼枝被疏毛，后渐脱落。叶硬纸质，近圆形，长 10–15 cm。宽 9–14 cm，顶端分裂达 1/3–1/2，裂片顶端圆钝或近急尖，两面无毛或下面略被微柔毛；基出脉 9–11 条；叶柄长 3–4 cm。总状花序侧生或顶生，花少，长 6–12 cm，有时 2–4 个总状花序于顶端组成复总状花序，被褐色绢毛；花蕾多少呈纺锤形，具 4–5 棱或狭翅；花梗长 7–12 mm；萼佛焰状，一侧开裂达基部成外反的 2 裂片，裂片长 2–2.5 cm，顶端微裂，基中 1 片具 2 齿，另 1 片具 3 齿；花瓣桃红色，倒披针形，长 4–5 cm，具脉纹和长的瓣柄；能育雄蕊 3 枚，花丝与花瓣等长；退化雄蕊 5–6 枚，长 6–10 mm；子房具长柄，被黄褐色绢毛，柱头稍大，斜盾形。荚果带状，扁平，长 12–25 cm，宽 2–2.5 cm，略呈弯镰状，成熟时开裂，木质的果瓣扭曲将种子弹出；种子近圆形，扁平，直径 12–15 mm。种皮深褐色。花期：9–11 月；果期：2–3 月。

产地　南沙群岛（永暑礁）、东沙群岛（东沙岛）有栽培。

分布　我国南部。中南半岛、印度、斯里兰卡。

用途　本种花大美丽，亚热带地区庭园广泛栽培供观觉及作行道树；树皮、花和根供药用，为烫伤及脓疮的洗涤剂，嫩叶汁液或粉末可治咳嗽，但根皮剧毒，忌服。

2. 云实属 Caesalpinia L.

乔木、灌木或藤本，通常有刺。二回羽状复叶；小叶大或小。总状花序或圆锥花序腋生或顶生；花中等大或大，通常美丽，黄色或橙黄色；花托凹陷；萼片离生，覆瓦状排列，下方一片较大；花瓣 5 片，开展，常有柄，其中 4 片通常圆形，有时长椭圆形，最上方 1 片较小，色泽、形状及被毛常与其余 4 片不同；雄蕊 10 枚，离生，2 轮排列，花丝基部加粗，被毛，花药卵形或椭圆形，背着，纵裂；子房有胚珠 1–7 颗，花柱圆柱形，柱头截平或凹入。荚果卵形、长圆形或披针形，有时呈镰刀状弯曲，扁平或肿胀，无翅或具翅，平滑或有刺，革质或木质，少数肉质，开裂或不开裂；种子卵圆形至球形，无胚乳。

约 100 种，分布于热带和亚热带地区。我国 17 种；主产南部和西南部；南海诸岛有 2 种。

1. 荚果表面具刺；托叶大，叶状，分裂；羽片 6–9 对；小叶 6–9 对，两面具柔毛............................1. 刺果苏木 *C. bonduc*
1. 荚果表面无刺；无托叶；羽片 2–3(–4) 对；小叶 4–6 对，无毛 .... 2. 华南云实 *C. crista*

1. 刺果苏木

Caesalpinia bonduc (L.) Roxb., Fl. Ind. ed. 2, 2: 362. 1832; H. C. Cheng in Fl. Reip. Pop. Sin. 39: 98. 1988; T. C. Huang et al. in Taiwania 39(1–2): 15, 41. 1994.——*Guilandia bonduc* L., Sp. Pl. 381. 1753.——*C. minax* auct. non Hance: J. Bot. 22: 365. 1884; P. Y. Chen in Acta Bot. Austro Sin. 1: 139–140. 1983.

有刺木质藤本，各部均被黄色柔毛，叶长 30–45 cm；叶轴有钩刺；羽片 6–9 对，对生；羽片柄极短，基部有刺 1 枚，托叶大，叶状，常分裂，脱落；在小叶着生处常有托叶状小钩刺 1 对；小叶 6–12 对，膜质，长圆形，长 1.5–4 cm，宽 1.2–2 cm，顶端圆钝而有小凸尖，基部斜，两面均被黄色柔毛。总状花序腋生，具长梗，上部稠密，下部稀疏；花梗长 3–5 mm；苞片锥状，长 6–8 mm，被毛，外折，开花时渐脱落；花托凹陷；萼片 5 枚，长约 8 mm，内外均被锈色毛；花瓣黄色，最上面一片有红色斑点，倒披针形，有柄；花丝短，基部被绵毛；子房被毛。荚果革质，长圆形，长 5–7 cm，宽 4–5 cm，顶端有喙，膨胀，外面有细长针刺；种子 2–3 颗，近球形，铅灰色，有光泽。花期：8–10 月；果期：10 月至翌年 3 月。

产地　南沙群岛（太平岛）、西沙群岛（永兴岛、盘石屿、晋卿岛、琛航岛、金银岛、珊瑚岛、赵述岛）、东沙群岛（东沙岛）。生于灌丛中。

分布　广东、海南、广西、台湾。世界热带地区均有分布。

Xing et al. in Fl. Nansha Isl. Neighb. Isl. 139–140. 1996.

亚灌木状草本或灌木，全株近无毛，高 0.5–1.5 m。枝有棱。叶长约 20 cm，叶柄离基部约 2 mm 处有 1 颗大而褐色、圆锥形的腺体；小叶 4–5 对，有腐败气味，膜质，卵形至椭圆状披针形，长 4–9 cm，顶端渐尖，有小缘毛，顶生 1 对小叶基部歪斜，侧脉 10–15 对；托叶膜质，卵状披针形，脱落。总状花序有花数朵，腋生或顶生，长约 5 cm；苞片线状披针形或卵圆形，脱落；花黄色，长约 2 cm；萼片相等，外生的近圆形，直径约 6 mm，内生的卵形，长约 8–9 mm；花瓣黄色，外生的卵形，长约 15 mm，宽约 9 mm，其余可长达 20 mm，宽达 15 mm，顶端圆形，均有瓣柄；雄蕊 7 枚发育，3 枚不育。荚果带状镰形，压扁，长 10–13 cm，宽 8–9 mm。稍弯曲，边较淡色，加厚，有尖头；果柄长 1–1.5 cm，种子 30–40 颗，种子间有薄隔膜。花期：4–8 月；果期：6–10 月。

产地　西沙群岛（永兴岛、东岛、琛航岛、金银岛、珊瑚岛）、东沙群岛（东沙岛）。生于旷野。

分布　我国东南部至西南部各地。原产美洲热带地区，现广布世界热带地区。

用途　全株富含单宁，常用作缓泻剂；种子炒后治疟疾；根有利尿功效；鲜叶捣碎治毒蛇毒虫咬伤。但有微毒，牲畜误食过量可以致死。

2. 决明　　别名：假花生、假绿豆、草决明

Senna tora (L.) Roxb., Fl. Ind., ed. 1832, 2: 340. 1832; T. C. Huang et al. in Taiwania 39(1–2): 16, 42. 1994; D. Z. Chen et al. in Fl. China 10: 31–32. 2010.——*Cassia tora* L., Sp. Pl. 1: 376. 1753; W. Y. Chun et al. in Fl. Hainanica 2: 234. 1965; P. Y. Chen et al. in Acta Bot. Austro Sin. 1: 140. 1983; F. W. Xing et al. in Fl. Nansha Isl. Neighb. Isl. 140–141. 1996.

一年生亚灌木状草本，高达 1 m 余，有腐败气味。叶长 4–8 cm，叶轴在小叶间有 3 枚线状腺体；小叶 6 片，膜质，倒卵形或倒卵状长圆形，长 2–6 cm，宽 1.5–2.5 cm，顶端钝而有小尖头，基部渐狭，常偏斜，上面无毛，下面疏被细毛，侧脉 8–14 对，纤细；小叶柄长约 2 mm；托叶线状锥形，长约 1 cm，早落。花腋生，1–3 朵或 2 朵聚生，于最上部的集成总状花序，总花梗短，长 6–10 mm；花梗长 1–1.5 cm，丝状；萼片稍不等，卵形，膜质；花冠鲜黄色，直径约 1.5 cm，下面 2 片花瓣较其他略长；发育雄蕊 7 枚，花药四方形，顶孔开裂，长约 4 mm，花丝短于花药；子房无柄，被白色细毛，花柱无毛。荚果纤细，近四棱柱形，两端渐尖，长达 15 cm，宽 3–4 mm，有种子约 25 颗；种子棱形，光亮。花果期：8–11 月。

产地　南沙群岛（太平岛、东门礁）、西沙群岛（永兴岛、东岛）、东沙群岛（东沙岛）。生于旷野。

分布　长江以南各地。原产热带美洲，现世界热带地区广布。

用途　种子入药，称决明子，味苦、性凉、清肝明目、轻泻、解毒止痛；治胃痛、肋痛、肝炎、高血压、结膜炎、便秘、皮肤瘙痒、毒蛇咬伤等。

6. 酸豆属 Tamarindus L.

无刺乔木。叶互生，偶数羽状复叶；小叶小，极多数。花排成侧生的总状花序或顶生的圆锥花序；萼管狭，裂片4枚，膜质，覆瓦状排列；花瓣仅上面3片发达，下面2片退化为针刺或鳞片状；雄蕊中部以下合生，只有3枚发育。荚果的外果皮薄，脆壳质。中果皮厚，肉质。

仅1种，原产热带非洲，现热带地区多有栽培。我国南部有引种，南海诸岛亦有栽培。

1. 酸豆　　别名：罗晃子、酸梅、罗望子

Tamarindus indica L., Sp. Pl. 43. 1753; W. Y. Chun et al. in Fl. Hainanica 4: 435. 1977; P. Y. Chen et al. in Acta Bot. Austro Sin. 1: 140. 1983; F. W. Xing et al. in Fl. Nansha Isl. Neighb. Isl. 142. 1996; D. Z. Chen et al. in Fl. China 10: 26. 2010.

常绿乔木，无刺；树皮暗灰色，老时粗糙有纵裂。叶互生，偶数羽状复叶，长5–10 cm，有小叶8–20对；小叶长椭圆形，长1–2 cm，宽5–8 mm，顶端圆或微凹，基部稍偏斜。花排成侧生的总状花序或顶生的圆锥花序；花梗于萼下具关节；苞片早落；萼管陀螺形，上部扩大，长6–8 mm，裂片披针形，长约1 cm，覆瓦状排列，下面2片合生，花盘位于萼管基部；花瓣仅上部3片发达，中央1片兜状，侧生两片卵形，黄色，杂以紫红色线纹，长约1 cm，稍不相等，边缘有皱折，下部2片退化呈鳞状；雄蕊仅3枚发育，中部以下合生呈向上弯的管状或鞘状，其余的雄蕊退化呈刺毛状，花药长椭圆形，丁字着生，纵裂；子房具柄，柄与萼管合生，胚珠多数，花柱丝状，柱头冠状。荚果圆柱状舌形，弯拱而不规则肿大。外果皮褐色，有种子3–10颗；种子为肉质有纤维的中果皮所包藏，褐色，有光泽。花期：6–8月；果期：7–12月。

产地　西沙群岛（甘泉岛）有栽培。

分布　广东、海南、广西、福建、台湾及云南有栽培或逸为野生。原产热带非洲。

用途　果实入药，清热、缓泻、驱虫，治腹痛、疟疾。成熟时可生食，味酸甜，亦可作烹调的配料；果汁和以糖水，为很好的清凉饮料。

蝶形花科 Papilionaceae

草本、灌木或乔木，直立或攀援状。叶为复叶或退化为单叶，常有托叶。花两性，两侧对称，具蝶形花冠；花萼通常5裂，具萼管，上部2枚裂齿常多少合生；花瓣5枚，覆瓦状排列，位于近轴最上、最外面的为旗瓣，两侧的为翼瓣，翼瓣多少平行，位于最下、最内面两片的下侧边缘合生成龙骨瓣；雄蕊10枚或有时部分退化，连合成单体或二体雄蕊管，也有全部分离的，花药2室，纵裂或顶孔开裂，同形或异形。荚果沿1条或2条缝线开裂或不裂，有时具翅，有时横向具关节而断裂成具1种子的荚节；种子无胚乳或仅有极微小的胚乳，子叶厚。

约440属，12,000种，广布全世界；我国包括引种在内共有128属，1,372种，183变种和变型；南海诸岛有21属，30种，1亚种。

1. 雄蕊10枚，分离或仅基部合生……19. 槐属 *Sophora*
1. 雄蕊10枚，连合成单体或二体雄蕊管。
  2. 荚果由数个荚节组成，每荚节有种子1颗，有时仅有单节，成熟时常逐节脱落。
    3. 荚果圆柱形，荚节间分界处常有隆起的线环……2. 链荚豆属 *Alysicarpus*
    3. 荚果圆柱形，荚节间分界处常有隆起的线环……8. 山蚂蝗属 *Desmodium*
  2. 荚果非由荚节组成，通常二瓣开裂或不开裂。
    4. 乔木或攀援灌木，若为攀援灌木则小叶互生。
      5. 叶为羽状三出复叶……9. 刺桐属 *Erythrina*
      5. 叶为羽状复叶，小叶三片以上。
        6. 荚果较厚，开裂……14. 水黄皮属 *Pongamia*
        6. 荚果扁而薄，不开裂，有种子1–3颗。
          7. 乔木、灌木或木质藤本；花冠常为白色，或淡绿色、淡黄色或紫色；荚果长圆形或舌形，薄而扁……7. 黄檀属 *Dalbergia*
          7. 乔木；花冠黄色；假果圆形，周围具宽翅……15. 紫檀属 *Pterocarpus*
    4. 灌木或草本，若为攀援灌木则小叶对生。
      8. 羽状复叶，小叶通常4片以上。
        9. 偶数羽状复叶。
          10. 直立草本（有时茎稍平卧），亚灌木或小乔木。
            11. 叶有小叶40–60片；托叶不显著，早落……18. 田菁属 *Sesbania*
            11. 叶有小叶4–6片；托叶大而显著，宿存……3. 落花生属 *Arachis*
          10. 藤本……1. 相思子属 *Abrus*
        9. 奇数羽状复叶。
          12. 植物体各部被紧贴的丁字毛；荚果圆柱状或有棱……10. 木蓝属 *Indigofera*
          12. 植物体无毛或被非丁字毛；荚果长椭圆形，不具棱……20. 灰毛豆属 *Tephrosia*
      8. 单叶或小叶3片。

13. 单叶。
  14. 植物体被丁字毛；果为半月形……10. 木蓝属 *Indigofera*
  14. 植物体无毛或被非丁字毛；果不为半月形……6. 猪屎豆属 *Crotalaria*
13. 小叶 3 片。
  15. 小叶背面有明显的腺点。
    16. 植物体被丁字毛；草本或灌木……10. 木蓝属 *Indigofera*
    16. 植物体被非丁字毛；藤本。
      17. 荚果有种子 2–10；花柱上部无毛或稍具毛……4. 木豆属 *Cajanus*
      17. 荚果有种子 2 颗，有时 1 颗；花柱下部被毛……16. 鹿藿属 *Rhynchosia*
  15. 小叶背面无腺点。
    18. 草本、亚灌木或灌木。
      19. 雄蕊二型；荚果通常明显膨胀……6. 猪屎豆属 *Crotalaria*
      19. 雄蕊同型；荚果压扁，线形……17. 落地豆属 *Rothia*
    18. 藤本。
      20. 花柱膨大、变扁或旋卷，常具髯毛。
        21. 花柱一侧扁平……11. 扁豆属 *Lablab*
        21. 花柱圆柱形或背腹面均扁平。
          22. 翼瓣比旗瓣大；花柱作 2 次约 90° 弯曲……12. 大翼豆属 *Macroptilium*
          22. 翼瓣比旗瓣小；花柱多样但非如上述……21. 豇豆属 *Vigna*
      20. 花柱通常圆柱形，无髯毛。
        23. 柱头侧向生或近顶生；子房具粗毛，毛被延伸至花柱而看似髯毛状；具块根……13. 豆薯属 *Pachyrhizus*
        23. 柱头顶生；花柱无毛；不具块根……5. 刀豆属 *Canavalia*

1. 相思子属 Abrus Adans.

藤本。偶数羽状复叶；叶轴顶端具短尖；托叶线状披针形，无小托叶；小叶多对，全缘。总状花序腋生或与叶对生，苞片与小苞片小；花小，数朵簇生于花序轴的节上；花萼钟状，顶端截平或具短齿，上方 2 齿大部分连合；花冠远大于花萼；旗瓣卵形，具短柄，基部多少与雄蕊管连合；翼瓣较窄；龙骨瓣较阔，前缘合生；雄蕊 9，单体；雄蕊管上部分离；花药同型；子房近无柄；花柱短，柱头头状，无髯毛。荚果长圆形，扁平，开裂，有种子 2 至多粒；种子椭圆体形或近球形，暗褐色或半红半黑，有光泽。

约 17 种，广布于热带和亚热带地区。我国有 2 种；南海诸岛有 1 种。

1. 相思子　别名：相思藤、红豆、相思豆

Abrus precatorius L., Syst. Nat., ed. 12. 2: 472. 1767; W. Y. Chun et al. in Fl. Hainanica 2: 297. 1965; F. W. Xing et al. in Acta Bot. Austro. Sin. 9: 42. 1994; F. W. Xing et al. in Fl. Nansha Isl. Neighb. Isl. 153. 1996; B. J. Bao & M. G. Gilbert in Fl. China 10: 194. 2010.

藤本。茎细弱，多分枝，被稀疏白色糙伏毛。羽状复叶；小叶 8–13 对，膜质，对生，近长圆形，长 1–2 cm，宽 0.4–0.8 cm，先端截形，具小尖头，基部近圆形，上面无毛，下面被稀疏白色糙伏毛；小叶柄短。总状花序腋生，长 3–8 cm；花序轴粗短；花小，密集成头状；花萼钟状，萼齿 4 浅裂，被白色糙毛；花冠紫色；旗瓣柄三角形，翼瓣与龙骨瓣较窄狭；雄蕊 9；子房被毛。荚果长圆形，果瓣革质，长 2–3.5 cm，宽 0.5–1.5 cm，开裂，有种子 2–6 粒；种子椭圆体形，平滑具光泽，上部约 2/3 为鲜红色，下部 1/3 为黑色。花期：3–6 月；果期：9–10 月。

产地　西沙群岛（永兴岛）。生于海边沙地上。

分布　广东、海南、广西、台湾、云南。广布世界热带地区。

用途　种子质坚，色泽华美，可做装饰品，但有剧毒，外用治皮肤病；根、藤入药，可清热解毒和利尿。

2. 链荚豆属 Alysicarpus Desv.

多年生草本。茎直立或披散，具分枝。叶为单小叶，少为羽状三出复叶，具托叶和小托叶；托叶干膜质或半革质，离生或合生。花小，通常成对排列于腋生或顶生的总状花序的节上；苞片干膜质，早落；花萼深裂，裂片干而硬，近等长，上部 2 裂片常合生。花冠不伸出或稍伸出萼外；旗瓣宽，倒卵形或近圆形；龙骨瓣钝，贴生于翼瓣；雄蕊二体 (9+1)，花药同形；子房无柄或近无柄，有胚珠多数；花柱线形，向内弯曲，柱头头状。荚果圆柱形，膨胀，荚节数个，不开裂，每荚节具 1 种子。

约 30 种，分布于热带非洲、亚洲、大洋洲和热带美洲。我国包括引种在内共有 5 种；南海诸岛有 1 种。

1. 链荚豆

Alysicarpus vaginalis (L.) DC., Prodr. 2: 353. 1825; W. Y. Chun et al. in Fl. Hainanica 2: 281. 1965; P. Y. Chen in Acta Bot. Austro Sin. 1: 139. 1983; T. C. Huang et al. in Taiwania 39(1–2): 15, 41. 1994; P. H. Huang & H. Ohashi in Fl. China 10: 291. 2010.——*Hedysarum vaginale* L., Sp. Pl. 2: 746. 1753.

多年生草本。茎平卧或上部直立，高 30–90 cm，无毛或稍被短柔毛。叶仅有单小叶；叶柄长 5–14 mm，无毛；小叶形状及大小变化很大，茎上部小叶通常为卵状长圆形、长圆状披针形至线状披针形，长 3–6.5 cm，宽 1–2 cm，下部小叶为心形、近圆形或卵形，长 1–3 cm，宽约 1 cm，上面无毛，下面稍被短柔毛。总状花序腋生或顶生，长 1.5–7 cm，有花 6–12 朵，成对排列于节上，节间长 2–5 mm；花梗长 3–4 mm；花萼长 5–6 mm，比第一个荚节稍长；花冠紫蓝色，略伸出于萼外；旗瓣宽，倒卵形；子房被短柔毛，有胚珠 4–7。荚果扁圆柱形，长 1.5–2.5 cm，宽 2–2.5 mm，被短柔毛，荚节 4–7，荚节间不收缩，但分界处有略隆起线环；种子椭圆体形，稍扁平。花期：9 月；果期：9–11 月。

产地　南沙群岛（太平岛、赤瓜礁）、西沙群岛（永兴岛、石岛、东岛、琛航岛、珊瑚岛）、东沙群岛（东沙岛）。生于海边沙地上。

分布　广东、海南、广西、福建、台湾、云南。广布于东半球热带地区。

3. 落花生属 Arachis L.

一年生草本。偶数羽状复叶；托叶大而显著，部分与叶柄贴生；小叶 2–3 对，无小托叶。花单生或数朵簇生于叶腋内，在开花期几无花梗；花萼膜质，萼管纤细，随花的发育而伸长，裂片 5，上部 4 裂片合生，下部 1 裂片分离；花冠黄色；旗瓣近圆形，具瓣柄，无耳；翼瓣长圆形，具瓣柄，有耳；龙骨瓣内弯，有喙；雄蕊 10，单体，1 枚常缺失；花药二型，长短互生，背着药长，底着药短；子房近无柄，受精后基部逐渐延长，下弯成一坚强的柄，胚珠 2–3(–6) 颗；花柱细长；柱头顶生。荚果长椭圆形，有凸起的网脉，不开裂，通常于种子之间缢缩，有种子 1–5(–6) 颗。

约 22 种，分布于热带美洲。我国引种 2 种；南海诸岛亦有栽培。

1. 主茎直立，侧生匍匐茎……………………………………………………………… 1. 落花生 *A. hypogaea*
1. 茎均为匍匐茎…………………………………………………………………………… 2. 遍地黄金 *A. pintoi*

1. 落花生　　别名：地豆、番豆、花生

Arachis hypogaea L., Sp. Pl. 2: 741. 1753; W. Y. Chun et al. in Fl. Hainanica 2: 269. 1965; P. Y. Chen et al. in Acta Bot. Austro Sin. 1: 140. 1983; F. W. Xing et al. in Fl. Nansha Isl. Neighb. Isl. 152. 1996; R. Sa & A. D. Salinas in Fl. China 10: 132. 2010.

一年生草本，多分枝。茎直立或匍匐，长 (6–)30–80 cm，茎和分枝均有棱，被黄色长柔毛，后变无毛。叶通常具 4 小叶；托叶长 2–4 cm，被毛；叶柄长 2–10 cm，被扩展的长柔毛，基部与托叶下半部合生而成一抱茎的叶鞘；小叶纸质，卵状长圆形至倒卵形，长 1.1–5.9 cm，宽 0.5–3.4 cm，先端钝圆形，有时微凹，具小刺尖头，基部近圆形，全缘，两面被毛，边缘具睫毛。花长 8–10 mm；苞片 2，披针形；小苞片披针形，长约 5 mm，被柔毛；萼管细，长 4–6 cm；花冠黄色或金黄色；旗瓣开展，先端凹入；翼瓣长圆形或斜卵形，细长；龙骨瓣长卵圆形，内弯，先端渐狭成喙状，较翼瓣短；子房长圆形；花柱延伸于萼管咽部之外；柱头顶生，小，疏被柔毛。荚果于土中发育成熟，长 2–5 cm，宽 1–1.3 cm，膨胀，于种子间常稍缢缩；种子通常 2 颗，有时 1 或 3–4 颗。花期：5–8 月；果期：7–9 月。

产地　南沙群岛（东门礁）、西沙群岛（永兴岛）有栽培。

分布　原产热带南美洲，现世界各地广泛栽培。

2. 遍地黄金

Arachis pintoi Krapov. & W. C. Greg., Bonplandia (Corrientes) 8: 81–83, f. 2. 1994.

多年生草本。茎匍匐，节上生根，圆柱形，具早落的刚毛。羽状复叶具2对小叶；小叶倒卵形，顶生一对小叶稍大，长达5 cm，宽达3 cm，基部一对小叶稍小，上面无毛，下面具零星刚毛；叶柄长达6 cm，具沟，背面具长刚毛；叶轴长10–15 mm；托叶长2–2.7 cm，中部以下与叶柄合生，中部以上与叶柄分离，被长刚毛，具纵脉。穗状花序腋生，具4–5朵花，花序极短，被托叶与叶柄合生部分遮盖；花无柄，苞片2；萼管长3.5–9.5 cm，被长柔毛；花萼二唇形，被长柔毛及刚毛；花冠黄色，旗瓣长约11 mm，宽约13 mm，翼瓣长约8 mm，宽约6 mm，龙骨瓣长6–7 mm，镰状；发育雄蕊8枚，其中4枚具长圆形基着花药，4枚具球形背着花药，另具1枚退化雄蕊。荚果具2节，节间连丝长1–8.5 cm，每节长约12 mm，径约7 mm，果皮平滑，稍被毛。花期：4–11月。

产地　南沙群岛（永暑礁、东门礁）有栽培。

分布　我国南方有栽培。原产巴西，现广植于热带亚热带地区。

4. 木豆属 Cajanus Adans.

直立灌木或亚灌木，或为木质或草质藤本。叶具羽状 3 小叶或有时为指状 3 小叶，小叶背面有腺点；托叶和小托叶小或缺。总状花序腋生或顶生；苞片小或大，早落；小苞片缺；花萼钟状，5 齿裂，裂片短，上部 2 枚合生或仅于顶端稍二裂；花冠宿存或否；旗瓣近圆形，倒卵形或倒卵状椭圆形，基部两侧具内弯的耳，有爪；翼瓣狭椭圆形至宽椭圆形，具耳；龙骨瓣偏斜圆形，先端钝，雄蕊二体 (9+1)，对旗瓣的 1 枚离生；花药一式；子房近无柄；胚珠 2 至多颗；花柱长，线状，先端上弯，上部无毛或稍具毛，无须毛。荚果线状长圆形，压扁，种子间有横槽；种子肾形至近圆形，光亮，有各种颜色或具斑块，种阜明显或残缺。

约 30 种，分布于热带亚洲、大洋洲和马达加斯加。我国有 7 种；南海诸岛有 1 种。

1. 蔓草虫豆

Cajanus scarabaeoides (L.) Thouars, Dict. Sci. Nat. 6: 617. 1817.——*Dolichos scarabaeoides* L., Sp. Pl. 2: 720. 1753.——*Cantharospermum scarabaeoides* (L.) Baill., Bull. Mens. Soc. Linn. Paris; F. W. Xing et al. in J. Plant Resour. Environ. 2(3), 4. 1993.

蔓生或缠绕状草质藤本。茎纤弱，长可达 2 m，具细纵棱，多少被红褐色或灰褐色短绒毛。叶具羽状 3 小叶；托叶小，卵形，被毛，常早落；叶柄长 1–3 cm；小叶纸质或近革质，下面有腺状斑点，顶生小叶椭圆形至倒卵状椭圆形，长 1.5–4 cm，宽 0.8–1.5 (3) cm，先端钝或圆，侧生小叶稍小，斜椭圆形至斜倒卵形，两面薄被褐色短柔毛，但下面较密；基出脉 3，在下面脉明显凸起；小托叶缺；小叶柄极短。总状花序腋生，通常长不及 2 cm，有花 1–5 朵；总花梗长 2–5 mm，与总轴同被红褐色至灰褐色绒毛；花萼钟状，4 齿裂或有时上面 2 枚不完全合生而呈 5 裂状，裂片线状披针形，总轴、花梗、花萼均被黄褐色至灰褐色绒毛；花冠黄色，长约 1 cm，通常于开花后脱落，旗瓣倒卵形，有暗紫色条纹，基部有呈齿状的短耳和瓣柄，翼瓣狭椭圆状，微弯，基部具瓣柄和耳，龙骨瓣上部弯，具瓣柄；雄蕊二体，花药一式，圆形；子房密被丝质长柔毛，有胚珠数颗。荚果长圆形，长 1.5–2.5 cm，宽约 6 mm，密被红褐色或灰黄色长毛，果瓣革质，于种子间有横缢线；种子 3–7 颗，椭圆状，长约 4 mm，种皮黑褐色，有凸起的种阜。花期：9–10 月；果期：11–12 月。

产地　西沙群岛（永兴岛）。生于旷野、路边。

分布　广东、海南、广西、福建、台湾、四川、贵州、云南。孟加拉、不丹、柬埔寨、印度、印度尼西亚、日本、老挝、马来西亚、缅甸、尼泊尔、巴基斯坦、斯里兰卡、泰国、越南；非洲和大洋洲。

5. 刀豆属 Canavalia Adans.

一年生或多年生草本。茎缠绕、平卧或近直立。羽状复叶具 3 小叶。托叶小，有时为疣状或不显著，有小托叶。总状花序腋生；花稍大，紫堇色、红色或白色，单生或 2–6 朵簇生于花序轴上肉质、隆起的节上；苞片和小苞片微小，早落；花梗极短；萼钟状或管状，顶部二唇形，上唇大，截平或具 2 裂齿，下唇小，全缘或具 3 裂齿；花冠伸出于萼外，旗瓣大，近圆形，基部具 2 闸状体，翼瓣狭，镰刀状或稍扭曲，比旗瓣略短，离生，龙骨瓣较宽，顶端钝或具旋卷的喙尖；雄蕊单体，对旗瓣的 1 枚雄蕊基部离生，中部与其他雄蕊合生，花药同形；子房具短柄，有胚珠多颗，花柱内弯，无髯毛。荚果大，带形或长椭圆形，扁平或略膨胀，近腹缝线的两侧通常有隆起的纵脊或狭翅，2 瓣裂，果瓣革质，内果皮纸质；种子椭圆形或长圆形，种脐线形。

约 50 种，分布于热带和亚热带地区。我国有 5 种（2 种为引入种）；南海诸岛有 2 种。

1. 叶片先端急尖或圆，但不微凹；荚果长圆形，长 7–9 cm，宽 3.5–4.5 cm；种子褐黑色，长 1.8 cm……………………1. 小刀豆 *C. cathartica*

1. 叶片先端圆或截平，常微凹，稀渐尖；荚果线状长圆形，长 8–12 cm，宽 2–2.5 cm；种子褐色，长 1.3–1.5 cm……………………2. 海刀豆 *C. rosea*

1. 小刀豆

Canavalia cathartica Thouars, J. Bot. Agric. 1: 81. 1813; T. C. Huang et al. in Taiwania 39(1–2): 15. 1994; D. L. Wu & M. Thulin in Fl. China 10: 199. 2010.

二年生粗壮草质藤本。茎、枝被稀疏的短柔毛。羽状复叶具 3 小叶；托叶小，胼胝体状；小托叶微小，极早落。小叶纸质，卵形，长 6–10 cm，宽 4–9 cm，先端急尖或圆，基部宽楔形、截平或圆，两面脉上被极疏的白色短柔毛；叶柄长 3–8 cm；小叶柄长 5–6 mm，被绒毛。花 1–3 朵生于花序轴的每一节上；花梗长 1–2 mm；萼近钟状，长约 12 mm，被短柔毛，上唇 2 裂齿阔而圆，远较萼管为短，下唇 3 裂齿较小；花冠粉红色或近紫色，长 2–2.5 cm，旗瓣圆形，长约 2 cm，宽约 2.5 cm，顶端凹入，近基部有 2 枚痂状附属体，无耳，具瓣柄，翼瓣与龙骨瓣弯曲，长约 2 cm；子房被绒毛，花柱无毛。荚果长圆形，长 7–9 cm，宽 3.5–4.5 cm，膨胀，顶端具喙尖；种子椭圆形，长约 18 mm，宽约 12 mm，种皮褐黑色，硬而光滑，种脐长 13–14 mm。花果期：4–10 月。

产地　南沙群岛（太平岛）、西沙群岛（东岛）。生于海边沙地或攀援于海滨灌丛。

分布　广东、海南、台湾。热带亚洲广布，大洋洲及非洲的局部地区亦有。

2. 海刀豆

Canavalia rosea (Sw.) DC., Prodr. 2: 404. 1825; T. C. Huang et al. in Taiwania 39(1–2): 42. 1994; D. L. Wu & M. Thulin in Fl. China 10: 199. 2010.——*C. maritima* (Aubl.) Thou., J. Bot. Agric. 1: 80–81. 1813; P. Y. Chen in Acta Bot. Austro Sin. 1: 140–141. 1983.

粗壮，草质藤本。茎被稀疏的微柔毛。羽状复叶具 3 小叶；托叶、小托叶小。小叶倒卵形、卵形、椭圆形或近圆形，长 5–8(–14) cm，宽 4.5–6.5(–10) cm，先端通常圆，截平、微凹或具小凸头，稀渐尖，基部楔形至近圆形，侧生小叶基部常偏斜，两面均被长柔毛，侧脉每边 4–5 条；叶柄长 2.5–7 cm；小叶柄长 5–8 mm。总状花序腋生，连总花梗长达 30 cm；花 1–3 朵聚生于花序轴近顶部的每一节上；小苞片 2，卵形，长 1.5 mm，着生在花梗的顶端；花萼钟状，长 1–1.2 cm，被短柔毛，上唇裂齿半圆形，长 3–4 mm，下唇 3 裂片小；花冠紫红色，旗瓣圆形，长约 2.5 cm，顶端凹入，翼瓣镰状，具耳，龙骨瓣长圆形，弯曲，具线形的耳；子房被绒毛。荚果线状长圆形，长 8–12 cm，宽 2–2.5 cm，厚约 1 cm，顶端具喙尖，离背缝线均 3 mm 处的两侧有纵棱；种子椭圆形，长 13–15 mm，宽 10 mm，种皮褐色，种脐长约 1 cm。花期：6–7 月。

产地　西沙群岛（永兴岛、东岛、琛航岛）、东沙群岛（东沙岛）。生于海边沙地。

分布　广东、海南、广西、福建、台湾、浙江。热带海岸地区广布。

6. 猪屎豆属 **Crotalaria** L.

草本，亚灌木或灌木。茎枝圆或四棱形，单叶或三出复叶；托叶有或无。总状花序顶生、腋生、与叶对生或密集枝顶形似头状；花萼二唇形或近钟形，二唇形时，上唇二萼齿宽大，合生或稍合生，下唇三萼齿较窄小，近钟形时，五裂，萼齿近等长；花冠黄色或深紫蓝色，旗瓣通常为圆形或长圆形，基部具二枚胼胝体或无，翼瓣长圆形或长椭圆形，龙骨瓣中部以上通常弯曲，具喙，雄蕊连合成单体，花药二型，一为长圆形，以底部附着花丝，一为卵球形，以背部附着花丝；子房有柄或无柄，有毛或无毛，胚珠2至多数，花柱长，基部弯曲，柱头小，斜生；荚果长圆形、圆柱形或卵状球形，稀四角菱形，膨胀，有果颈或无，种子2至多数。

约700种，分布于热带并延伸至亚热带，大部分种类分布于热带非洲东部和南部。我国有42种（9种为特有种，6种为引入种）；南海诸岛有2种。

1. 小叶较大，长3–6 cm，宽1.5–3 cm；花较大，花冠长约1 cm；荚果长圆形，种子20–30颗..........1. 猪屎豆 *C. pallida*
1. 小叶较小，长1–3 cm，宽1–1.5 cm；花较小，花冠长3–5 mm；荚果球形，种子2颗..............................2. 球果猪屎豆 *C. uncinella* subsp. *elliptica*

1. 猪屎豆

Crotalaria pallida Aiton, Hort. Kew. 3: 20. 1789; J. Q. Li et al. in Fl. China 10: 108. 2010.——*C. mucronata* Desv., J. Bot. Agric. 3(1–2): 76. 1814; P. Y. Chen in Acta Bot. Austro Sin. 1: 141. 1983.

多年生草本，或呈灌木状；茎枝圆柱形，具小沟纹，密被紧贴的短柔毛。托叶极细小，刚毛状，通常早落；叶三出，柄长 2–4 cm；小叶长圆形或椭圆形，长 3–6 cm，宽 1.5–3 cm，先端钝圆或微凹，基部阔楔形，上面无毛，下面略被丝光质短柔毛，两面叶脉清晰；小叶柄长 1–2 mm。总状花序顶生，长达 25 cm，有花 10–40 朵；苞片线形，长约 4 mm；早落，小苞片的形状与苞片相似，长约 2 mm，花时极细小，长不及 1 mm，生萼筒中部或基部；花梗长 3–5 mm；花萼近钟形，长 4–6 mm，五裂，萼齿三角形，约与萼筒等长，密被短柔毛；花冠黄色，伸出萼外，旗瓣圆形或椭圆形，直径约 10 mm，基部具胼胝体二枚，翼瓣长圆形，长约 8 mm，下部边缘具柔毛，龙骨瓣最长，约 12 mm，弯曲，几达 90 度，具长喙，基部边缘具柔毛；子房无柄。荚果长圆形，长 3–4 cm，径 5–8 mm，幼时被毛，成熟后脱落，果瓣开裂后扭转；种子 20–30 颗。花期: 9–10 月；果期: 11–12 月。

产地　西沙群岛（永兴岛）。生于旷野。

分布　广东、海南、广西、湖南、福建、台湾、浙江、山东、四川、云南。泛热带分布。

2. 球果猪屎豆　　别名：钩状野百合

Crotalaria uncinella subsp. **elliptica** (Roxb.) Polhill, Kew Bull. 25(2): 284. 1971; J. Q. Li et al. in Fl. China 10: 108. 2010.——*C. elliptica* Roxb., Fl. Ind. (ed. 1832) 3: 279. 1832.

草本，高达 2 m；茎枝圆柱形，幼时被毛，后渐无毛。托叶卵状三角形，长 1–1.5 mm；叶三出，柄长 1–2 cm；小叶椭圆形，长 1–3 cm，宽 1–1.5 cm，先端钝，具短尖头或有时凹，基部略楔形，两面叶脉清晰，中脉在下面凸尖，上面秃净无毛，下面被短柔毛，顶生小叶较侧生小叶大；小叶柄长约 1 mm。总状花序顶生，腋生或与叶对生，有花 10–30 朵；苞片极小，卵状三角形，长约 1 mm，小苞片与苞片相似，生萼筒基部；花梗长 2–3 mm；花萼近钟形，长 3–4 mm，五裂，萼齿阔披针形，约与萼筒等长，密被短柔毛；花冠黄色，伸出萼外，旗瓣圆形或椭圆形，长约 5 mm，翼瓣长圆形，约与旗瓣等长，龙骨瓣长于旗瓣，弯曲，具长喙，扭转；子房无柄，荚果卵球形，长约 5 mm，被短柔毛；种子 2 颗，成熟后朱红色。花期：8–10 月；果期：11–12 月。

产地　南沙群岛（华阳礁）。生于旷野。

分布　广东、海南、广西。印度、马来西亚、泰国、越南。

7. 黄檀属 Dalbergia L. f.

乔木或攀援灌木。奇数羽状复叶；托叶通常小且早落；小叶互生，稀对生，无小托叶。花通常多数，组成顶生或腋生圆锥花序，分枝有时呈二歧聚伞状；苞片和小苞片通常小，脱落，稀宿存；花萼钟状，裂齿5；裂齿不等长，稀近等长，下方1枚通常最长，上方2枚常较阔且部分合生；花冠白色、淡绿色或紫色，花瓣具柄；旗瓣卵形、长圆形或圆形，先端常微凹；翼瓣长圆形，瓣片基部楔形、截形或箭头状；龙骨瓣通常舟形，先端多少合生；雄蕊10枚，稀9枚，单体或二体(5+5或9+1)；花药小，直，顶端短纵裂；子房具柄，有少数胚数，花柱短，内弯，柱头小。荚果长圆形或带状，通常薄而扁平，不开裂；种子肾形，扁平；胚根内弯。

100–120种，分布于热带及亚热带地区。我国包括引种在内共有29种；南海诸岛栽培有1种。

1. 降香檀　别名：降香黄檀、降香、花梨母

Dalbergia odorifera T. C. Chen, Acta Phytotax. Sin. 8(4): 351–352. 1963; W. Y. Chun et al. in Fl. Hainanica 2: 289. 1965; F. W. Xing et al. in Fl. Nansha Isl. Neighb. Isl. 150–151. 1996; D. Z. Chen et al. in Fl. China 10: 128. 2010.

乔木，高10–15 m；除幼嫩部分、花序及子房略被短柔毛外，全株无毛。树皮褐色或淡褐色，粗糙，有纵裂槽纹；小枝有小而密集皮孔。叶长12–25 cm；叶柄长1.5–3 cm；托叶早落；小叶(7–)9–11(–13)片，近革质，卵形或椭圆形，长(2.5)4–7(–9) cm，宽2–3.5 cm，复叶顶端的1枚小叶最大，往下渐小，基部1对长仅为顶小叶的1/3，先端渐尖或急尖，钝头，基部圆或阔楔形，侧脉每边10–12条；小叶柄长3–5 mm。圆锥花序腋生，长8–10 cm，径6–7 cm；总花梗长3–5 cm；苞片和小苞片阔卵形，长约1 mm；花梗长约1 mm；花萼长约2 mm，下方1枚萼齿最长，披针形，其余的阔卵形，急尖；花冠乳白色或淡黄色，各瓣近等长，具爪；旗瓣倒心形；翼瓣长圆形；龙骨瓣半月形，背弯拱；雄蕊9，单体；子房狭椭圆形，具长柄，柄长约2.5 mm，有胚珠1–2粒。荚果舌状长圆形，长4.5–8 cm，宽1.5–1.8 cm，革质，基部略被毛，顶端钝或急尖，基部骤然收窄与纤细的果颈相接，果颈长5–10 mm，对种子的部分明显凸起，厚可达5 mm，有种子1(–2)粒；种子肾形，扁平。花期：4–6月；果期：7–12月。

产地　西沙群岛（永兴岛）有栽培。

分布　海南。

用途　本种的心材芳香，可作香料；根部心材呈红褐色，名为降香，可供药用，为良好的镇痛剂；木材是优质家具用材。

8. 山蚂蝗属 Desmodium Desv.

草本、亚灌木或灌木。叶为羽状三出复叶或退化为单小叶，具托叶和小托叶；托叶通常干膜质，有条纹，小托叶钻形或丝状；小叶全缘或浅波状。花通常较小，组成腋生或顶生的总状花序或圆锥花序，稀为单生或成对生于叶腋；苞片宿存或早落，小苞片有或缺；花萼钟状，4–5 裂，二唇形，上部 2 裂片全缘或先端 2 裂至微裂，下部裂片离生，披针形；花冠白色、绿白、黄白、粉红、紫色、紫堇色；旗瓣椭圆形、宽椭圆形、倒卵形、宽倒卵形至近圆形；翼瓣多少与龙骨瓣贴连，均有瓣柄；雄蕊二体 (9+1) 或少有单体；子房通常无柄，有胚珠数颗。荚果扁平，不开裂，背腹两缝线稍缢缩或腹缝线劲直，荚节数枚；种子扁平；子叶出土萌发。

约 280 种，多分布于亚热带和热带地区。我国包括引种在内共有 32 种；南海诸岛有 3 种。.

1. 荚果线形；荚节线形、长圆形、长圆状线形至狭倒卵形，长为宽的 3–4 倍 ....2. 虾尾叶山蚂蟥 *D. scorpiurus*
1. 荚果狭长圆形；荚节通常为近圆形，近长圆形，近方形，长与宽几相等，或长稍大于宽，但不超过 1 倍。
  2. 花梗无毛或顶部有少数钩状毛，花梗长 10–25 mm；荚节较大，长 3.5–4.1 mm，顶生小叶宽椭圆形或宽椭圆状倒卵形 .... 1. 异叶山蚂蝗 *D. heterophyllum*
  2. 花梗全部或顶部有开展的柔毛，花梗长 3–8 mm；荚节较小，长 2–2.5 mm，顶生小叶倒心形、倒三角形或倒卵形 ....3. 三点金草 *D. triflorum*

1. 异叶山蚂蝗

Desmodium heterophyllum (Willd.) DC., Prodr. 2: 334. 1825; P. H. Huang & H. Ohashi in Fl. China 10: 275–276. 2010.——*Hedysarum heterophyllum* Willd., Sp. Pl. 3: 1201. 1802.

平卧或上升草本，高 10–70 cm。茎纤细，多分枝，除幼嫩部分被开展柔毛外近无毛。叶为羽状三出复叶，小叶 3，在茎下部有时为单小叶；托叶卵形，长 3–6 mm，被缘毛；叶柄长 5–15 mm，上面具沟槽，疏生长柔毛；小叶纸质，顶生小叶宽椭圆形或宽椭圆状倒卵形，长 (0.5)1–3 cm，宽 0.8–1.5 cm，侧生小叶长椭圆形，椭圆形或倒卵状长椭圆形，长 1–2 cm，有时更小，先端圆或近截平，常微凹入，基部钝，上面无毛或两面均被疏毛，侧脉每边 4–5 条，不甚明显，

垂或与花序轴成直角；花萼钟状，先端二浅裂；雄蕊二体；子房有柄，具细绒毛。荚果长约 15 cm，褐色，种子间缢缩；种子大，亮褐色。

产地　南沙群岛（永暑礁）、西沙群岛（永兴岛）有栽培。

分布　广东、海南、广西、台湾。原产巴西。

2. 刺桐　　别名：海桐

Erythrina variegata L., Herb. Amb. 10. 1754; T. C. Huang et al. in Taiwania 39(1–2): 16, 42. 1994; F. W. Xing et al. in Fl. Nansha Isl. Neighb. Isl. 149–150. 1996; R. Sa & M. G. Gilbert in Fl. China 10: 238. 2010.——*E. variegata* L. var. *orientalis* (L.) Merr., Interpr. Herb. Amboin. 276. 1917; P. Y. Chen in Acta Bot. Austro Sin. 1: 141. 1983.

乔木，高可达 20 m。树皮灰褐色，枝有明显短圆锥形的黑色直刺。羽状复叶具 3 小叶，常密集枝端；托叶披针形，早落；叶柄长 10–15 cm，通常无刺；小叶膜质，宽卵形或菱状卵形，长宽 15–30 cm，两面无毛，先端渐尖而钝，基部宽楔形或截形；基脉 3 条，侧脉 5 对；小叶柄基部有一对腺体状的托叶。总状花序顶生，长 10–16 cm，花成对着生；总花梗木质，粗壮，长 7–10 cm；花梗长约 1 cm，具短绒毛；花萼佛焰苞状，长 2–3 cm，口部偏斜，一边开裂；花冠红色，长 6–7 mm；旗瓣椭圆形，长 5–6 cm，宽约 2.5 cm，先端圆，瓣柄短；翼瓣与龙骨瓣近等长；龙骨瓣 2 片离生；雄蕊 10，单体；子房被微柔毛；花柱无毛。荚果黑色，肥厚，种子间略缢缩，长 15–30 cm，宽 2–3 cm；种子暗红色，肾形，长约 1.5 cm，宽约 1 cm。花期：3 月；果期：8 月。

产地　南沙群岛（太平岛、永暑礁）、西沙群岛（永兴岛、东岛、甘泉岛、珊瑚岛、金银岛）、东沙群岛（东沙岛）有栽培。

分布　广东、海南、广西、台湾、福建。原产印度至大洋洲海岸林中。

10. 木蓝属 Indigofera L.

灌木或草本，稀小乔木；多少被白色或褐色平贴丁字毛，少数具二歧或距状开展毛及多节毛，有时被腺毛或腺体。奇数羽状复叶，偶为掌状复叶、三小叶或单叶；托叶脱落或留存，小托叶有或无；小叶通常对生，稀互生，全缘。总状花序腋生，少数成头状、穗状或圆锥状；苞片常早落；花萼钟状或斜杯状，萼齿5，近等长或下萼齿常稍长；花冠紫红色至淡红色，偶为白色或黄色，早落或旗瓣留存稍久，旗瓣卵形或长圆形，先端钝圆，微凹或具尖头，基部具短瓣柄，外面被短绢毛或柔毛，有时无毛，翼瓣较狭长，具耳，龙骨瓣常呈匙形，常具距突与翼瓣勾连；雄蕊二体，花药同型，背着或近基着，药隔顶端具硬尖或腺点，有时具髯毛，基部偶有鳞片；子房无柄，花柱线形，通常无毛，柱头头状，胚珠1至多数。荚果线形或圆柱形，稀长圆形或卵形或具4棱，被毛或无毛，偶具刺，内果皮通常具红色斑点；种子肾形、长圆形或近方形。

约750种，分布于热带、亚热带。我国有79种（45种为特有种，2种为引入种）；南海诸岛有4种。

1. 单叶……4. 刺荚木蓝 *I. nummulariifolia*
1. 羽状复叶。
    2. 小叶互生；荚果长2.5–5 mm，具2颗种子……3. 九叶木蓝 *I. linnaei*
    2. 小叶对生；荚果长1 cm以上，具6–12颗种子。
        3. 小叶大，长3–3.5 cm，宽1–2 cm；具6–8颗种子……2. 硬毛木蓝 *I. hirsuta*
        3. 小叶小，长5–7 mm，宽约2 mm；具9–12颗种子……1. 疏花木蓝 *I. colutea*

1. 疏花木蓝　　别名：陈氏木蓝

Indigofera colutea (Burm. f.) Merr., Philipp. J. Sci. 19(3): 355. 1921; X. F. Gao & B. D. Schrire in Fl. China 10: 145. 2010.——*I. chuniana* F. P. Metcalf., Sunyatsenia 4(3–4): 155–156, pl. 38, f. 31. 1940; P. Y. Chen in Acta Bot. Austro Sin. 1: 141. 1983.

亚灌木状草本；多分枝。茎平卧或近直立，基部木质化，与分枝均被灰白色柔毛和具柄头状腺毛。羽状复叶长 2.5–4 cm；叶柄长约 1 cm，与叶轴均被开展腺毛；托叶线状钻形，长达 5 mm，小叶 3–5 对，对生，椭圆形，长 5–7 mm，宽 1.5–2 mm，先端钝，具小尖头，基部楔形，两面均被白色丁字毛，上面毛开展，细而少，下面的毛平贴并较粗，中脉上面凹入，侧脉不显；小叶柄短，长达 0.5 mm。总状花序腋生，长达 3 cm，有 5–10 朵疏离的花；总花梗长达 1 cm，与花序轴均被丁字毛和腺毛；苞片线形，长约 5 mm；花梗极短；花萼长 1.5–2 mm，密被白色丁字毛，萼齿线形，远较萼筒长，基部被毛；花冠红色，长约 4 mm，旗瓣倒卵形，外面被毛，翼瓣线状长圆形，均具极短瓣柄，龙骨瓣中部以下渐狭；花药球形，顶端具凸尖；子房线形，被茸毛，花柱短，无毛。荚果圆柱形，长 1.1–1.4 cm，径 1.5–1.8 mm，顶端有凸尖，被腺毛和开展丁字毛，有种子 9–12 粒，内果皮有紫红色斑点；种子方形。花期：6–8 月；果期：8–12 月。

产地　西沙群岛（永兴岛、石岛、琛航岛、珊瑚岛）。海边沙地或旷野。

分布　广东、海南。热带亚洲、非洲、大洋洲均有分布。

2. 硬毛木蓝　　别名：毛木蓝

Indigofera hirsuta L., Sp. Pl. 2: 751. 1753; F. W. Xing et al. in J. Plant Resour. Environ. 2(3), 4. 1993; X. F. Gao & B. D. Schrire in Fl. China 10: 152. 2010.

平卧或直立亚灌木，高 30–100 cm；多分枝。茎圆柱形，枝、叶柄和花序均被开展长硬毛。羽状复叶长 2.5–10 cm；叶柄长约 1 cm，叶轴上面有槽，有灰褐色开展毛；小叶 3–5 对，对生，纸质，倒卵形或长圆形，长 3–3.5 cm，宽 1–2 cm，先端圆钝，基部阔楔形，两面有伏贴毛，下面较密，侧脉 4–6 对，不显著；小叶柄长约 2 mm。总状花序长 10–25 cm，密被锈色和白色混生的硬毛，花小，密集；总花梗较叶柄长；苞片线形，长约 4 mm；花梗长约 1 mm；花萼长约 4 mm，外面有红褐色开展长硬毛，萼齿线形；花冠红色，长 4–5 mm，外面有柔毛，旗瓣倒卵状椭圆形，有瓣柄，翼瓣与龙骨瓣等长，有瓣柄，距短小；花药卵球形，顶端有红色尖头；子房有淡黄棕色长粗毛，花柱无毛。荚果线状圆柱形，长 1.5–2 cm，径 2.5–8 mm，有开展长硬毛，紧挤，有种子 6–8 粒，内果皮有黑色斑点；果梗下弯。花期：7–9 月；果期：10–12 月。

产地　西沙群岛（永兴岛）。生于海边沙地或旷野。

分布　广东、海南、广西、福建、台湾、浙江及云南东南部。热带亚洲、非洲、大洋洲均有分布。

3. 九叶木蓝

Indigofera linnaei Ali, Bot. Not. 111: 549. 1958; X. F. Gao & B. D. Schrire in Fl. China 10: 144. 2010.——*I. enneaphylla* L., Mant. Pl. 2: 272. 1771; P. Y. Chen in Acta Bot. Austro Sin. 1: 141. 1983.

一年生或多年生草本；多分枝。茎基部木质化，枝纤细平卧，长 10–40 cm，上部有棱，下部圆柱形，被白色平贴丁字毛。羽状复叶长 1.5–3 cm；叶柄极短；托叶膜质，披针形，长约 3 mm；小叶 2–5 对，互生，近无柄，狭倒卵形或长椭圆状卵形至倒披针形，长 3–8 mm，宽 1–3.5 mm，先端圆钝，有小尖头，基部楔形，两面有白色粗硬丁字毛，中脉上面凹入。总状花序短缩，长 4–10 mm，花 10–20 朵，密集；无总花梗；苞片膜质，卵形至披针形，长 1.5–2 mm，有柔毛，边缘有睫毛；花梗短，长约 0.5 mm，有粗硬毛；花萼杯状，萼筒长约 1 mm，萼齿线状披针形，渐尖头，最下萼齿长约 1.5 mm；花冠紫红色，长约 3 mm，稍伸出萼外；花药卵状心形；子房椭圆形，有毛。荚果长圆形，长 2.5–5 mm，顶端有锐尖头，有紧贴白色柔毛，有种子 2 粒。花期：6–11 月；果期：11–12 月。

产地　西沙群岛（永兴岛）。生于海边沙地上。

分布　海南、四川南部、云南。印度、尼泊尔、巴基斯坦、老挝、缅甸、泰国、越南、印度尼西亚、巴布亚新几内亚、斯里兰卡、澳大利亚。

4. 刺荚木蓝

Indigofera nummulariifolia (L.) Livera ex Alston, Handb. Fl. Ceylon 6(Suppl.): 72. 1931; F. W. Xing et al. in J. Plant Resour. Environ. 2(3), 4. 1993; X. F. Gao & B. D. Schrire in Fl. China 10: 141–142. 2010.

多年生草本。茎平卧，基部分枝，分枝平展；幼枝有毛，后变无毛。单叶互生，倒卵形或近圆形，长 1–2 cm，宽 8–14 mm，先端圆钝，基部圆形或阔楔形，除边缘有密毛外，两面近无毛或在下面疏生脱落性丁字毛；叶柄长 1–2 mm；托叶三角形，长达 5 mm，宿存；总状花序长 1.5–3 cm，有花 5–10 朵；总花梗长达 1 cm，花序轴有疏生丁字毛；苞片卵形，长约 2 mm，早落；花梗短，长约 0.5 mm；花萼长 3–4 mm，萼筒长约 1 mm，萼齿线形，长 2–3 mm；花冠深红色，旗瓣倒卵形，外面密生丁字毛，长约 3 mm，翼瓣基部具耳状附属物，龙骨瓣长约 4 mm；花药圆形，两端有髯毛；子房有毛。荚果镰形，侧向压扁，长约 5 mm，宽约 4 mm，顶端有宿存花柱所成的尖喙，腹缝微弯，背缝极弯拱，沿弯拱部位有数行钩刺，有种子 1 粒；种子亮褐色，肾状长圆形，长 3.5–4 mm。花期：10 月；果期：10–11 月。

产地　西沙群岛（永兴岛）。生于海边沙地上。

分布　海南、台湾。越南、缅甸、泰国、柬埔寨、菲律宾、印度尼西亚、巴布亚新几内亚、印度、巴基斯坦、斯里兰卡；非洲、澳大利亚北部和马达加斯加。

2. 田菁

Sesbania cannabina (Retz.) Poir., Encycl. 7: 130. 1806; W. Y. Chun et al. in Fl. Hainanica 2: 264. 1965; P. Y. Chen et al. in Acta Bot. Austro. Sin. 1: 141. 1983; T. C. Huang et al. in Taiwania 39 (1–2): 42. 1994; F. W. Xing et al. in Fl. Nansha Isl. Neighb. Isl. 151. 1996; H. Sun & B. Bartholomew in Fl. China 10: 313. 2010.——*Aeschynomene cannabina* Retz., Observ. Bot. 5: 26. 1789.

一年生草本，高达 3.5 m。茎绿色，有时带褐色红色，微被白粉，有不明显淡绿色线纹；幼枝疏被白色绢毛，后秃净，折断有白色黏液。偶数羽状复叶；叶轴长 15–25 cm，幼时疏被绢毛；托叶披针形，早落；小叶 20–30(–40) 对，对生或近对生，线状长圆形，长 8–20(–40) mm，宽 2.5–4(–7) mm，先端钝至截平，具小尖头，基部圆形，两侧不对称，上面无毛，下面幼时疏被绢毛，后秃净，两面被紫色小腺点，下面尤密；小叶柄长约 1 mm，疏被毛；小托叶钻形，宿存。总状花序长 3–10 cm，具 2–6 朵花；总花梗及花梗纤细，下垂，疏被绢毛；苞片线状披针形，小苞片 2 枚，均早落；花萼斜钟状，长 3–4 mm，无毛；萼齿短三角形，先端锐齿，各齿间常有 1–3 腺状附属物，内面边缘具白色细长曲柔毛；花冠黄色；旗瓣椭圆形至近圆形，长 9–10 mm，先端微凹至圆形，基部近圆形，胼胝体小，梨形，瓣柄长约 2 mm；翼瓣倒卵状长圆形，与旗瓣近等长，宽约 3.5 mm，基部具短耳，中部具较深色的斑块，并横向皱折；龙骨瓣较翼瓣短，三角状阔卵形，长宽近相等，先端圆钝，瓣柄长约 4.5 mm；雄蕊二体 (9+1)；花药卵形至长圆形；雌蕊无毛。荚果长圆柱形，长 12–22 cm，宽 2.5–3.5 mm，微弯，外面具黑褐色斑纹，喙尖，长 5–7(–10) mm，果颈长约 5 mm，开裂，种子间具横隔，有种子 20–35 粒；种子绿褐色，有光泽，短圆柱状，长约 4 mm，径 2–3 mm；种脐圆形，稍偏于一端。

花果期：7–12 月。

产地 南沙群岛（赤瓜礁）、西沙群岛（永兴岛）、东沙群岛（东沙岛）。生于潮湿低地。

分布 广东、海南、广西、湖南、江西、福建、台湾、浙江、江苏、安徽、山东、河南、重庆、贵州、云南、山西、内蒙古、河北有栽培或逸为野生。原产澳大利亚、太平洋西南部岛屿。

用途 茎、叶可作绿肥及牲畜饲料。

19. 槐属 Sophora L.

乔木或灌木，稀草本。奇数羽状复叶；托叶有或无；小叶多数，全缘，少数具小托叶。花序总状或圆锥状，顶生、腋生或与叶对生；花白色、黄色或紫色，苞片小，线形，或缺；花萼钟状或杯状，萼齿 5，等大，或上方 2 齿近合生而成为近二唇形；旗瓣形状、大小多变，圆形、长圆形、椭圆形、倒卵状长圆形或倒卵状披针形；翼瓣单侧生或双侧生；龙骨瓣与翼瓣相似；雄蕊 10，分离或基部有不同程度的连合，花药丁字着生；子房具短柄或无，胚珠多数。荚果圆柱形，念珠状或略扁，革质或肉质，有时具翅，不开裂或迟开裂；种子 1 至多数，卵形、椭圆形或近球形。

约 70 余种，分布于热带至温带地区。我国 21 种，14 变种，2 变型，主要分布于西南、华南和华东地区；南海诸岛有 1 种。

1. 海南槐 别名：绒毛槐、岭南槐树

Sophora tomentosa L., Sp. Pl. 1: 373. 1753; W. Y. Chun et al. in Fl. Hainanica 2: 244. 1965; P. Y. Chen in Acta Bot. Austro Sin. 1: 139. 1983; T. C. Huang et al. in Taiwania 39(1–2): 16, 43. 1994; Z. Wei et al. in Fl. Reip. Pop. Sin. 40: 84. 1994; F. W. Xing et al. in Fl. Nansha Isl. Neighb. Isl. 144. 1996; B. J. Bao & M. A. Vincent in Fl. China 10: 91. 2010.

灌木或小乔木，高 2–4 m。枝被灰白色短绒毛。羽状复叶长 12–18 cm，无托叶；小叶 11–15(–19) 片，近革质，宽椭圆形或近圆形，稀卵形，长 2.5–5 cm，宽 2–3.5 cm，先端圆形或微缺，基部圆形，稍偏斜，上面无毛，下面密被灰白色短绒毛，侧脉不明显。通常为总状花序，有时分枝成圆锥状，顶生，长 10–20 cm，被灰白色短绒毛；花较密；花梗与花等长，长 15–17 mm；苞片线形；花萼钟状，长 5–6 mm，被灰白色短绒毛；花冠淡黄色或近白色；旗瓣阔卵形，长 17 mm，宽 10 mm，边缘反卷，柄长约 3 mm，翼瓣长椭圆形，与旗瓣等长，具钝圆形单耳，柄纤细，长约 5 mm，龙骨瓣与翼瓣相似，稍短，背部明显呈龙骨状互相盖叠；雄蕊 10，分离；子房密被灰白色短柔毛，花柱短，长不到 2 mm。荚果念珠状，长 7–10 cm，径 0.9–1 cm，表面被短茸毛；种子多数，球形，褐色，具光泽。花期：8–10 月；果期：9–12 月。

产地 南沙群岛（太平岛）、西沙群岛（永兴岛、东岛、金银岛）、东沙群岛（东沙岛）。生于海滨沙丘上。

分布 广东、海南、台湾。广布于世界热带海岸和岛屿上。

20. 灰毛豆属 **Tephrosia** Pers.

一年或多年生草本，有时为灌木状。奇数羽状复叶；具托叶，无小托叶；小叶多数（我国不产单叶和掌状复叶类型），对生，全缘，通常被绢毛，下面尤密，侧脉多数，与中脉成锐角平行伸向叶缘，连结成边缘脉序。总状花序顶生或与叶对生和腋生，有时花序轴缩短成近头状或伞状；具苞片，小苞片常缺；花具梗；花萼钟状，萼齿5，近等长或下方1齿较长，上方2齿多少连合；花冠多为紫红色或白色，旗瓣背面具柔毛或绢毛，瓣柄明显，瓣片圆形，常后反，翼瓣和龙骨瓣无毛，多少相粘连；雄蕊二体，对旗瓣的1枚花丝与雄蕊管分离，但中部常接触，花丝基部扩大并弯曲，具疣体，其余9枚花丝略等长，2/3–4/5连合成管，顶端不扩大，花药同型；花盘浅皿状，具1裂口；子房线形，无柄，具柔毛，胚珠通常多数，花柱向上弯，线形或锥形，扁平或有时扭曲，被绢毛或被稀疏柔毛，柱头头状或点状，无毛或具画笔状簇毛。荚果线形或长圆形，扁平或在种子处稍凸起，种子间无真正的隔膜，爆裂，果瓣扭转，果顶端具喙，直或沿腹缝线下弯；种子长圆形呈椭圆形，珠柄短，有时具小种阜。

约400种，广布于热带亚热带地区。我国有11种（1种特有种，3种引入种）；南海诸岛有2种。

1. 茎平卧或斜升；花序长 1–5 cm；花白色或粉红色……1. 矮灰毛豆 *T pumila*
1. 茎直立；花序长 10–25 cm；花紫色……2. 灰毛豆 *T. purpurea*

1. 矮灰毛豆

Tephrosia pumila (Lam.) Pers., Syn. Pl. 2: 330. 1807; Z. Wei & L. Pedley in Fl. China 10: 192. 2010.——*Galega pumila* Lamarck, Encycl. 2: 599. 1788.——*T. luzonensis* auct. non Vogel: Nov. Actorum Acad. Caes. Leop. -Carol. Nat. Cur. 19(Suppl. 1): 15. 1843; P. Y. Chen in Acta Bot. Austro Sin. 1: 142. 1983.

一年生或多年生草本，茎平卧或斜生，高 20–30 cm。茎细硬，具棱，密被伸展硬毛。羽状复叶长 2–4 cm，叶柄长 3–10 mm；托叶线状三角形或钻形，长 3–4 mm；小叶 3(–6) 对，楔状长圆形呈倒披针形，长 1.2–2 cm，宽 0.4–0.8 cm，先端截平或钝，短尖头，基部楔形，由面被平伏柔毛，下面被伸展毛，侧脉 6–7 对，不明显；小叶柄甚短。总状花序短，顶生或与叶对生，长约 2 cm，被长硬毛，有 1–3 朵花；苞片线状锥形，长 2–3 mm，宿存；花长约 6 mm；花梗长 2.5–4 mm；花萼线浅皿状，长约 3 mm，宽约 2 mm，密被长硬毛，萼齿三角形，尾状渐尖，上方 2 齿部分连合，下方 1 齿最长；花冠白色至黄色，旗瓣圆形，外被柔毛，翼瓣和龙骨瓣无毛；子房被柔毛，花柱扁平，稍扭转，无毛，胚珠多数。荚果线形，长 3.5–4 cm，宽约 0.4 cm，顶端稍上弯，被短硬毛，喙急剧下指，有种子 8–14 粒；种子长圆状菱形，具斑纹，种脐位于中央。花果期：全年。

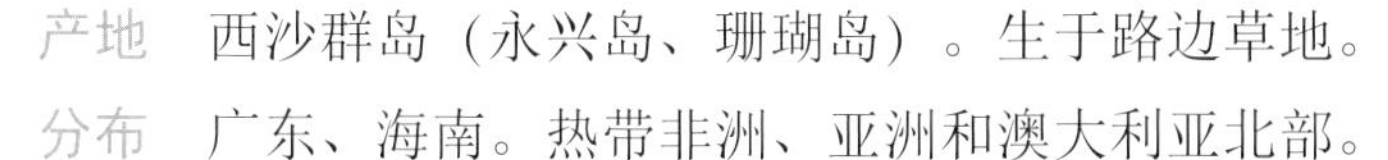

产地　西沙群岛（永兴岛、珊瑚岛）。生于路边草地。

分布　广东、海南。热带非洲、亚洲和澳大利亚北部。

2. 灰毛豆　　别名：灰叶

Tephrosia purpurea (L.) Pers., Syn. Pl. 2: 329. 1807; P. Y. Chen in Acta Bot. Austro Sin. 1: 142. 1983; Z. Wei & L. Pedley in Fl. China 10: 191–192. 2010.

灌木状草本，高 30–60(–150) cm，多分枝。茎基部木质化，近直立或伸展，具纵棱，近无毛或被短柔毛。羽状复叶长 7–15 cm，叶柄短；托叶线状锥形，长约 4 mm；小叶 4–8(10) 对，椭圆状长圆形至椭圆状倒披针形，长 15–35 mm，宽 4–14 mm，先端钝，截形或微凹，具短尖，基部狭圆，上在无毛，下面被平伏短柔毛，侧脉 7–12 对，清晰；小叶柄长约 2 mm，被毛。总状花序顶生、与叶对生或生于上部叶腋，长 10–15 cm，较细；花每节 2(–4) 朵，疏散；苞片锥状狭披针形，长 2–4 mm，花长约 8 mm；花梗细，长 2–4 mm，果期稍伸长，被柔毛；花萼阔钟状，长 2–4 mm，宽约 3 mm，被柔毛，萼齿狭三角形，尾状锥尖，近等长，长约 2.5 mm；花冠淡紫色，旗瓣扁圆形，外面被细柔毛，翼瓣长椭圆状倒卵形，龙骨瓣近半圆形；子房密被柔毛，花柱线形，无毛，柱头点状，无毛或稍被画笔状毛，胚珠多数。荚果线形，长 4–5 cm，宽 0.4(–0.6) cm，稍上弯，顶端具短喙，被稀疏平伏柔毛，有种子 6 粒；种子灰褐色，具斑纹，椭圆形，长约 3 mm，宽约 1.5 mm，扁平，种脐位于中央。花期：3–10 月。

产地　西沙群岛（永兴岛、东岛、琛航岛）。生于路边草地。

分布　广东、海南、广西、福建、台湾、四川、云南。柬埔寨、印度、印度尼西亚、老挝、马来西亚、尼泊尔、斯里兰卡、泰国、越南。

21. 豇豆属 Vigna Savi

缠绕或直立草本，稀为亚灌木。羽状复叶具3小叶；托叶盾状着生或基着。总状花序或1至多花的花簇腋生或顶生，花序轴上花梗着生处常增厚并有腺体；苞片及小苞片早落；花萼5裂，2唇形，下唇3裂，中裂片最长，上唇中2裂片完全或部分合生；花冠小或中等大，白色、黄色、蓝或紫色；旗瓣圆形，基部具附属体，翼瓣远较旗瓣为短，龙骨瓣与翼瓣近等长，无喙或有一内弯、稍旋卷的喙（但不超过360°）；雄蕊二体，对旗瓣的一枚雄蕊离生，其余合生，花药一式；子房无柄，胚珠3至多数，花柱线形，上部增厚，内侧具髯毛或粗毛，下部喙状，柱头侧生。荚果线形或线状长圆形，圆柱形或扁平，直或稍弯曲，二瓣裂，通常多少具隔膜；种子通常肾形或近四方形；种脐小或延长，有假种皮或无。

约100种，分布于热带地区。我国有14种（1种为引入种）；南海诸岛有2种和2亚种。

1. 花冠黄色 .... 2. 滨豇豆 *V. marina*
1. 花冠紫色或黄白色带紫色。
  2. 托叶基部平截，不下延 .... 1. 腺药豇豆 *V. adenantha*
  2. 托叶于着生处下延成一短距。
    3. 荚果长7.5–13 cm .... 3. 眉豆 *V. unguiculata* subsp. *cylindrica*
    3. 荚果长30–70 cm .... 4. 豆角 *V. unguiculata* subsp. *sesquipedalis*

1. 腺药豇豆

Vigna adenantha (G. Meyer) Maréchal, Mascherpa & Stainier, Taxon. 27: 202. 1978; T. C. Huang et al. in Taiwania 39(1–2): 16. 1994; D. L. Wu & M. Thulin in Fl. China 10: 256. 2010.——*Phaseolus adenanthus* G. Meyer, Prim. Fl. Esseq. 239. 1818.

多年生缠绕草本。叶为羽状复叶具3小叶，顶生小叶菱状卵形，长7–8 cm，宽5–6.5 cm，近无毛，基部钝，顶端急尖，侧生小叶多少偏斜；叶柄长3.5–5(–9) cm；托叶披针形，长3–5 mm，基部平截，不下延。总状花序腋生，含总花梗长9–17 cm；花梗长2–3 mm；小苞片卵形，长约4 mm，早落；花萼裂片渐尖；花冠紫色，长1.8–3 cm，旗瓣圆形，翼瓣长圆形，龙骨瓣旋转约3周；子房无毛。荚果线形，长9–14 cm，径0.8–1.4 cm，无毛，具11–15颗种子。种子深褐色，长约7 mm，宽约5 mm。

产地　南沙群岛（太平岛）。生于旷野或缠绕于灌木之上。

分布　台湾。泛热带分布。

2. 滨豇豆

Vigna marina (Burm.) Merr., Interpr. Herb. Amboin. 285. 1917; P. Y. Chen in Acta Bot. Austro Sin. 1: 142. 1983; T. C. Huang et al. in Taiwania 39(1–2): 17, 43. 1994; D. L. Wu & M. Thulin in Fl. China 10: 256. 2010.——*Phaseolus marinus* Burm., Index Alt. Herb. Amboin. 18. 1769.

多年生匍匐或攀援草本，长可达数米；茎幼时被毛，老时无毛或被疏毛。羽状复叶具 3 小叶；托叶基着，卵形，长 3–5 mm；小叶近革质，卵圆形或倒卵形，长 3.5–9.5 cm，宽 2.5–9.5 cm，先端浑圆，钝或微凹，基部宽楔形或近圆形，两面被极稀疏的短刚毛至近无毛；叶柄长 1.5–11.5 cm，叶轴长 0.5–3 cm；小叶柄长 2–6 mm。总状花序长 2–4 cm，被短柔毛；总花梗长 3–13 cm，有时增粗；花梗长 4.5–6 mm；小苞片披针形，长 1.5 mm，早落；花萼管长 2.5–3 mm，无毛，裂片三角形，长 1–1.5 mm，上方的一对连合成全缘的上唇，具缘毛；花冠黄色，旗瓣倒卵形，长 1.2–1.3 cm，宽 1.4 cm；翼瓣及龙骨瓣长约 1 cm。荚果线状长圆形，微弯，肿胀，长 3.5–6 cm，宽 8–9 mm，嫩时被稀疏微柔毛，老时无毛，种子间稍收缩；种子 2–6 颗，黄褐色或红褐色，长圆形，长 5–7 mm，宽 4.5–5 mm，种脐长圆形，一端稍狭，种脐周围的种皮稍隆起。花果期：几全年。

产地　南沙群岛（太平岛、华阳礁、东门礁）、西沙群岛（石岛、盘石屿、中建岛、琛航岛、广金岛、羚羊礁、金银岛、甘泉岛、银屿、北岛）、东沙群岛（东沙岛）。生于海边沙地。

分布　广东、海南、台湾。热带地区广布。

用途　该种果实可食。

木麻黄科 Casuarinaceae

乔木或灌木；小枝常假轮生，极纤细，绿色或灰绿色，状似麻黄，有节及沟槽或条纹，脱落。叶退化呈鳞片状，围绕于小枝的节上。花红褐色，单性，无花被，雌雄同株或异株；雄花集成穗状花序，花序纤弱而且直立，顶生，有时侧生；雌花集成头状花序，位于短侧枝的顶端。雄花：轮生，每花只有1枚雄蕊和侧生与腹背生的小苞片各2枚，腋生于合生的杯状苞内，花丝在花期伸出杯状苞外，花药2室，纵裂。雌花：每花腋生于苞片和1对小苞片内；子房细小，上位，1室，胚珠2颗，半倒生，并列于子房的基部之上，仅1颗成熟，花柱顶生，有2枚线状的分枝伸出。小坚果顶端有薄翅，密集而成球果状，有宿存的小苞片2枚；小苞片木质，成熟前闭合，成熟后开裂而露出小坚果；种子单生，无胚乳。

1属，约40种，主产澳大利亚和波利尼西亚，伸展至亚洲热带地区和非洲东部。我国引种4种；南海诸岛栽种3种。

1. 木麻黄属 Casuarina L.

特征与科同。

1. 球果长约1–1.2 cm，径约8 mm，外面无毛 .... 1. 细枝木麻黄 *C. cunninghamiana*
1. 球果长约2 cm，径1.3–1.5 cm，外面被毛。
   2. 鳞片状叶通常每轮7片 .... 2. 木麻黄 *C. equisetifolia*
   2 鳞片状叶通常每轮12–17片 .... 3. 粗枝木麻黄 *C. glauca*

1. 细枝木麻黄

Casuarina cunninghamiana Miq., Rev. Crit. Casuar. 56, plate 6A. 1848; W. Y. Chun et al. in Fl. Hainanica 2: 366. 1965; Y. Zhong in Journ. Hainan Teach. Coll. (Nat. Sci.) 3(1): 60. 1990; F. W. Xing et al. in Fl. Nansha Isl. Neighb. Isl. 170–171. 1996; N. H. Xia et al. in Fl. China 4: 106–107. 1999.

乔木，高10–12 m；枝密，细而长，深褐色，小枝纤细，长8–10 cm，节密，具条纹，下垂，干时灰绿色或近苍白绿色，节间长4–5 mm。鳞片状叶每节8片，狭披针形，压扁，嫩时基部被柔毛，成长后无毛。雄花序着生于小枝顶端，长4–8 cm。球果小，椭圆形，具短柄，长10–12 mm，直径约8 mm，两端钝，外面无毛；小苞片阔卵形，急尖木质。花期：4月；果期：8月。

产地　西沙群岛（永兴岛）有栽培。

分布　广东、海南、广西、福建、台湾、浙江有栽培。原产澳大利亚，现世界热带地区有栽培。

2. 木麻黄

Casuarina equisetifolia L., Amoen. Acad. 4: 143. 1759; W. Y. Chun et al. in Fl. Hainanica 2: 366. 1965; P. Y. Chen et al. in Acta Bot. Austro Sin. 1: 142. 1983; Y. Zhong in Journ. Hainan Teach. Coll. (Nat. Sci.) 3(1): 60. 1990; T. C. Huang et al. in Taiwania 39(1–2): 10, 37. 1994; F. W. Xing et al. in Fl. Nansha Isl. Neighb. Isl. 170–171. 1996; N. H. Xia et al. in Fl. China 4: 106–107. 1999.

乔木，高达 20 余米，胸径达 1 m；树冠狭三角形；树皮坚韧，粗糙，深褐色，有不规则条裂；枝红褐色，有密节，最末次分枝纤细(常误认为是叶)，长约 20 cm，常下垂，灰绿色，有线条 7–8 条，稀 6 条，初时被短柔毛，不久除沟槽外无毛或全无毛，节间短，长 4–8 mm，每节上有鳞片状叶 7 片，鳞片状叶长 1–3 mm，呈小短齿状，压扁。雄花序生于灰绿色小枝顶端，有时侧生，与雌花序并立，棍棒状圆柱形，长 1–4 cm，基部有覆瓦状排列的苞片。球果侧生，有短柄，椭圆形，长约 2 cm，直径约 1.5 cm，两端钝或近截平，外面被短柔毛；小苞片木质，广卵圆形，顶端略钝；小坚果连翅长约 4–6 mm。花果期：几全年。

产地　南沙群岛(太平岛、北子岛、鸿庥岛、敦谦沙洲、染青沙洲、南子岛、弹子礁)、西沙群岛(永兴岛、石岛、东岛、中建岛、琛航岛、珊瑚岛、西沙洲、赵述岛、北岛)、东沙群岛(东沙岛)。栽培或逸为野生。

分布　广东、海南、广西有栽培或逸生。原产澳大利亚。

用途　本种根深，性耐干燥，是热带海岸防沙造林的良好树种。

3. 粗枝木麻黄

Casuarina glauca Sieber ex Spreng., Syst. Veg. [Sprengel] 3: 803. 1826; Y. Zhong in Journ. Hainan Teach. Coll. (Nat. Sci.) 3(1): 60. 1990; N. H. Xia et al. in Fl. China 4: 106–107. 1999.

乔木，高 10–20 m，胸径达 35 cm；树皮灰褐色或灰黑色，厚而表面粗糙，块状剥裂及浅纵裂，内皮浅黄色；侧枝多，近直立而疏散，嫩梢具环列反卷的鳞片状叶；小枝颇长，可达 30–100 cm，上举，末端弯垂，灰绿色或粉绿色，圆柱形，具浅沟槽，嫩时沟槽内被毛，后变无毛，直径 1.3–1.7 mm，节间长 10–18 mm，两端近节处略肿胀。鳞片状叶每轮 12–16 枚，狭披针形，棕色，上端稍外弯，易断落而呈截平状；节韧，难抽离，折曲时呈白蜡色。花雌雄同株；雄花序生于小枝顶，密集，长 1–3 cm；雌花序具短或略长的总花梗，侧生，球形或椭圆形。球果状果序广椭圆形至近球形，两端截平，长 1.2–2 cm，直径约 1.5 cm；苞片披针形，外被长柔毛；小苞片广椭圆形，顶端稍尖或钝，被褐色柔毛，渐变无毛；小坚果淡灰褐色，有光泽，连翅长 5–6 mm。花期：3–4 月；果期：6–9 月。

产地　西沙群岛（琛航岛）有栽培。

分布　广东、海南、福建、台湾、浙江有栽培。原产澳大利亚。

榆科 Ulmaceae

落叶乔木或灌木；冬芽外被覆瓦状鳞片。单叶互生，通常基部偏斜，三出脉或羽状脉，边缘有锯齿，稀全缘；托叶早落。花两性或单性同株，或同一花序上二者均有，单生或簇生成聚伞花序；无花瓣，花被钟形，4–5 裂，稀 6–8 裂；雄蕊与花被片同数或为其 2 倍，并与花被片对生，花丝直立；子房上位，心皮 2，1–2 室，花柱 2–3 裂，胚珠 1 颗，自室顶倒垂。果为翅果、核果或坚果；种子单生，通常无胚乳，胚直立或弯曲或扭旋，子叶扁平或旋卷。

约 14 属，140 余种，广布于世界温带和热带。我国 8 属，60 余种，南北均有分布；南海诸岛有 1 属，1 种。

1. 山黄麻属 **Trema** Lour.

乔木或灌木；小枝被短柔毛。叶互生，有短柄，离基 3 出脉或羽状脉，有锯齿，通常粗糙及被毛；托叶小，分离。花单性或杂性，细小，聚集为短而稠密、腋生的聚伞花序；雄花：萼片 4–5，在花芽时镊合状排列；雄蕊 4–5 枚，在花芽中直立，有退化雌蕊；雌花：子房无柄，1 室，柱头 2。果为核果，卵形或圆形，具宿存的花萼；核有窝点，子叶弯曲或卷曲。

约 30 种，分布于世界热带和亚热带地区。我国 6 种，分布于西南部至东南部；南海诸岛有 1 种。

1. 异色山黄麻

Trema orientalis (L.) Blume, Mus. Bot. 2: 62. 1856; W. Y. Chun et al. in Fl. Hainanica 2: 369. 1965; Y. Zhong in Journ. Hainan Teach. Coll. (Nat. Sci.) 3(1): 60. 1990; F. W. Xing et al. in Fl. Nansha Isl. Neighb. Isl. 171–172. 1996; L. G. Fu et al. in Fl. China 5: 13. 2003.——*Celtis orientalis* L., Sp. Pl. 1044. 1753.

小乔木，高 5–8 m；幼枝密被柔毛。叶二列，长椭圆状卵形至披针形，长 6–15 cm，宽 2–6 cm，顶端长渐尖，基部阔，截形或浅心形，通常稍偏斜，有明显的三出脉，侧生的 1 对脉常达叶中部以上，侧脉每边 5–6 条，边缘有小锯齿，上面极粗糙而有短毛，下面密被银灰色丝质柔毛；叶柄长 4–12 mm。聚伞花序稠密，被柔毛，通常稍长于叶柄，多花；雄花长约 1 mm；雌花长约 2 mm。核果直径约 3–4 mm。花期：7 月。

产地　西沙群岛（永兴岛）。生于疏林中。

分布　我国西南部至东南部。印度、马来西亚。

桑科 Moraceae

乔木或灌木，有时藤本，稀为草本；通常有乳状汁液。单叶互生，稀对生，全缘，具锯齿或裂片，羽状脉或掌状脉；托叶2枚，常早落。花小，单性，雌雄同株或异株，无花瓣，组成聚伞、穗状、葇荑、头状等花序或单生，花序轴有时肉质、增厚或封闭而成为隐头花序。雄花：萼片2–4片，但通常4片，覆瓦状或镊合状排列，分离或于基部合生；雄蕊与花萼裂片同数，有时仅有1枚，花丝在蕾中内折或直立，花药2室，退化雌蕊有或无。雌花：花萼裂片4片，稀更多或更少，宿存，常多少扩大而包围着果实；子房上位、半下位或下位，通常1室，每室有倒垂的胚珠1颗，花柱通常2枚，线形。果为小瘦果或小核果，围以肉质、变厚的花萼或藏于其内形成聚花果或有时隐藏于肉质的隐头花序内，或因花序轴特别发育形成大型的聚合果。

约60属，1,400种，分布于全世界热带、亚热带地区。我国16属，约150余种，主要分布于长江以南各地；南海诸岛有3属，8种。

1. 花生于隐头花序内 .... 2. 榕属 *Ficus*
1. 花不生于隐头花序内，而是组成各种花序或单生。
    2. 雌花组成穗状花序 .... 3. 桑属 *Morus*
    2. 雌花序为球形或椭圆形的头状花序 .... 1. 桂木属 *Artocarpus*

1. 桂木属 **Artocarpus** J. R. Forst. & G. Forst.

乔木，有乳状汁液。叶互生，螺旋状排列或二列，通常革质，羽状脉，全缘或羽状分裂；托叶成对，大而抱茎或小而不抱茎，或生于叶柄内，脱落后有痕迹。花雌雄同株，密集于球形至圆柱形、椭圆形的花序轴上，常与苞片混生，花序通常单个或成对腋生，少有生于老茎的短枝上；苞片通常圆形或盾状。雄花：萼片2–4片，覆瓦状或镊合状排列；雄蕊1枚，位于中央，在蕾时直立，开花时伸出萼外，花丝基部增粗，花药2室，无退化雌蕊。雌花：萼管状，顶端有时3–4齿裂，基部陷于肉质的花序轴内；子房1室，花柱正中或侧生，不裂或2裂。聚花果由多数(有时仅1个)瘦果的组成，瘦果的外果皮膜质或薄革质，藏于肉质的萼和花序轴内。种子无胚乳，胚直，萌发时子叶不出土。

约47种，分布于亚洲南部至东南部。我国10余种，分布于台湾、广东、海南、广西、云南；南海诸岛栽培有1种。.

1. 波罗蜜　别名：木波罗、树波罗

Artocarpus heterophyllus Lam., Encycl. Meth. 3: 210. 1789; W. Y. Chun et al. in Fl. Hainanica (2): 381. 1965; F. W. Xing et al. in Fl. Nansha Isl. Neighb. Isl. 177. 1996; Z. K. Zhou & M. G. Gilbert in Fl. China 5: 31. 2010.

乔木，高10–15 m；小枝无毛，有环状叶痕。叶革质，螺旋状排列，倒卵状椭圆形至椭圆形或近圆形，长7–15(–25) cm，宽3–7(–12) cm，顶端钝或短渐尖，基部楔形，稍下延，全缘或1–3裂，上面无毛而有光泽，下面略粗糙；侧脉5–8对，和网脉于下面明显；叶柄长1–3 cm；托叶大，卵形，长1.5–8 cm，脱落。雄花序顶生或腋生，圆柱形或

棍棒状，长 2–8 cm，宽 0.8–2.5 cm，幼时包藏于佛焰苞状的托叶鞘内；雄花花萼管状，上部 2 裂，雄蕊长 1.5–2 mm。雌花序生于树干上或主枝上。聚花果长圆形、椭圆形、倒卵形，成熟时长 30–60 cm，直径 25–50 cm，黄绿色，表面有六角形的瘤状凸起，内面有很多黄色、肉质的花萼。瘦果长圆形，长约 3 cm，宽 1.5–2 cm。花期：春夏季；果期：夏秋季。

产地　南沙群岛（永暑礁）有栽培。

分布　广东、海南、广西、福建、云南有栽培。原产印度，现广植世界热带地区。

用途　果型巨大，重可达 20 kg，芳香可口；种子富含淀粉，煮熟后亦可食。

2. 榕属 Ficus L.

乔木或灌木，有时攀援状，有乳状汁液。叶对生，稀互生，全缘，有锯齿或分裂；托叶合生，包围顶芽，早落而留一环状痕迹。花雌雄同株，罕异株，生于球形、卵形、梨形等形状的肉质隐头花序内，通常雌雄同序，即雄花、瘿花和雌花混生或雄花生于花序口部附近，异序则雄花及瘿花生于同一花序内，雌花生于另一花序内，通常雌花较多；花序腋生或生于树干或无叶的小枝上，口部为覆瓦状排列的苞片所遮蔽，基部有苞片 3 枚；花序有总花梗或无。雄花：花萼 2–6 裂，裂片覆片状排列；雄蕊 1–2 枚，稀较多，花丝在蕾中直立；退化雌蕊缺，稀存在。雌花：花萼与雄花的相同或不完全或缺，子房直或偏斜，花柱偏生。瘿花：与雌花形状相似，但子房为一种膜翅目昆虫的蛹所占据，胚珠不能发育，花柱较短，顶端常膨大。瘦果小，骨质。

约 1,000 种，主产热带和亚热带。我国约 120 种，分布于西南部至东南部；南海诸岛有 6 种。

1. 花序有总花梗。
  2. 叶较小，长 6–15 cm，宽 2–7.5 cm；果球形，直径 5–8 mm，外面无纵脊……6. 笔管榕 *F. subpisocarpa*
  2. 叶较大，长 15–25 cm，宽 8–13 cm；果扁球形，直径 15–25 mm，有 8–11 条纵脊……5. 棱果榕 *F. septica*
1. 花序无总花梗。
  3. 花序长 5–10 mm……4. 榕树 *F. microcarpa*
  3. 花序长大于 1 cm。
    4. 侧脉 5–6 对，粗壮……1. 高山榕 *F. altissima*
    4. 侧脉多数，细而近平行。
      5. 叶长 8–30 cm，宽 4–11 cm……3. 印度榕 *F. elastica*
      5. 叶长 4–7 cm，宽 2–3.5 cm……2. 垂叶榕 *F. benjamina*

1. 高山榕

Ficus altissima Bl., Bijdr. Fl. Ned. Ind. 9: 455. 1825; W. Y. Chun et al. in Fl. Hainanica (2): 391. 1965; F. W. Xing et al. in Acta Bot. Austro Sin. 9: 43. 1994; F. W. Xing et al. in Fl. Nansha Isl. Neighb. Isl. 175. 1996; Z. K. Zhou & Michael G. Gilbert in Fl. China 5: 43. 2010.

大乔木，高达 20 余米，有少数气根；幼嫩部分稍被微毛，顶芽被银白色毛。叶互生，革质，卵形或卵状椭圆形，稀为卵状披针形，长 7–27 cm，宽 4–17 cm，顶端钝急尖或稍钝，基部圆形或钝，稀渐狭或略为偏斜，全缘，两面无毛，光滑，基出脉 3–5 条，侧脉 5–6 对，较粗，明显，网脉于背面较明显；叶柄长 2–5 cm；托叶革质，披针形，长 2–4 cm，外面被灰色柔毛。花序成对或单个腋生和生于小枝上，卵球形，长 1.5–2.5 cm，宽 1.5–2 cm，无毛，幼时包藏于早落、帽状的苞片内，成熟时深红色或黄色，基部的苞片短，阔而钝，基部合生，被微毛，无总花梗。花果期：几乎全年。

产地　南沙群岛（赤瓜礁）、西沙群岛（永兴岛）有栽培。

分布　广东、海南、广西、云南。亚洲南部至东南部。

用途　园林绿化树种。

2. 垂叶榕

Ficus benjamina L., Mant. Pl. 129. 1767; W. Y. Chun et al. in Fl. Hainanica (2): 392. 1965; Z. K. Zhou & Michael G. Gilbert in Fl. China 5: 45. 2010.

大乔木，高达 20 m，胸径 30–50 cm，树冠广阔；树皮灰色，平滑；小枝下垂。叶薄革质，卵形至卵状椭圆形，长 4–7 cm，宽 2–3.5 cm，先端短渐尖，基部圆形或楔形，全缘，一级侧脉与二级侧脉难以区分，平行展出，直达近叶边缘，网结成边脉，两面光滑无毛；叶柄长 0.6–1.5 cm，上面有沟槽；托叶披针形，长约 6 mm。榕果成对或单生叶腋，基部缢缩成柄，球形或扁球形，光滑，成熟时红色至黄色，直径 1–1.5 cm，基生苞片不明显；雄花、瘿花、雌花同生于一榕果内；雄花极少数，具柄，花被片 4，宽卵形，雄蕊 1 枚，花丝短；瘿花具柄，多数，花被片 5–4，狭匙形，子房卵圆形，光滑，花柱侧生；雌花无柄，花被片短匙形。瘦果卵状肾形，短于花柱，花柱近侧生，柱头膨大。花期：8–11 月。

产地　南沙群岛（东门礁、华阳礁、南薰礁）有栽培。

分布　广东、海南、广西、云南。亚洲南部至东南部。

用途　园林绿化树种。

3. 印度榕

Ficus elastica Roxb., Hort. Beng. 65. 1814; W. Y. Chun et al. in Fl. Hainanica (2): 391. 1965; Y. Zhong in Journ. Hainan Teach. Coll. (Nat. Sci.) 3(1): 60. 1990; F. W. Xing et al. in Fl. Nansha Isl. Neighb. Isl. 175. 1996; Z. K. Zhou & Michael G. Gilbert in Fl. China 5: 42. 2010.

常绿大乔木，初时常附生于其他树上，各部无毛。叶互生，厚革质，长圆形或椭圆形，长 8–30 cm，宽 4–11 cm，顶端短锐尖，基部圆形或狭，全缘，有光泽，中脉粗，在上面平或稍凹陷，在下面凸起，侧脉多数，纤细而近平行，于近边缘处连结；叶柄粗壮，长 2–7.5 cm；托叶披针形，长几达叶长的一半。花序成对生于已落叶的叶腋，卵状长椭圆形，长约 1 cm，宽 5–8 mm，平滑，黄绿色，无总花梗，基部苞片帽状，初时包着花序，不久脱落而于基部留下一截平的杯状体。瘦果卵形，表面有小瘤体。花期：9–11 月。

产地　南沙群岛（永暑礁）、西沙群岛（永兴岛）有栽培。

分布　我国南部有栽培。原产印度，马来西亚等地。

用途　园林绿化树种。

4. 榕树　别名：细叶榕

Ficus microcarpa L. f., Suppl. 442. 1781; W. Y. Chun et al. in Fl. Hainanica (2): 393. 1965; T. C. Huang et al. in Taiwania 39(1–2): 17, 44. 1994; F. W. Xing et al. in Fl. Nansha Isl. Neighb. Isl. 175. 1996; Z. K. Zhou & Michael G. Gilbert in Fl. China 5: 44. 2010.

常绿大乔木，无毛，老树有少数气根。叶互生，革质，光亮，椭圆形、卵状椭圆形或倒卵形，长 4–8 cm，宽 2–4 cm，顶端微急尖，基部狭，全缘，基出脉 3 条，侧脉 5–6 对，下面稍明显；叶柄长 1–1.5 cm；托叶披针形，长约 8 mm。花序单个或成对腋生或生于已落叶的叶腋，扁球形，直径约 8 mm，成熟时黄色或红色，基部苞片阔卵形，宿存，无总花梗；雄花、雌花和瘿花同生一花序内；雌花无梗或近无梗；瘿花萼片 3 片，阔匙形，花柱侧生，短；雄花无梗或有短梗，雄蕊 1 枚，花药心形，与花丝等长。瘦果卵形。花期：5 月。

产地　南沙群岛（太平岛、赤瓜礁、华阳礁）、西沙群岛（永兴岛、石岛、东岛、中建岛、琛航岛）、东沙群岛（东沙岛）有栽培。

分布　我国南部各地区。印度至新喀里多尼亚。

5. 棱果榕

Ficus septica Burm. f., Fl. Ind. 226. 1768; Liu & Liao in Fl. Taiwan 2: 148. 1976; T. C. Huang et al. in Taiwania 39(1–2): 44. 1994; F. W. Xing et al. in Fl. Nansha Isl. Neighb. Isl. 173. 1996; Z. K. Zhou & Michael G. Gilbert in Fl. China 5: 49. 2010.

常绿乔木，小枝黄褐色，无毛。叶互生，纸质，无毛，椭圆形、阔卵形或倒卵形，长 15–25 cm，宽 8–13 cm，顶端急尖，基部阔楔形或楔形，全缘，侧脉 8–11 对；叶柄长 2–5 cm；托叶膜质，光滑，卵状披针形至线形，长 2.5–3.5 cm，早落。隐头花序单生或双生，扁球形，腋生，直径 1.5–2.5 cm，外面有 8–11 条纵脊，无毛；雌花、雄花、瘿花同序，雄花少，生于近口部，具短柄；花被片 2–3 片，短，斜卵形、卵球形或球形；花柱稍被毛，柱头棒状。瘦果斜卵形或近球形。花果期：4–5 月。

产地　东沙群岛（东沙岛）有栽培。

分布　台湾。菲律宾、爪哇。

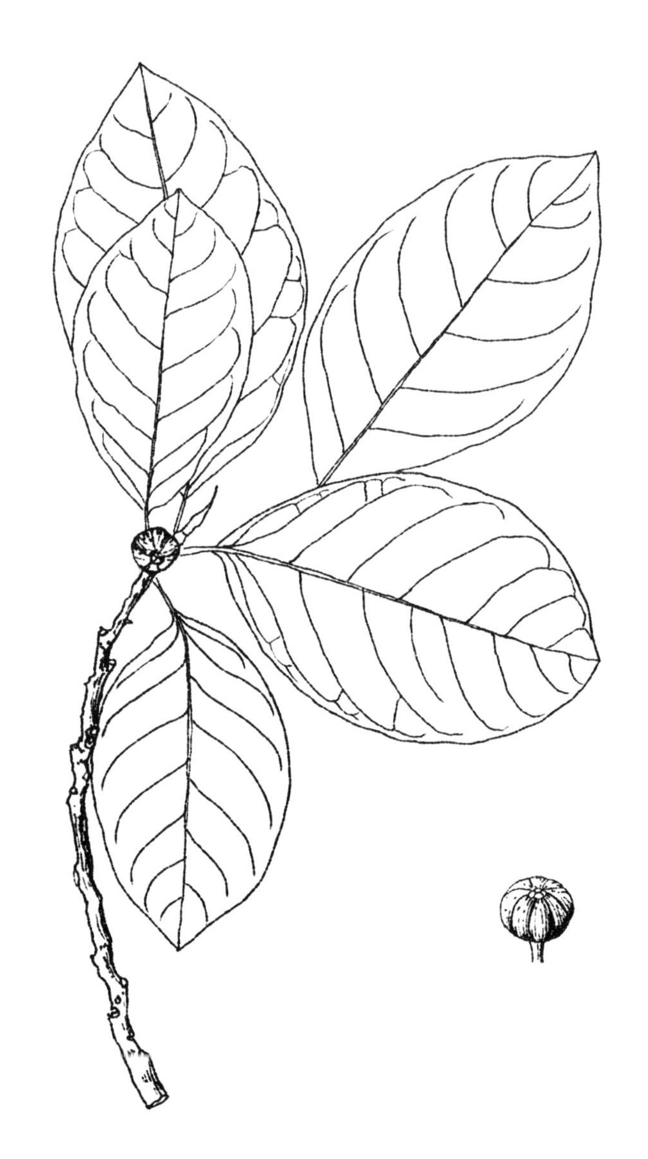

葡萄科 Vitaceae

攀援灌木，通常有卷须，稀为直立灌木或乔木或草本；茎圆柱形或压扁，茎节常增大或具关节，具棱或条纹。叶互生，单叶或复叶；托叶贴生于叶柄，有时不存在。花小，辐射对称，单性、两性或杂性，聚伞花序通常腋生、顶生，与叶对生或着生于老茎膨大的节上；花萼小，近全缘或具4–5裂齿或裂片；花瓣4–5片，镊合状排列，离生或基部合生，花后脱落；雄蕊4–5枚，与花瓣对生，着生于花盘基部或与花盘裂片互生，花丝钻状，花药离生或合生，2室，内向开裂；花盘环状或浅裂；子房上位，2室，稀3–6室，每室有胚珠1–2颗；花柱单一，很短或缺乏；柱头头状或盘状，稀4裂。浆果，每室有种子1–2颗；种子具胚乳，胚小，子叶小，扁平。

12属，约700种，分布于热带至温带地区。我国7属，约100种，南北均有分布；南海诸岛有1属，1种。

1. 乌蔹莓属 Cayratia Juss.

木质或草质藤本；髓白色，卷须与叶对生。掌状复叶互生，有小叶3、5、7、9片；托叶2片，细小。花两性，聚伞花序具总花梗，腋生，通常再呈伞房式或伞形花序式排列；花萼杯状，花瓣4片，在蕾中镊合状排列，开时向外展开；雄蕊与花瓣对生，着生于花盘周围；花盘通常全缘或4裂，与子房合生；子房2室，每室有胚珠2颗；花柱短，锥形。浆果有种子2–4颗；种子背面具1–2条深沟。

约45种，分布于亚洲、非洲和大洋洲。我国约11种，分布东南部至西南部；南海诸岛有1种。

1. 三叶乌蔹莓

Cayratia trifolia (L.) Domin, Bibl. Bot. 89: 370.1927; W. Y. Chun et al. in Fl. Hainanica 3: 27. 1974; T. C. Huang et al. in Taiwania 39(1–2): 21. 1994; F. W. Xing et al. in Fl. Nansha Isl. Neighb. Isl. 181. 1996; Z. D. Chen, H. Ren & J. Wen in Fl. China 12: 189. 2010.——*Vitis trifolia* L., Sp. Pl. 293. 1753.

木质藤本，无毛或多少被毛；茎略扁；卷须纤细而长，叉状分枝。叶为指状复叶，有小叶3片；叶柄长3–4 cm；小叶在鲜时颇厚，干时膜质，阔卵形或近圆形，长4–6 cm，宽3.5–4 cm，顶端急尖或钝，基部阔楔形或圆形，边缘有波状圆齿，齿端具腺状短尖头；小叶柄长4–6 mm，顶生的较长。伞房花序2–3歧，由多花的聚伞花序组成，疏散，宽4–6 cm，通常比叶长；总花梗长5–8 cm；花具短梗，直径约2 mm；花瓣白色，三角状卵形，有乳突状微毛。浆果扁球形，平滑，有种子3–4颗；种子三角形，背部有小钝瘤，腹部楔形。花期：4月。

产地　南沙群岛（太平岛）。生于灌丛中。

分布　我国西南部至中南部各地。印度、泰国、印度尼西亚、澳大利亚。

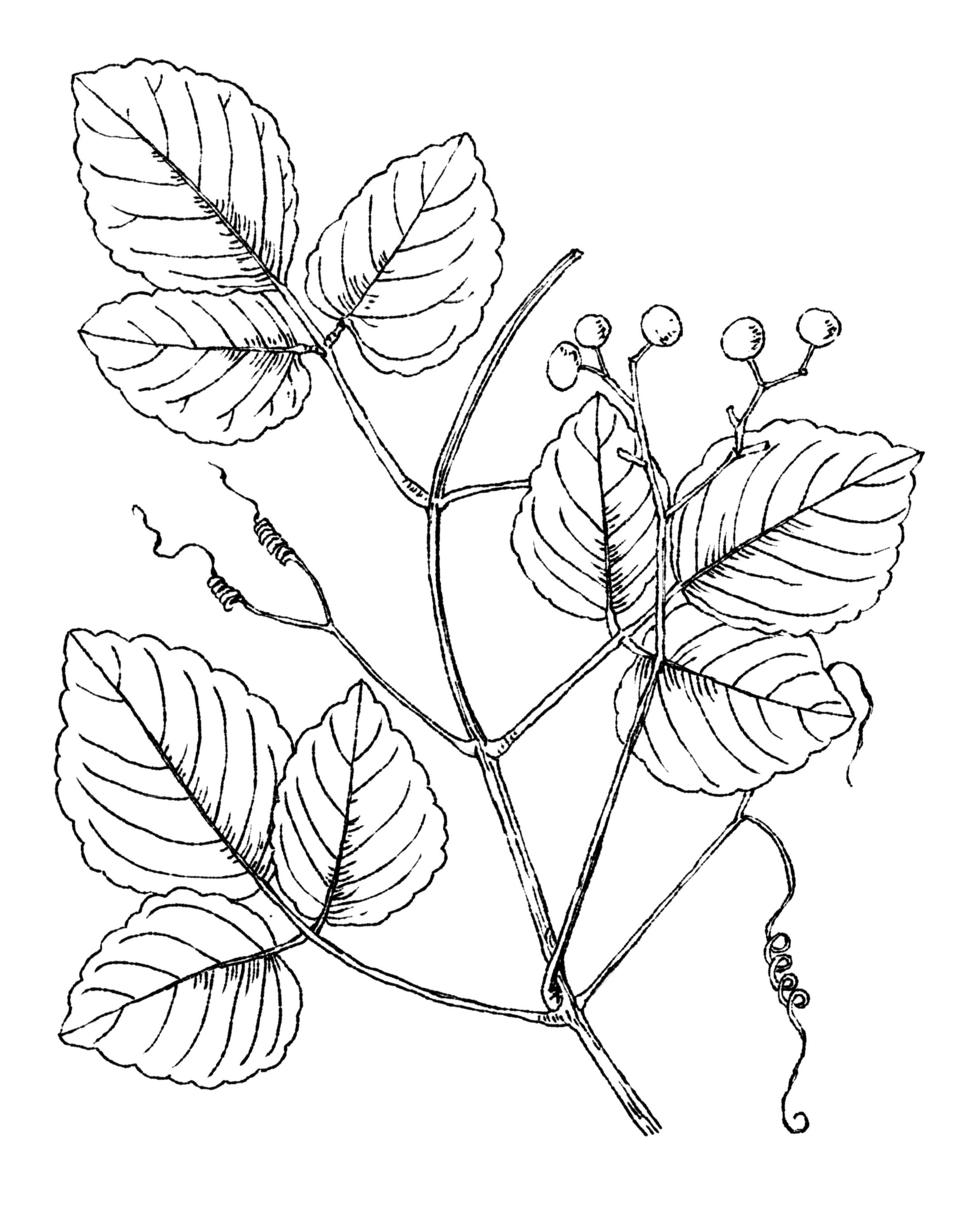

芸香科 Rutaceae

乔木、灌木、木质藤本或草本，常有芳香挥发油的油点，有或无刺，无托叶。叶互生，稀对生，单叶或复叶，花两性或单性，辐射对称，稀为两侧对称；聚伞花序排成各种花序式，稀总状或穗状花序或单朵腋生；萼片 5 或 4 片，基部合生，极少 6–8 片 (离生且无花瓣)，花瓣 5 或 4 片，离生，稀合生，覆瓦状排列，稀镊合状排列；雄蕊 5 或 4 枚，或为花瓣的倍数，稀更少，花丝分离，稀合生成数束或筒状；雌蕊由 5 或 4 心皮组成，稀少于或多于此数，心皮离生或合生，子房上位，通常 4–5 室，稀 1 室，中轴胎座，每室有两侧并列或上下叠置的胚球 2 颗，稀 1 或多颗，花盘明显，花柱分离或合生，柱头头状。果为蓇葖、蒴果、翅果、核果和浆果；种子有或无胚乳，胚直或弯曲。

约 155 属，1,700 种，主产热带和亚热带。我国连栽培的有 28 属，约 150 种，主产西南部和南部；南海诸岛有 3 属，6 种。

1. 花两性；心皮合生；浆果。
  2. 雄蕊为花瓣的 3 倍以上，浆果有汁胞；植株通常有刺........................1. 柑橘属 *Citrus*
  2. 雄蕊为花瓣的 2 倍，浆果无汁胞；植株无刺........................2. 九里香属 *Murraya*
1. 花单性；心皮离生；蓇葖果........................3. 花椒属 *Zanthoxylum*

1. 柑橘属 Citrus L.

有刺小乔木，嫩枝绿色，压扁状，具纵沟棱。单小叶，互生，具油点，翼叶明显或狭窄，稀仅为痕迹，叶缘常有细裂齿，稀全缘。花两性，稀退化为单性，芳香，单生或数朵簇生或排成总状花序；萼杯状，通常 5 裂，稀 2–3 裂，宿存，结果时常增大；花瓣 4–8 片，通常 5 片，覆瓦状排列，白色，稀淡红色；雄蕊为花瓣数 4–6 倍或更多，不少于 15 枚，插生于环状或杯状的花盘基部四周，花丝常合成一束；子房 7–15 室或更多，每室有胚珠 1 至多数，花柱粗，柱头头状。柑果形状种种，果肉由多个具汁液的汁胞，汁胞由瓢囊内壁的侧生凸物 (瓢囊壁发育而成，常具纤细的柄，外果皮表面密生油胞，内面由白色的海绵组织构成；种子形状多种，稀无籽 (栽培品种)，种皮二层，外种皮平滑或具肋状凸起，常具黏质液，子叶肉质，乳白色至青绿色，单胚或多胚。

约 20 余种，原产亚洲东南部及南部，我国是本属植物的起源地之一，现世界各地广泛栽培。我国连栽培的有 16 种，全国大部分地区有栽培；南海诸岛有 3 种。

1. 嫩枝、叶背或至少在中脉、花梗、花萼和子房均密被柔毛；种子多且大，有明显的脊棱，单胚........................2. 柚 *C. maxima*
1. 各部无毛或仅嫩叶的翼叶中脉被疏短毛或花萼裂片疏被缘毛，种子少且小，平滑或有少数细肋纹，多为单胚。
  2. 至少在幼果期果顶端有短的乳头状突尖；果肉甚酸........................1. 柠檬 *C. limon*
  2. 幼果与成熟果的顶端均无乳头状突尖；果肉甜或酸........................3. 柑橘 *C. reticulata*

1. 柠檬　　别名：洋柠檬

Citrus × limon (L.) Burm. f., Fl. Ind. 173.1768; T. C. Huang et al. in Taiwania 39(1–2): 20. 1994; F. W. Xing et al. in Fl. Nansha Isl. Neighb. Isl. 183. 1996; D. X. Zhang, T. G. Hartley & D. J. Mabberley in Fl. China 11: 94. 2010.——*C. medica* L. var. *limon* L., Sp. Pl. 782. 1753.

小乔木，高达 5 m，具硬刺。叶淡绿色，椭圆状卵形，长 6.5–10 cm，宽 5–6 cm，顶端短渐尖或钝，基部楔形，叶缘具细齿；翼叶明显。花单生或簇生于叶腋，花直径约 3 cm，常呈单性花，即雌蕊退化，雄蕊发育；花瓣 5 片，长 1.3–1.7 cm，外面淡红色，内色白色，覆瓦状排列；雄蕊约 20–25 枚；子房上部圆锥形。果椭圆形或卵形，两端或顶端变窄而呈乳头状突尖，淡黄色，果皮厚，稍粗糙，难剥离，果肉淡黄白色或近无色而透明；种子长卵形，子叶和胚均乳白色。花期：4–5 月；果期：9–11 月。

产地　南沙群岛（太平岛）有栽培。

分布　长江以南各地有栽培；原产地中海。

2. 柚

Citrus maxima (Burman) Merr., Interpr. Herb. Amboin. 296. 1917; D. X. Zhang, T. G. Hartley & D. J. Mabberley in Fl. China 11: 92, 93. 2010. ——*C. grandis* (L.) Osbeck, Dagb. Ostind. Resa 98. 1757; W. Y. Chun et al. in Fl. Hainanica 3: 52. 1974; T. C. Huang et al. in Taiwania 39(1–2): 19. 1994; F. W. Xing et al. in Fl. Nansha Isl. Neighb. Isl. 183. 1996.——*Chalcas aurantium* L. var. *grandis* L., Sp. Pl. 783. 1753.

小乔木，高 5–10 m；小枝具棱，通常被柔毛，有长而硬的刺，稀无刺。叶阔卵形至椭圆形，长 8–20 cm，宽 4–12 cm，顶端圆钝而微凹，基部阔楔形，边缘具明显的圆裂齿，下面沿中脉两侧常被柔毛；翼叶倒圆锥形至狭三角状圆锥形，宽 2–4 cm，顶端截平而微凹或有时弧形，向下渐狭尖；叶柄短或近无柄。花两性，总状花序，花梗和花萼筒被柔毛；花萼杯状，长 5–6 mm，不规则 5(–4) 浅裂；花瓣白色，近匙形，长 2–25 cm，宽可达 1 cm；雄蕊 20–25 枚或更多，比花瓣短；花柱比子房长，柱头约与子房等粗，果梨形或球形，或扁球形，直径 10–20 cm，淡黄色或黄绿色，个别品种有红晕，油胞粗大，果皮厚；瓢囊 10–15 瓣，不易与果皮分离；种子肥厚，具纵肋或棱，子叶乳白色，通常单胚。花期：春季；果期；秋冬季。

产地　南沙群岛（太平岛）有栽培。

分布　原产亚洲东南部亚热带和热带地区，我国秦岭以南各地均有栽培。

3. 柑橘

Citrus reticulata Blanco, Fl. Filip. 610. 1837; W. Y. Chun et al. in Fl. Hainanica 3: 54. 1974; Y. Zhong in Journ. Hainan Teach. Coll. (Nat. Sci.) 3(1): 60. 1990; F. W. Xing et al. in Fl. Nansha Isl. Neighb. Isl. 184. 1996; D. X. Zhang, T. G. Hartley & D. J. Mabberley in Fl. China 11: 93. 2010.

小乔木，高达 4 m。小枝柔软，有小刺。叶披针形至卵状披针形，长 5–9.5 cm，宽 1.5–4 cm，顶端渐尖，基部楔形，全缘或具细锯齿；叶柄细，长 5–7 mm，翅极不明显，顶端有关节。花小，黄白色，单生或簇生于叶腋内；萼片 5 片；花瓣 5 片，椭圆形，先端稍尖，基部狭窄，稍厚；雄蕊 18–24 枚，长约 6 mm，基部连合成管，花药椭圆形，长 2 mm，宽 1 mm，淡黄色；雌蕊外露，柱头扁球形，直径约 3 mm，花柱长 5 mm；子房球形，淡黄绿色，花盘盘状，直径约 4 mm。果扁球形，直径 6–8 cm，顶端压扁、下凹，基部有宿存的星芒状花萼，熟时橘红色或橙黄色，果皮薄，松软而易剥落，内面白色，纤维多，囊瓣 9–13，极易分离，果肉味甜；种子 5–6 颗，卵形，光滑，顶端尖，子叶乳白色；多胚，绿色。花期：春季；果期：秋冬季。

产地　西沙群岛（永兴岛）有栽培。

分布　我国长江以南各地均有栽培。原产亚洲东部。

2. 九里香属 **Murraya** Koenig ex L.

无刺灌木或小乔木。叶为奇数羽状复叶，稀为单身复叶(我国不产)；叶轴无翼或极少具翼。聚伞花序或由多个聚伞花序排成伞房花序式，顶生或同时具有腋生；花两性；萼片及花瓣通常5片，稀4片，萼片基部合生；花瓣覆瓦状排列，常有较大的透明油点；雄蕊10枚，稀8枚，2轮，长短互间，花丝分离；花盘环状；子房近球形或长卵形，5–2室，每室有胚珠2或1颗，花柱比子房长，柱头头状。浆果，果肉常含黏胶物质，每果有种子2或1颗，种皮有绵毛或无，子叶平凸，有油点。

12种，分布亚洲热带及亚热带，澳大利亚北部也有分布。我国9种，分布于北纬约26°以南的地区；南海诸岛栽培2种。

1. 叶轴具翅 .... 1. 翼叶九里香 *M. alata*
1. 叶轴不具翅 .... 2. 九里香 *M. exotica*

1. 翼叶九里香

Murraya alata Drake, J. Bot. (Morot) 6(15–16): 276. 1892; W. Y. Chun et al. in Fl. Hainanica 3: 43. 1974; D. X. Zhang & T. G. Hartley in Fl. China 11: 85. 2010.

灌木，高1–2 m。枝黄灰色或灰白色。叶有小叶5–9片，叶轴有宽0.5–3 mm的叶翼，小叶倒卵形或倒卵状椭圆形，长1–3 cm，宽6–15 mm，顶端圆，很少钝，叶缘有不规则的细钝裂齿或全缘，略向背卷，嫩叶两面有短细毛，成长叶无毛；小叶柄甚短或几无柄。聚伞花序腋生；花梗长5–8 mm；花萼裂片长1.5–2 mm；花瓣5片，白色长10–15 mm，宽3–5 mm，有纵脉多条；雄蕊10枚；花柱比子房长约2倍，柱头头状，子房2室，每室有1胚珠。果卵形，或为圆球形，径约1 cm，朱红色，有种子2–4粒；种皮有甚短的棉质毛。花期：5–7月；果期：10–12月。

产地　西沙群岛（琛航岛）有栽培。

分布　广东西南部、海南南部、广西西南部。越南东北部。

2. 九里香　　别名：千里香、过山香

Murraya exotica L., Mant. Pl. 2: 563. 1771; D. X. Zhang & T. G. Hartley in Fl. China 11: 93. 2010.——*M. paniculata* (L.) Jack, Malayan Misc. 1: 31. 1820; W. Y. Chun et al. in Fl. Hainanica 3: 44. 1974; Y. Zhong in Journ. Hainan Teach. Coll. (Nat. Sci.) 3(1): 60. 1990.——*Chalcas paniculata* L., Mant. 68. 1767.

灌木或小乔木，高 2–8 m。叶具小叶 3–7 片；小叶互生，卵形、椭圆形或有时披针形，长 2–8 cm，宽 1–4 cm，顶端渐狭尖或骤狭的短尾状尖而钝头且常微凹，基部楔形，全缘，背面密生腺点，腺点干后黑褐色，腹面沿中脉被微柔毛或近无毛，网脉清晰可见。聚伞花序通常有花 10 朵以内，稀多达 50 朵；花白色，芳香；萼片及花瓣均为 5 片，萼片卵状三角形，长 1.5–2 mm，花瓣倒披针形或狭椭圆形，长 1–2 cm，有油点；雄蕊 10 枚；花柱细长，柱头头状。果纺锤形，卵形或近圆球形，长 1–1.5 cm，厚 6–10 mm，初熟时暗黄色，透熟时朱红色。含黏胶质液，有种子 2 或 1 颗，种皮有绵毛。花期：4–8 月；果期：9–12 月。

产地　西沙群岛（永兴岛）有栽培。

分布　广东、海南、广西、湖南、福建、台湾、贵州、云南。东南亚各国也有。

3. 花椒属 Zanthoxylum L.

乔木或灌木，或木质藤本，常绿或落叶。茎枝常有皮刺。叶互生，奇数羽叶复叶，稀单或 3 小叶，小叶互生或对生，全缘或通常叶缘有小裂齿，齿缝处常有较大的油点。圆锥花序或伞房状聚伞花序，顶生或腋生；花单性，若花被片排列成一轮，则花被片 4–8 片，无萼片与花瓣之分，若排成二轮，则外轮为萼片，内轮为花瓣，均 4 或 5 片；雄花的雄蕊 4–10 枚，退化雌蕊垫状凸起，花柱 2–4 裂，稀不裂；雌花无退化雄蕊，或有则呈鳞片或短柱状，极少有个别的雄蕊具花药，花盘细小，雌蕊由 5–2 个离生心皮组成，每心皮有并列的胚珠 2 颗，花柱靠合或彼此分离而略向背弯，柱头头状。蓇葖果，外果皮红色，有油点，内果皮干后软骨质，成熟时内外果皮彼此分离，每分果瓣有种子 1 粒，极少 2 粒，贴着于增大的珠柄上；种脐短线状，平坦，外种皮脆壳质，褐黑色，有光泽，外种皮脱离后有细点状网纹，胚乳肉质，含油丰富，胚直立或弯生，罕有多胚，子叶扁平，胚根短。

超过 200 种，广布于亚洲、非洲、大洋洲、北美洲的热带和亚热带地区，温带较少。我国有 41 种（25 种特有种）；南海诸岛栽培有 1 种。

1. 琉球花椒　　别名：胡椒木

Zanthoxylum beecheyanum K. Koch, Hort. Dendrol. 81, No. 7. 1853.

灌木，高达 0.8 m。茎具疏刺。奇数羽状复叶，长 4–5 cm，革质，叶轴具翅；小叶 5–7 对，小叶对生，卵形或倒卵形，小叶对生，长约 0.8 cm，宽约 0.4 cm。雌雄异株；花序顶生，长约 1.5 cm；雄花黄色；雌花红色。蓇葖果球形。

产地　南沙群岛（东门礁）有栽培。

分布　我国南部地区有栽培。原产日本。

用途　该种叶片具光泽，可供观赏。

海人树科 Surianaceae

乔木或灌木。叶互生，单叶或羽状复叶；托叶小或缺。聚伞花序或圆锥花序，顶生或腋生，或花单生叶腋，稀茎生花。花两性或有时单性，辐射对称；萼片 5(–7)，离生，覆瓦状或双盖覆瓦状排列，通常宿存，有时花后增大；花瓣 5，稀早落或缺，覆瓦状排列，离生；雄蕊 10，排成 2 轮，外轮与花瓣对生，内轮与花瓣互生，内轮雄蕊有时不发育，花药基着，椭圆形，纵裂；子房上位，具离生心皮 1–5 枚，每心皮具 (1–)2(–5) 枚胚珠，侧膜胎座或基生胎座，花柱生于近轴侧基部，柱头棒状或头状。果实由 1–5 个核果状或坚果状单果组成，具胚乳，胚弯曲或折叠。

5 属，8 种，泛热带分布，但主要分布于澳大利亚。我国有 1 属 1 种；南海诸岛亦有。

1. 海人树属 **Suriana** L.

灌木或小乔木；幼枝被毛，部分为头状腺毛；无苦味。单叶互生；无托叶。两性花，5 基数，排成聚伞花序，稀单生；花梗基部有关节；苞片宿存，叶状；萼片基部合生；花瓣与萼片同数，均为覆瓦状排列；雄蕊 10 枚，有时 5 枚不发育；花药丁字着生；花柱丝状，直立，柱头小而不明显。花盘不发育；心皮 5，分离，每心皮有胚球 2 颗，并列，基底着生，倒生。果核果状，3–5 颗，聚生，被宿存的花萼所包被；种子 1 颗，胚弯曲。

单种属，分布于热带地区，一般分布于太平洋至印度洋的小孤岛或珊瑚岛上。南海诸岛有分布。

1. 海人树

Suriana maritima L., Sp. Pl. 284. 1753; P. Y. Chen et al. in Acta Bot. Austro Sin. 1: 60. 1983; T. C. Huang et al. in Taiwania 39(1–2): 47. 1994; F. W. Xing et al. in Fl. Nansha Isl. Neighb. Isl. 184. 1996; H. Peng & Wm. Wayt Thomas in Fl. China 11: 105. 2010.——*Scaevola hainanensis* auct. non Hance: J. Bot. 16: 229. 1878; H. T. Chang in Sunyatsenia, 7(1–2), 84. 1948.

灌木或小乔木，高 1–3 m，幼枝密被柔毛和头状腺毛；分枝多，常有小瘤状的疤痕。叶具极短的柄，常聚生于小枝顶部，稍带肉质，线状匙形，长 2.5–3.5 cm，宽约 0.5 cm，顶端钝，基部渐狭，全缘，叶脉不明显。聚伞花序腋生，有花 2–4 朵；苞片披针形，长 4–9 mm，被柔毛；花梗长约 1 cm，被柔毛；萼片卵状披针形或卵状长圆形，长 5–10 mm，宽 2–4 mm，被毛；花瓣黄色，覆瓦状排列，倒卵状长圆形或圆形，具短爪，脱落；花丝基部有绢毛，长达 5 mm；心皮有毛，倒卵状球形，花柱无毛，长达 5 mm，柱头小而不明显。果近卵球形，长约 3.5 mm，被毛，有宿存的花柱。花果期：夏秋季。

产地 西沙群岛（永兴岛、石岛、东岛、中建岛、晋卿岛、琛航岛、广金岛、金银岛、银屿、西沙洲、赵述岛、北岛、南岛、中沙洲、南沙洲）、东沙群岛（东沙岛）。生于海边沙地上。

分布 海南、台湾。印度、印度尼西亚、菲律宾、太平洋岛屿等。

楝科 Meliaceae

乔木、灌木，稀亚灌木，被单毛、星状毛或鳞片。叶互生或罕有对生，无托叶或有小托叶，通常为羽状复叶，稀3小叶或单叶；小叶对生或互生，基部多少偏斜。花两性或杂性异株，辐射对称，通常排成圆锥花序，间有总状或穗状花序；花萼常为杯状或管状，4–5齿裂或深裂；花瓣4–5片，稀3–7片，离生或部分合生；雄蕊4–10枚，花丝通常合生成一短于花瓣的雄蕊管，稀离生，花药直立，内向，着生于雄蕊管的内面或顶部，内藏或突出；花盘环状、管状或柄状，生于雄蕊管的内面，有时无花盘；花柱单生或有时无花柱，柱头盘状或头状，顶部有槽纹或有2–4小齿；子房上位，2–5室，稀1室，每室有胚珠1–2颗或更多。果为蒴果、浆果或核果；种子有翅或无翅，常有假种皮。

约47属，800种，广布世界热带地区，稀分布于温带。我国14属，49种；南海诸岛有2属，2种。

1. 小叶全缘；花瓣3–5片，花药5–6枚，稀7–10枚……1. 米仔兰属 *Aglaia*
1. 小叶常具锯齿；花瓣5–6，花药10–12枚……2. 楝属 *Melia*

1. 米仔兰属 **Aglaia** Lour.

乔木或灌木，无毛或被星状柔毛或鳞片。叶为羽状复叶或具3小叶复叶，罕有单叶；小叶全缘。花杂性，通常球形，排列成腋生或顶生的圆锥花序；花萼4–5齿裂或深裂；花瓣3–5片，凹陷，花蕾时覆瓦状排列，有时下部与雄蕊管合生；雄蕊管球形、壶形、陀螺状或卵形，全缘或有短齿，花药5–6枚，稀7–10枚，1轮排列，着生于雄蕊管里面的顶部之下，很少着生于顶部，内藏、微突出或罕有突出；花盘不明显或无花盘；子房卵形，1–2室，稀3–5室，每室有胚球1–2颗，花柱极短或无花柱，柱头通常盘状或棒状。果为浆果，不开裂，有种子1至数颗，果皮革质；种子通常为一胶黏状、肉质的假种皮所围绕，无胚乳。

约130余种，广布印度、马来西亚、澳大利亚至波利尼西亚。我国12种，分布于西南部至东南部；南海诸岛有2种。

1. 小叶片叶背延中脉疏具鳞片……1. 山椤 *A. elaeagnoidea*
1. 小叶片两面光滑无毛……2. 米仔兰 *A. odorata*

1. 山椤　　别名：红柴

Aglaia elaeagnoidea (A. Juss.) Benth., Fl. Austral. 1: 383. 1863; Hua Peng, David J. Mabberley et al. in Fl. China 11: 122–123. 2010.——*A. roxburghiana* Mik., Ann. Mus. Bot. Lugd. -Bat. 4: 41. 1868; W. Y. Chun et al. in Fl. Hainanica 3: 66. 1974.——*A. formosana* Hayata, Icon. Pl. Form. 3: 52. 1913; C. E. Chang in Fl. Taiwan 2nd. ed. 3: 552 F. pl. 284. 1993; T. C. Huang et al. in Taiwania 39(1–2): 17. 1994; F. W. Xing et al. in Fl. Nansha Isl. Neighb. Isl. 187. 1996.

常绿乔木；小枝被银灰色星状鳞片。叶为羽状复叶，长10–15 cm，有小叶3–5枚；叶柄长2–4 cm；小叶薄革质，倒卵形，长4–8 cm，宽2–3 cm，顶端圆钝，基部渐狭，两面均被鳞片，上面中脉稍凹陷，侧脉每边5–6条，不甚明显；

小叶柄长5–10 mm。圆锥花序，被银灰色鳞片，花直径约2 mm；萼片5片，阔卵形，顶端圆钝，花瓣5片，倒卵状长圆形，覆瓦状排列，长约1.2 mm，宽约1 mm，顶端微凹；雄蕊管球形，花药5枚，内藏；子房近球形，基部被柔毛，果球形，直径约10 mm。

产地　南沙群岛（太平岛）有栽培。

分布　广东、海南、广西、台湾、贵州。印度、斯里兰卡、泰国、柬埔寨、老挝、马来西亚、印度尼西亚、菲律宾、越南、巴布亚新几内亚；澳大利亚、太平洋岛屿。

2. 米仔兰

Aglaia odorata Lour., Fl. Cochinch. 1: 173. 1790; H. Peng & C. M. Pannell in Fl. China 11: 124. 2010.

灌木或小乔木；茎多小枝，幼枝顶部被星状锈色的鳞片。叶长2.5–5.5 cm，叶轴和叶柄具狭翅，有小叶3–5片；小叶对生，厚纸质，长1–2.5 cm，宽0.6–1.4 cm，顶端1片最大，下部的远较顶端的为小，先端钝，基部楔形，两面均无毛，侧脉每边约8条，极纤细，和网脉均于两面微凸起。圆锥花序腋生，长5–10 cm，稍疏散无毛；花芳香，直径约2 mm；雄花的花梗纤细，长1.5–3 mm，两性花的花梗稍短而粗；花萼5裂，裂片圆形；花瓣5，黄色，长圆形或近圆形，长1.5–2 mm，顶端圆而截平；雄蕊管略短于花瓣，倒卵形或近钟形，外面无毛，顶端全缘或有圆齿，花药5，卵形，内藏；子房卵形，密被黄色粗毛。果为浆果，卵形或近球形，长10–12 mm，初时被散生的星状鳞片，后脱落；种子有肉质假种皮。花期：5–12月；果期：7月至翌年3月。

产地　南沙群岛（东门礁）、西沙群岛（永兴岛）有栽培。

分布　广东、海南、广西有栽培及野生。柬埔寨、老挝、泰国、越南。

用途　常用作观赏植物。

2. 楝属 Melia L.

乔木，幼嫩部分常被星状毛；小枝有叶痕和皮孔。叶互生，一回或二至三回羽状复叶；小叶具柄，通常有锯齿，圆锥花序腋生，由多个二歧聚伞花序组成，阔大，多花，具开展的分枝；花两性；花萼5–6深裂，裂片覆瓦状排列；花瓣5–6片，白色或紫色，线状匙形，开展，旋转排列；雄蕊管圆筒形，有齿，并有条纹10–12条，口部扩展；花药10–12枚，着生于雄蕊管上部裂齿间，内藏或部分突出；花盘环状；子房3–6室，每室有胚珠2颗，花柱细长，柱头3–6裂。核果近肉质，核骨质，每室有种子1颗；外种皮硬壳质，胚乳肉质、薄或无胚乳，子叶叶状，薄，胚根圆柱形。

约15种，分布于东半球热带和亚热带地区。我国3种，分布于东南部至西南部；南海诸岛有1种。

1. 苦楝　　别名：森树、紫花树

Melia azedarach L., Sp. Pl. 384. 1753; W. Y. Chun et al. in Fl. Hainanica 3: 61. 1974; P. Y. Chen et al. in Acta Bot. Austro Sin. 1: 143. 1983; F. W. Xing et al. in Fl. Nansha Isl. Neighb. Isl. 186. 1996; Hua Peng & Wm. Wayt Thomas in Fl. China 11: 130. 2010.

落叶乔木，高达20 m；树皮灰褐色，纵裂；小枝有叶痕。二至三回奇数羽状复叶，长20–40 cm；小叶对生，卵形、椭圆形至披针形，顶生1片略大，长3–7 cm，宽2–3 cm，顶端短渐尖，基部多少偏斜，边缘有钝锯齿，两面均无毛。圆锥花序腋生，无毛或幼时被鳞片状短柔毛；花芳香；花萼5深裂，裂片卵形或长圆状卵形，顶端急尖，外面被毛；花瓣淡紫色，倒卵状匙形，长约1 cm，两面均被短柔毛，倒卵状匙形，长约1 cm，两面均被短柔毛，通常外面较密；雄蕊管紫色，无毛或近无毛，长约7 mm，有纵细脉，管口有钻形、2–3齿裂的狭裂片10枚，花药10枚，着生于裂片内侧，且与裂片互生，长椭圆形，顶端微凸尖；子房近球形，5–6室，无毛；柱头短，头状，顶端具5齿，隐藏于雄蕊管内。核果球形至椭圆形，长1–2 cm，宽10–12 mm。种子椭圆形，顶端尖，干时黑色，有光泽，长6–8 mm。花期：2–3月；果期：6–10月。

产地　西沙群岛（永兴岛、琛航岛、金银岛、珊瑚岛）有栽培。

分布　我国黄河以南各地常见栽培。广布亚洲热带和亚热带地区。

用途　树皮、叶和果实有驱虫、止痛、收敛的功效，但有毒，不宜采用。木材质轻，纹理粗，有光泽，易加工，是良好的用材树种。

无患子科 Sapindaceae

乔木或灌木，稀为草质藤本。叶互生，稀为对生，三出指状复叶或羽状复叶，稀单叶或掌状复叶；小叶全缘或有齿缺，稀分裂；托叶通常缺。花两性、杂性或单性，辐射对称或两侧对称，组成顶生或腋生的总状、圆锥或聚伞花序；萼片4–5片，稀更多，常不相等，覆瓦状排列或镊合状排列；花瓣4–6片，有时缺，覆瓦状排列，基部内侧常有小鳞片或髯毛；花盘各式，全缘或分裂，通常偏于一侧，稀缺；雄蕊通常8枚，稀7–5枚，极少10枚以上，着生于花盘内面而环绕子房，在雄花中的较长，花丝线形，花药内向，稀外向；子房位于花盘中央或两侧对称的花位于花盘的下边缘，全缘或分裂，通常3(1–4)室，胚珠每室1–2颗，常直立或上举，花柱顶生或生于子房的裂隙处，单生或分裂。果为蒴果、浆果、核果、坚果或翅果；种子无胚乳，有假种皮或无假种皮。

约135属，1,500种，主产热带地区，少数产北温带。我国21属，52种，主要分布长江以南各地；南海诸岛有3属，3种。

1. 攀援草质藤本或亚灌木；通常以卷须攀援；叶为二回三出复叶或二回三裂；蒴果膜质，膨胀 .... 1. 倒地铃属 *Cardiospermum*
1. 乔木或灌木；无卷须；叶为一回羽状复叶；果为核果状。
   2. 叶为羽状复叶；种子有假种皮 .... 2. 龙眼属 *Dimocarpus*
   2. 叶为指状复叶，小叶1–3片，稀5片；种子无假种皮 .... 3. 异木患属 *Allophylus*

1. 倒地铃属 Cardiospermum L.

一年生草质藤本或亚灌木；通常以卷须攀援。叶为二回三出复叶或二回三裂；小叶有粗齿或分裂。聚伞花序或总状花序腋生，单生，具长总花梗，有少数的花，最下一对花梗常发育成螺旋状卷须；花小，具花梗，杂性，两侧对称；萼片4–5片，覆瓦状排列，外面2片最小；花瓣4片，基部内侧有鳞片，上面2片花瓣的鳞片顶部延伸成外弯、被毛的附属体，顶端鸡冠状，下面的花瓣的鳞片大；花盘偏于一侧，与下面花瓣相对的退化为2枚腺体；雄蕊8枚，在雄花中的较长；子房3室，每室有胚珠1颗，花柱短，线状，3裂。蒴果膜质，肿胀呈囊状，室背开裂为3裂爿。裂爿有脉纹；种子球形，黑色，种脐白色，半球形或心形。

约12种，主产美洲热带地区和非洲。我国1种，分布于长江以南各地；南海诸岛有1种。

1. 倒地铃　别名：包袱草、灯笼草、野苦瓜

Cardiospermum halicacabum L., Sp. Pl. 366. 1753; H. S. Lo in Fl. Guangdong 1: 237. 1987; F. W. Xing et al. in Acta Bot. Austro Sin. 9: 43. 1994; F. W. Xing et al. in Fl. Nansha Isl. Neighb. Isl. 188. 1996; N. H. Xia & P. A. Gadek in Fl. China 12: 24. 2010.

草质藤本；茎有5–6棱，棱上被皱曲柔毛。叶为二回三出复叶，叶片轮廓为三角形；叶柄长3–4 cm；小叶近无柄，膜质或薄纸质，顶生小叶斜披针形或近菱形，长3–8 cm，宽1.5–2.5 cm，渐尖，侧生的稍小，卵形或长椭圆形，边缘

五加科 Araliaceae

乔木、灌木，有时为攀援藤本或多年生草本，常有刺。叶互生，具柄，单叶、奇数羽状复叶或掌状复叶；托叶常与叶柄合生成鞘状，少有不存在。伞形花序或头状花序，单生或少数至多数花序再排成大型的圆锥花序或复伞形花序，少有总状和穗状花序再组成大型、顶生、稀腋生的圆锥花序；花细小，整齐，两性或杂性，或雌雄异株；萼筒与子房贴生，全缘或具细裂齿；花瓣 5—10 片，在花蕾时镊合状或覆瓦状排列，分离或稀结合成帽状而同时脱落；雄蕊与花瓣同数，互生，或为花瓣数的两倍，花盘生于子房顶部，常在中部和花柱汇合；子房下位，1–15 室，通常 2–5 室，每室有一颗顶端下垂的倒生胚珠；花柱与子房室同数，分离，基部至中部合生或全部合生，有时没有花柱。果为浆果或核果，外果皮通常肉质，每室有种子 1 颗，有时一部分子房室的胚珠败育；胚乳丰富，有时嚼烂状。

84 属，900 种，分布于热带至温带地区。我国 22 属，160 多种，主产南方各地；南海诸岛有 1 属，2 种。

1. 南洋参属 Polyscias J. R. & G. Forst.

灌木或乔木，无刺。枝、叶常有香味。一至五回羽状复叶，叶柄基部常膨大或成鞘状抱茎；无托叶或托叶与叶柄基部合生。花两性，排成伞形花序并再组成圆锥花序或复伞形花序，花梗有关节；萼筒上端全缘或有细裂齿；花瓣 4–5(–8) 片，在花蕾时为镊合状排列；雄蕊与花瓣同数；子房 (4–)5(–8) 室，花柱离生或基部合生；花盘扁平或稍凸起。核果近球形或椭圆形，具棱。

约 150 种，分布于太平洋至印度洋热带地区，少数种分布于热带美洲。我国引种 5 种；南海诸岛引种 3 种。

1. 一至二回羽状复叶；小叶披针形……1. 南洋参 *P. fruticose*
1. 三至五回羽状复叶；小叶阔椭圆形至扁椭圆形或肾形……2. 银边南洋参 *P. scutellaria*

1. 南洋参

Polyscias fruticosa (L.) Harms, Engl. & Prantl Nat. Pflanzenfam. 3: 45. 1894; W. Y. Chun et al. in Fl. Hainanica 3: 130. 1974; F. W. Xing et al. in Acta Bot. Austro Sin. 9: 43. 1994; F. W. Xing et al. in Fl. Nansha Isl. Neighb. Isl. 191. 1996; Q. B. Xiang & P. P. Lowry in Fl. China 13: 473. 2010.——*Panax fruticosum* L., Sp. Pl. ed. 2, 1513. 1763.——*P. filicifolia* (C. Moore ex E. Fourn.) L. H. Bailey, Rhodora 18: 153. 1916; Y. Zhong in Journ. Hainan Teach. Coll. (Nat. Sci.) 3(1): 60.1990.

小乔木，高 5–7 m；枝叶柔软。叶为三至五回羽状复叶，长 30–60 cm，具长柄；小叶狭卵形或长圆状披针形，长 5–10 cm，宽 2–5 cm，边缘具疏锯齿或浅裂，顶端渐尖，基部有不明显的三出脉，侧脉 5–10 对；小叶柄长 1–4 cm。花序顶生，直立，伞形花序有花数朵，再组成大的圆锥花序；花小，花梗长 1–2 mm。果侧扁或具三棱，球形至卵球形，基部圆。花期：8–9 月。

产地　西沙群岛（永兴岛）有栽培。

分布　广东、海南有引种。原产印度至波利尼西亚群岛，现广植于各热带地区。

2. 银边南洋参

Polyscias scutellaria (Burm. f.) Fosberg, Occas. Pap. Univ. Hawaii 46: 9. 1948; Q. B. Xiang & Porter P. Lowry in Fl. China 13: 473. 2010.——*P. guilfoylei* auct. non (W. Bull) L. H. Bailey: Rhodora 18(211): 153. 1912; T. C. Huang et al. in Taiwania 39(1–2): 9. 1994; F. W. Xing et al. in Fl. Nansha Isl. Neighb. Isl. 191. 1996.——*P. balfouriana* (André) L. H. Bailey., Rhodora 18: 153. 1916.

小乔木，高达 7 m，雄花两性花同株。一至二回羽状复叶，小叶 (1–)3(–5)，阔椭圆形至扁椭圆形或肾形，偶为卵形至倒卵形，长约 5–15 cm，宽约 5–17 cm，纸质至近革质，基部微心形，边缘近全缘至具圆齿或微锯齿，先端圆。圆锥花序顶生，由多数伞形花序组成，主轴长 30–100 cm，次级花序轴 15–30 个，排成 2–4 轮，长约 15–50 cm，末回花序顶生伞形花序具两性花，侧生伞形花序具雄花；花梗长 1.5–7 mm；子房 (2)3–5 室；花柱离生至近基部，花期长 0.4–0.6 cm，果期伸长至 0.8 mm。果不常见，近球形，高约 4–6 mm。

产地　南沙群岛（太平岛）有栽培。

分布　广东、海南、福建有引进。原产西南太平洋岛屿，现世界热带地区广泛栽培。

伞形科 Umbelliferae

一年生至多年生草本，稀为木本，常含芳香挥发油类、树脂等物质；茎有槽纹，空心或有髓。叶互生或对生，叶柄基部扩大成鞘；托叶无，常为分裂或多裂的复叶，稀单叶。花小，两性或杂性，排成顶生或腋生的复伞形花序或单伞形花序，稀成头状花序或紧密的穗状花序；花序基部常有总苞片，小伞形花序（即第二次分出的伞形花序）的基部通常有小苞片；萼管与子房合生，萼齿 5 或无；花瓣 5 片，花蕾时呈镊合状排列或稀无花瓣，顶端常凹陷或具内折的小舌片；雄蕊 5 枚，与花瓣互生；子房下位，2 室，每室有 1 个倒垂的胚珠；花柱 2，基部加厚成盘状或短圆锥状的花柱基，柱头头状。果为双悬果，卵形、心形、长圆形至椭圆形，表面光滑或被毛，具皮刺或瘤状突起，由 2 个背面或侧面压扁的心皮合成，成熟时 2 个心皮从合生面分离，每个心皮顶端悬挂在线状的心皮柄上，心皮外面有主棱 5 条，间或有次棱 4 条，外果皮层内的棱间和合生面有纵走的油管 1 至多条；种子在每心皮内 1 颗，胚乳软骨质，丰富，胚小。

250–440 属，3,300–3,700 种，广布热带、亚热带和温带地区。我国 100 余属，约 614 种；南海诸岛有 1 属，1 种。

1. 芹菜属 Apium L.

一年生或多年生草本，陆生、湿生或水生；茎直立或匍匐。叶膜质，一回羽状复叶或三出式羽状多裂；叶柄具鞘。复伞形花序或稀为单伞形花序，疏松或紧密，侧生或与叶对生，其中有些花序无梗；总苞及小总苞存在或缺；花瓣黄绿色，稀白色，卵圆形或近圆形，顶端狭窄，内折，花柱基扁平或短圆锥形，花柱短，开展或叉开；萼齿小或不明显。果近圆形或椭圆形，侧面压扁，果棱线形，每棱槽内具油管 1 条，合生面 2；胚乳腹面平直，心皮柄不裂，顶端 2 裂或分离。

约 20 种，广布温带至热带高山地区。我国有 1 种；南海诸岛有 1 种。

1. 芹菜　　别名：洋芹、旱芹、水英

Apium graveolens L., Sp. Pl. 264. 1753; P. Y. Chen et al. in Acta Bot. Austro Sin. 1: 143. 1983; S. L. Liou in Fl. Reip. Pop. Sin. 55(2): 6. 1985; F. W. Xing et al. in Fl. Nansha Isl. Neighb. Isl. 192. 1996; M. L. She et al. in Fl. China 14: 1. 2005.

二年生或多年生草本，高 15–150 cm，有强烈香气。基生叶羽状复叶，叶片轮廓为长圆形至倒卵形，长 7–18 cm，宽 3.5–8 cm；小叶 5–7 片，3 裂或 3 全裂，裂片近菱形，边缘有圆齿或锯齿或分裂；叶柄长 3–26 cm，基部常扩大。复伞形花序，花序梗长短不一，有时缺少；伞辐细弱，3–16，长 0.5–2.5 cm，次生伞形花序有花 7–16 个；花瓣黄绿色，卵圆形，尖头内折，花丝与花瓣等长或稍长于花瓣，花药卵圆形；花柱基部扁平，短。果近圆形或椭圆形，直径约 1.5 mm，主棱线形，尖锐。花果期：4–7 月。

产地　西沙群岛（永兴岛、金银岛）有栽培。

分布　我国南北广为栽培。世界广泛栽培。

用途　作蔬菜用，并可入药，治高血压，捣汁服治小便淋痛、小便出血；果为镇静剂和神经补剂。

山榄科 Sapotaceae

乔木或灌木，常具乳汁。单叶互生，稀近对生或对生，有时密聚于枝顶，通常革质，全缘，羽状脉；托叶早落或无托叶。花单生或通常数朵簇生叶腋或老枝上，有时排列成聚伞花序，稀成总状或圆锥花序，两性，稀单性或杂性，辐射对称，具小苞片；花萼裂片通常 4–6，稀至 12，覆瓦状排列，或成 2 轮，基部联合；花冠合瓣，具短管，裂片与花萼裂片同数或为其 2 倍，覆瓦状排列，通常全缘，有时于侧面或背部具撕裂状或裂片状附属物；能育雄蕊着生于花冠裂片基部或冠管喉部，与花冠裂片同数对生，或多数而排列成 2–3 轮，分离，花药 2 室，药室纵裂，通常外向；退化雄蕊有或无，如存在则与雄蕊互生，鳞片状至花瓣状，通常无残存花药；雌蕊 1，子房上位，心皮 4 或 5(1–14)，合生，中轴胎座，胚珠着生于胎座基部，花柱单生，通常顶端分裂。果为浆果，有时为核果状，果肉近果皮处有厚壁组织而成薄革质至骨质外皮。种子 1 至数枚，通常具油质胚乳或没有，种皮褐色，硬而光亮，富含单宁，有各种各样的疤痕，子叶薄或厚，有时叶状。

约 53 属，1,100 种，泛热带分布。我国有 11 属 24 种（6 种特有种）；南海诸岛有 3 属 3 种。

1. 萼片通常 6 枚，两轮排列；花冠具附属物……1. 铁线子属 *Manilkara*
1. 萼片 4–5 枚，排列一轮；花冠不具附属物。
  2. 果实较大，径 2.5–4.5 cm……2. 桃榄属 *Pouteria*
  2. 果实较小，径小于 1.5 cm……3. 神秘果属 *Synsepalum*

1. 铁线子属 Manilkara Adans.

乔木或灌木。叶革质或近革质，具柄，侧脉甚密；托叶早落。花数朵簇生于叶腋；花萼 6 裂，2 轮排列；花冠裂片 6，每裂片的背部有 2 枚等大的花瓣状附属物；能育雄蕊 6 枚，着生于花冠裂片基部或冠管喉部；退化雄蕊 6 枚，与花冠裂片互生，卵形，顶端渐尖至钻形，不规则的齿裂、流苏状或分裂，有时鳞片状；子房 6–14 室，每室 1 胚珠。果为浆果。种子 1–6 枚，侧向压扁，种脐侧生而长，种皮脆壳质，胚乳少，子叶薄，叶状。

约 65 种，产于热带地区。我国产 1 种，引种栽培 1 种；南海诸岛栽培有 1 种。

1. 人心果

Manilkara zapota (L.) P. Royen, Blumea 7(2): 410. 1953; W. Y. Chun et al. in Fl. Hainanica 3: 160. 1974; Y. Tong in Biodivers. Sci. Appendix 1, 21(3): 364–374. 2013.——*Achras zapota* L., Sp. Pl. 2: 1190. 1753.

乔木。小枝茶褐色，具明显的叶痕。叶互生，密聚于枝顶，革质，长圆形或卵状椭圆形，长 6–19 cm，宽 2.5–4 cm，先端急尖或钝，基部楔形，全缘或稀微波状，两面无毛，具光泽，中脉在上面凹入，下面很凸起，侧脉纤细，多且相互平行，网脉极细密，两面均不明显；叶柄长 1.5–3 cm。花 1–2 朵生于枝顶叶腋，长约 1 cm；花梗长 2–2.5 cm，密被黄褐色或锈色绒毛；花萼外轮 3 裂片长圆状卵形，长 6–7 mm，内轮 3 裂片卵形，略短，外面密被黄褐色绒毛，内面仅沿边缘被绒毛；花冠白色，长约 6–8 mm，冠管长约 3.5–4.5 mm，花冠裂片卵形，长 2.5–3.5 mm，先端具不规则的细齿，背部两侧具 2 枚等大的花瓣状附属物，其长约 2.5–3.5 mm；能育雄蕊着生于冠管的喉部，花丝丝状，长约 1 mm，基部加粗，花药长卵形，长约 1 mm；退化雄蕊花瓣状，长约 4 mm；子房圆锥形，长约 4 mm，密被黄褐色绒毛；花柱圆柱形，基部略加粗，长 6–7 mm，径 1–1.5 mm。浆果纺锤形、卵形或球形，长 4 cm 以上，褐色，果肉黄褐色；种子扁。花果期：4–9 月。

产地 西沙群岛（永兴岛）有栽培。

分布 广东、海南、广西、福建、台湾、云南有栽培。原产西印度群岛和热带美洲。

2. 桃榄属 Pouteria Aublet

乔木或灌木，具乳汁。小枝圆柱形，幼时无毛或被柔毛后变无毛。无托叶。叶纸质至厚革质，互生，有时近对生、散生或多少聚生于小枝顶端，幼时通常两面被柔毛，成熟时无毛，有时上面被紧贴柔毛，下面稀近无毛，或幼时即两面无毛，侧脉明显，第三次脉互相平行或呈网状；具叶柄。花簇生叶腋，有时生于短枝上，具花梗或有时无梗；有时具 2–4 枚小苞片；花萼基部联合，裂片 5，稀 4 或 6，外面被柔毛，内面无毛或被绢毛，早落或果时宿存；花冠管状或钟状，裂片 5，有时 4 或多至 8，无附属物；能育雄蕊 5，有时 4 或多至 8，着生于花冠管喉部上下；退化雄蕊 5，或更少，稀缺，或有时可多至 8，披针形或钻形，有时鳞片状或花瓣状，着生于花冠管喉部，与花萼裂片对生；子房圆锥形；向上逐渐狭窄成花柱，有时基部围以杯状花盘，5 室，稀 6 室，多少密被长柔毛，稀无毛。果圆球形，无毛或被绒毛，有时被长刚毛，果皮薄或厚，干时有时极硬；种子 1–5 枚，种皮薄或稍厚，具光泽，疤痕长圆形或阔卵形，占种子表面的一半或覆盖全表面，种脐在顶端或有时在基部，胚乳无或膜质，子叶厚，极稀近叶状，胚根下位，点状，有时伸出。

约 50 种，产热带地区，以美洲最多。我国有 2 种，引种栽培 1 种；南海诸岛栽培有 1 种。

1. 蛋黄果

Pouteria campechiana (Kunth) Baehni, Candollea 9: 398. 1942.——*P. campechiana* var. *nervosa* (A. DC.) Baehni, Candollea 9: 401. 1942; W. Y. Chun et al. in Fl. Hainanica 3: 159. 1974; Y. Tong in Biodivers. Sci. Appendix 1, 21(3): 364–374. 2013.

乔木。叶椭圆形至倒披针形或倒卵形，长 8–25 cm，宽 3–8 cm；叶柄长 1–2.5(–4.5) cm，微被毛。花 2–3 朵簇生叶腋；花梗长 6–12 mm，密被毛；萼片卵形至近圆形，长 4.5–11 mm；花瓣长 8–12 cm，花冠管长 5–6(–8) mm；退化雄蕊花瓣状，长 2–4 mm。浆果径 2.5–7 cm，顶端具短喙，表面光滑。种子 1–6 枚，长 2–4 cm。花期：夏季。

产地 西沙群岛（永兴岛）有栽培。

分布 广东、海南、广西、云南有栽培。原产墨西哥至巴拿马。

3. 神秘果属 Synsepalum (A. DC.) Daniell

乔木或灌木。叶通常密聚生于小枝上部或分枝处，近革质。花较小，簇生叶腋；萼片 5，合生至中部以上；花冠 5 裂，裂片背面无附属体；雄蕊 5，与花冠裂片对生，花丝与花药近等长或稍长，不育雄蕊 5，披针形或近卵形；花柱甚长，柱头小。浆果。种子通常 1 颗，疤痕侧生，无胚乳。

约 20 种，分布于西非。我国引种栽培 1 种；南海诸岛亦有。

1. 神秘果

Synsepalum dulcificum (Schumach. & Thonn.) Daniell, Pharm. J. Trans. 11: 445. 1852. X. R. Luo in Fl. Guangdong 2: 356–357. 1990; Y. Tong in Biodivers. Sci. Appendix 1, 21(3): 364–374. 2013.——*Bumelia dulcifica* Schumach. & Thonn, Beskr. Guin. Pl. 130–131. 1827.

灌木或小乔木。叶互生，聚生于枝顶，薄革质，倒卵形至倒披针形，长 4–8 cm，宽 1.5–2.5(–3.5) cm，先端圆或有时钝，基部楔形，两面无毛，侧脉 7–9 对；叶柄极短。花数朵簇生叶腋；花梗短；花萼管具直棱，长 3–4 mm，萼齿近三角形，被柔毛；花冠白色，冠管狭，约与萼管等长。浆果长圆状，长 1.5–2 cm，红色，无毛；种子 1 颗。花期：夏季。

产地 西沙群岛（永兴岛）有栽培。

分布 广东、海南、广西、云南有栽培。原产西非热带地区。

用途 本种常作果树或作观赏。

紫金牛科 Myrsinaceae

常绿灌木或小乔木，有时为木质藤本或半灌木。叶互生，稀对生或近轮生；无托叶；叶片通常具腺点，边缘全缘或有锯齿。花序为总状花序、伞形花序、伞房花序、聚伞花序或圆锥花序，腋生或顶生，也有在短枝上簇生；花两性或单性，雌雄同株、异株或杂性异株；萼片 4–5（–6），基部合生或合生至中部，有时分离，常有腺点，宿存；花瓣 4–5（–6），基部合生成管，稀分离，有腺点；雄蕊与花冠裂片同数并与其对生，花丝分离或下部合生成管，贴生于花冠管基部或喉部，花药 2 室，纵裂或顶孔开裂；子房上位，稀下位或半下位，1 室，具少数或多数胚珠，生于特立中央胎座上，花柱单 1，细长或粗短，柱头点尖、盘状、流苏状或柱状，果为核果，果皮肉质，或为蒴果，有 1 或多数种子（杜茎山属 *Maesa*）。

42 属，约 2,200 种，主要分布于热带、亚热带及暖温带地区。我国有 5 属，120 种；南海诸岛栽培 1 属 1 种。

1. 紫金牛属 Ardisia Sw.

常绿乔木、灌木或半灌木，稀为草木。叶互生，稀近对生或近轮生；叶片边缘全缘或有齿，常有透明的腺点或腺状纵纹。花序顶生或腋生，为圆锥花序、聚伞花序、伞房花序或伞形花序，稀为总状花序；花两性，5（或 4）基数；萼片基部合生或分离，镊合状或覆瓦状排列，通常有腺点或腺状纵纹；花冠钟状，裂片右旋覆瓦状排列，雄蕊贴生于花冠管基部或中部，花丝短，花药纵裂，稀顶孔开裂；子房上位，花柱纤细，柱头点尖，胚珠少数或多数，1 至多轮生于特立中央胎座上。果为核果，球形，有腺点，有的具纵肋，仅有 1 粒种子。

有 400–500 种，主要分布于亚洲东部、东南部、美洲热带、澳大利亚和太平洋岛屿。我国有 65 种；南海诸岛有 1 种。

1. 东方紫金牛

Ardisia elliptica Thunb., Nov. Gen. Pl. 8: 119. 1798; J. Chen & John J. Pipoly III in Fl. China 15: 10–29. 1996.——*A. squamulosa* Presl., Reliq. Haenk. 2(2): 65. 1835; T. C. Huang et al. in Taiwania 39(1–2): 44. 1994.

常绿灌木或小乔木，高 1–3 m，全体无毛，无鳞片；分枝有明显的腺状纵纹；叶互生；叶柄长 1–1.5 cm；叶片近革质，倒披针形至倒卵形，长 6–12 cm，宽 2.5–5 cm，基部楔形，边缘全缘，先端钝或急尖，透光可见多数小腺点，侧脉每边 13–18 条。花序近伞形，具 4–8 花，生于枝端和上部叶腋；花序梗长 1–2.5 cm，与花梗均有腺点；花梗长 0.8–1.5 cm；花萼长约 3 mm，1/3 以下管状，裂片阔卵状或近圆形，长与宽均约 2.5 mm，先端钝，密被褐色或黑色腺点，边缘多少带干膜质，有缘毛；花冠粉红色或白色，下部具短管，裂片披针形，长 6–7 mm，散

生褐色腺点；雄蕊略短于花瓣，花药披针形，长约 5 mm，背部有腺点；子房无毛，胚珠多数，在胎座上排成 3 轮。果近扁球形，直径 6–8 mm，成熟时紫黑色，有腺点。花期：4–6 月；果期：10–12 月。

产地　东沙群岛（东沙岛）有栽培。

分布　广东、台湾有栽培。日本（琉球）、越南、菲律宾、马来西亚、印度尼西亚、印度、斯里兰卡；世界热带地区有栽培。

马钱科 Loganiaceae

乔木、灌木、藤本或草本；根、茎、枝和叶柄通常具有内生韧皮部；植株无乳汁，毛被为单毛、星状毛或腺毛；通常无刺，稀枝条变态而成伸直或弯曲的腋生棘刺。单叶对生或轮生，稀互生，全缘或有锯齿；通常为羽状脉，稀 3–7 条基出脉；具叶柄；托叶存在或缺，分离或连合成鞘，或退化成连接 2 个叶柄间的托叶线。花通常两性，辐射对称，单生或孪生，或组成 2–3 歧聚伞花序，再排成圆锥花序、伞形花序或伞房花序、总状或穗状花序，有时也密集成头状花序或为无梗的花束；有苞片和小苞片；花萼 4–5 裂，裂片覆瓦状或镊合状排列；合瓣花冠，4–5 裂，少数 8–16 裂，裂片在花蕾时为镊合状或覆瓦状排列，少数为旋卷状排列；雄蕊通常着生于花冠管内壁上，与花冠裂片同数，且与其互生，稀退化为 1 枚，内藏或略伸出，花药基生或略呈背部着生，2 室，稀 4 室，纵裂，内向，基部浅或深 2 裂，药隔凸尖或圆；无花盘或有盾状花盘；子房上位，稀半下位，通常 2 室，稀为 1 室或 3–4 室，中轴胎座或子房 1 室为侧膜胎座，花柱通常单生，柱头头状，全缘或 2 裂，稀 4 裂，胚珠每室多颗，稀 1 颗，横生或倒生。果为蒴果、浆果或核果；种子通常小而扁平或椭圆状球形，有时具翅，有丰富的肉质或软骨质的胚乳，胚细小，直立，子叶小。

约 28 属 550 种，分布于热带至温带地区。我国有 8 属 45 种；南海诸岛栽培有 1 属 1 种。

1. 灰莉属 **Fagraea** Thunb.

乔木或灌木，通常附生或半附生于其他树上，稀攀援状。叶对生，全缘或有小钝齿；羽状脉通常不明显；叶柄通常膨大；托叶合生成鞘，常在二个叶柄间开裂而成为 2 个腋生鳞片，并与叶柄基部完全或部分合生或分离。花通常较大，单生或少花组成顶生聚伞花序，有时花较小而多朵组成二歧聚伞花序；苞片小，2 枚，着生于花萼下面或花梗上；花萼宽钟状，5 裂，裂片宽而厚，覆瓦状排列；花冠漏斗状或近高脚碟状，花冠管顶部扩大，花冠裂片 5 枚，阔而稍带肉质，通常比花冠管短，在花蕾时螺旋状向右覆盖；雄蕊 5，着生于花冠管喉部或近喉部，通常伸出花冠之外，少有内藏，花丝伸长，花药内向，顶端圆或有小尖头；子房具柄，椭圆状长圆形，1 室，具 2 个侧膜胎座，或 2 室而为中轴胎座，胚珠多颗，花柱伸长，柱头头状、盾状、倒圆锥状或 2 裂。浆果肉质，圆球状或椭圆状，不开裂，通常顶端具尖喙；种子极多，藏于果肉中，种皮脆壳质；胚乳角质；胚小，劲直。

约 35 种，分布于亚洲东南部、大洋洲及太平洋岛屿。我国产 1 种；南海诸岛有栽培。

1. 灰莉

Fagraea ceilanica Thunb., Kongl. Vetensk. Acad. Nya Handl. 3: 132. 1782.

乔木，高达 15 m，有时附生于其他树上呈攀援状灌木；树皮灰色。小枝粗厚，圆柱形，老枝上有凸起的叶痕和托叶痕；全株无毛。叶片稍肉质，干后变纸质或近革质，椭圆形、卵形、倒卵形或长圆形，有时长圆状披针形，长 5–25 cm，宽 2–10 cm，顶端渐尖、急尖或圆而有小尖头，基部楔形或宽楔形，叶面深绿色，干后绿黄色；叶面中脉扁平，叶背微凸起，侧脉每边 4–8 条，不明显；叶柄长 1–5 cm，基部具有由托叶形成的腋生鳞片，鳞片长约 1 mm，宽约 4 mm，常多少与叶柄合生。花单生或组成顶生二歧聚伞花序；花序梗短而粗，基部有长约 4 mm 披针形的苞片；花梗粗壮，长达 1 cm，中部以上有 2 枚宽卵形的小苞片；花萼绿色，肉质，干后革质，长 1.5–2 cm，裂片卵形至圆形，长约 1 cm，边缘膜质；花冠漏斗状，长约 5 cm，质薄，稍带肉质，白色，芳香，花冠管长 3–3.5 cm，上部扩大，裂片张开，倒卵形，

茜草科 Rubiaceae

乔木，灌木或草本，直立、匍匐或攀援；枝有时有刺。叶为单叶，对生或轮生，通常全缘；托叶各式，在叶柄间或叶柄内，有时与普通叶类似，宿存或脱落，稀缺。花两性，罕单性，通常对称，单生或各式排列；萼管与子房合生，萼檐为不明显的杯状或管状，顶端全缘或齿裂或分裂，有时其中1片扩大成花瓣状；花冠管形、漏斗形或高脚碟形，顶端4–6裂，稀为更多，裂片各式排列；雄蕊与花冠裂片同数，着生于冠管内或喉部，花药各式，2室，纵裂，稀孔裂；花盘形状各式，稀分裂或腺状；子房下位，1–10室，通常2室，有中轴、顶生或基底胎座，罕1室而具侧膜胎座，花柱长或短，1–10裂，柱头全缘或2至多裂；胚珠每室1至多颗，着生于或陷没于肉质的胎座中。果为蒴果、浆果或核果；种子稀具翅，多数具胚乳，胚直或弯曲。

约500属，9,000种，分布于世界热带和亚热带地区，少数产温带地区。我国约71属，450余种，主产西南部至东南部；南海诸岛有11属，13种1变种。

1. 子房每室有胚珠2至多颗。
  2. 子房1室；花大，5–12基数……2. 栀子属 *Gardenia*
  2. 子房2室；花小，2–6基数。
    3. 花萼裂片不等大，花中等大，长达2 cm以上……9. 五星花属 *Pentas*
    3. 花萼裂片等大，花小，长罕达1.5 cm。
      4. 花冠裂片顶端3浅裂；果实被交织的长毛；纤细草本……1. 小牙草属 *Dentella*
      4. 花冠裂片顶端全缘；果实无毛或被毛与上属不同；亚灌木、灌木或草本……4. 耳草属 *Hedyotis*
1. 子房每室有胚珠1颗。
  5. 聚合果……7. 巴戟天属 *Morinda*
  5. 单果。
    6. 子房2–9室……3. 海岸桐属 *Guettarda*
    6. 子房2–4室。
      7. 子房3–4室……10. 墨苜蓿属 *Richardia*
      7. 子房2室。
        8. 藤本……8. 鸡矢藤属 *Paederia*
        8. 草本或灌木。
          9. 灌木；花冠裂片螺旋状排列……5. 龙船花属 *Ixora*
          9. 草本；花冠裂片镊合状排列。
            10. 蒴果于中部或近中部环状周裂……6. 盖裂果属 *Mitracarpus*
            10. 蒴果先室间开裂为2瓣，然后每瓣于室背开裂……11. 丰花草属 *Spermacoce*

1. 小牙草属 **Dentella** J. R. & J. G. Forst.

一年生或多年生匍匐小草本，分枝披散状。叶小，对生，具柄；托叶短，干膜质，与叶柄合生。花小，无花梗或具短花梗，单生，腋生或生于小枝的分叉上；萼管近球形，萼檐膜质，管状，顶端5裂；花冠漏斗形，冠管内被毛，顶部5裂，裂片近顶部有小齿2–3个，内向镊合状排列；雄蕊5枚，着生于冠管内，花丝短，花药背着，内藏，花盘不明显；子房2室，花柱短，柱头线形，胚珠每室极多数，着生于半球形的胎座上。果小，球形，干燥，不开裂，密被交织的长毛；种子微小，有棱，种皮有斑点，胚乳肉质，胚卵状，2深裂。

6种，分布于亚洲热带地区、大洋洲和太平洋各岛屿。我国1种；南海诸岛亦有。

1. 小牙草

Dentella repens (L.) J. R. & G. Forst., Char. Gén. 26. t. 13. 1776; W. Y. Chun et al. in Fl. Hainanica 3: 295. 1974; T. C. Huang et al. in Taiwania 39(1–2): 19. 1994.——*Oldenlandia repens* L., Mant. 1: 40. 1767.

匍匐小草本；茎纤细而稍肉质，光滑，节上生根。叶膜质，倒卵形、匙形或椭圆形，长4–7 mm，宽1–2 mm，顶端钝或急尖，基部渐狭，无毛或被短柔毛；侧脉不明显；叶柄长1–2 mm，纤细；托叶短，干膜质。花单生于叶腋内，无花梗或具极短的梗；萼管近球形，被干膜质的粗毛，萼檐长约1.5 mm，膜质，被疏粗毛，裂片小，急尖；花冠白色，长约3 mm。果干燥，近球形，不开裂，被干膜质、白色的长毛。花期：冬春季；果期：夏季。

产地　南沙群岛（太平岛）、西沙群岛（永兴岛）。生于旷地上。

分布　我国台湾及南部各地。印度，中南半岛、印度尼西亚、澳大利亚北部、波利尼西亚。

2. 栀子属 Gardenia J. Ellis

灌木，稀为乔木，无刺或稀具刺。叶对生，罕有3片轮生或与总花梗对生的1枚抑缩；托叶生于叶柄内，基部常合生。花大，单生于叶腋，稀顶生或很少排成伞房状花序；萼管卵形或倒圆锥形，萼檐管状或佛焰苞形，顶端分裂，裂片宿存；花冠高脚碟形、漏斗形或钟形，顶端5–12裂，裂片广展或外弯，花蕾时旋转排列；雄蕊与花冠裂片同数，着生于冠管喉部，花丝极短或缺，花药背着，内藏或稍伸出；花盘常环状或圆锥形；子房1室，花柱粗壮，柱头棒形或纺锤形；胚珠极多数，着生于2–6个侧膜胎座上。果通常大，卵形、长椭圆形至球形，平滑或具纵棱，革质或肉质，为不规则的开裂；种子多数，常与肉质的胎座胶结而成一球状体，种皮革质至膜质；胚乳角质。

约250种，分布于热带和亚热带地区。我国7种，分布云南、广西、广东、海南、台湾；南海诸岛栽培1变种。

1. 白蟾

Gardenia jasminoides Ellis var. **fortuniana** Lindl., Bot. Reg. 3(2): 43. 1846; F. W. Xing et al. in Acta Bot. Austro Sin. 9: 44. 1994.

灌木。叶对生或有时轮生，长椭圆形或长圆状披针形，有时为椭圆形或倒卵状长圆形，顶端渐尖或短渐尖，基部楔形，两面均无毛；托叶生于叶柄内，鞘状，膜质。花单生于小枝顶部；萼管倒圆锥形，裂片披针形；花冠白色，重瓣。花期：3–7月。

产地　西沙群岛（永兴岛）有栽培。

分布　广东、海南、广西、云南。

用途　园林绿化植物。

3. 海岸桐属 Guettarda L.

灌木或乔木。叶对生，罕有3枚丛生或轮生，具柄或近无柄，革质或膜质；托叶生于叶柄间。花两性或杂性或杂性异株，偏生于2叉状的聚伞花序的分枝的一侧，有小苞片或缺；萼管卵形，球形或杯形，萼檐管形或近钟形，顶端截平或具不规则的小齿，脱落，很少宿存；花冠高脚碟形，管延长，直或弯曲，喉部无毛，顶部4–9裂，裂片长圆形，顶端钝，芽时双覆瓦状排列；雄蕊与花冠裂片同数，生于冠管内，花丝短或缺，花药线形，背着，内藏；子房4–9室，花柱线形，柱头近头状或微2裂；胚珠每室1颗，由顶端下垂，倒生，珠柄增厚。核果卵形或近球形，有木质或骨质的小核；小核具4–9个角或槽并具4–9室，室顶有孔与室相通；种子倒垂，直或弯曲，种皮膜质，胚乳缺或少，胚延伸，圆柱形或压扁，子叶小，胚根向上。

约60–80种，分布于热带海岸；约20种分布至新喀里多尼亚，60种分布于热带美洲。我国南部产1种；南海诸岛亦有。

1. 海岸桐　别名：葛塔德木、黑皮树

Guettarda speciosa L., Sp. Pl. 2: 991. 1753; H. T. Chang in Sunyatsenia, 7(1–2), 83. 1948; P. Y. Chen in Acta Bot. Austro Sin. 1: 144. 1983; T. C. Huang et al. in Taiwania 39(1–2): 19, 46. 1994; T. Chen & C. M. Taylor in Fl. China 19: 145. 2011.

常绿小乔木，高3–5 m，罕有高达8 m；树皮黑色，光滑；小枝粗壮，交互对生，有明显的皮孔，被脱落的茸毛。叶对生，薄纸质，阔倒卵形或广椭圆形，长11–15(–20) cm，宽8–11(–18) cm，顶端急尖，钝或圆形，基部渐狭，上面无毛或近无毛，下面薄被疏柔毛；侧脉每边7–11条，疏离，近边缘处与横生小脉连结或彼此相连；叶柄粗厚，长2–5 cm，被毛；托叶生在叶柄间，早落，卵形或披针形，长约8 mm，略被毛。聚伞花序常生于已落叶的叶腋内，有短而广展、二叉状的分枝，分枝密被茸毛；总花梗长5–7 cm，近无毛；花无梗或具极短的梗，芳香，密集于分枝的一侧，密被干后变黄色的茸毛；萼管杯形，长2–2.5 mm，萼檐管形，截平；花冠白色，盛开时长3.5–4 cm，管狭长，顶端7–8裂，裂片倒卵形，长约1 cm，顶端急尖；花丝极短；子房室狭小，花柱纤细，柱头头状。核果幼时被毛，扁球形，直径2–3 cm，有纤维质的中果皮；种子小，弯曲。花果期：几全年。

产地　南沙群岛（太平岛、北子岛、中业岛、南威岛、景宏岛、西月岛、双黄沙洲）、西沙群岛（永兴岛、石岛、东岛、中建岛、晋卿岛、琛航岛、广金岛、金银岛、甘泉岛、珊瑚岛、西沙洲、赵述岛、北岛、中岛、南岛）、东沙群岛（东沙岛）。生于海边林中。

分布　海南、台湾。热带沿海地区。

4. 耳草属 Hedyotis L.

草本、亚灌木或灌木，直立或蔓生；茎圆柱形或四棱柱形。叶对生，极少轮生或丛生；托叶分离或基部合生，有时合生成一鞘。花排列成各式聚伞花序，罕有组成其他花序或单生；苞片和小苞片存在或缺，萼管常陀螺形和倒圆锥形，有时呈其他形状，萼檐明显或不明显，通常4–5裂，稀2或3裂或截平，宿存；花冠管形、漏斗形、高脚碟形或辐状，冠管无毛或被毛，顶部4–5裂，罕2或3裂，镊合状排列；雄蕊与花冠裂片同数，花丝短或缺，花药背着；花盘常小，4浅裂；子房2室，花柱线形；胚珠在每室内多数或数颗，罕1颗；种子具棱或平凸，种皮平滑或具窝孔，胚乳肉质，胚根棒形或圆柱形。

约420种，广布热带和亚热带地区。我国约50余种，分布于长江以南各地；南海诸岛有2种。

1. 叶长圆形或椭圆形，宽3–10 cm；花3–8朵排成圆锥花序式……1. 双花耳草 *H. biflora*
1. 叶线形或线状披针形，宽1–3 mm；花2–4朵排成伞房花序，稀仅有单花……2. 伞房花耳草 *H. corymbosa*

1. 双花耳草

Hedyotis biflora (L.) Lam., Tabl. Encycl. 1: 272. 1791; W. Y. Chun et al. in Fl. Hainanica 3: 308. 1974.——*H. paniculata* (L.) Lam., Tabl. Encycl. 3: 79. 1789; T. C. Huang et al. in Taiwania 39(1–2): 46. 1994.

一年生柔弱无毛草本，高10–50 cm；茎直立或蔓生，叶对生，膜质，长圆状或椭圆状卵形，长1–4 cm，宽3–10 mm，顶端急尖或渐尖，基部楔形或微下延；叶柄长2–5 mm；托叶膜质，长约2 mm，基部合生，顶端芒尖。聚伞花序近顶生或生于上部叶腋，有花3–8朵，有时为圆锥状排列；总花梗长8–18 cm；苞片披针形，长2–3 mm；花梗长6–10 mm；萼管陀螺形，长1–1.2 mm，顶4裂，裂片近三角形，长约0.5 mm；花冠管形，长2.2–2.5 mm，喉部被疏长柔毛，顶部4裂，裂片长圆形，长1.2–1.5 mm；雄蕊着生于冠管内，花丝缺，花药内藏，椭圆形；花柱长0.8–1 mm，中部以上被毛，顶端2浅裂。蒴果陀螺形，直径2.5–3 mm，有2或4条凸起的纵棱，顶部具小而明显的宿存萼檐裂片，成熟时室背开裂；种子每室多数，有棱，种皮干时黑褐色，有窝孔。花果期：春夏季。

产地　东沙群岛（东沙岛）。生于旷野。

分布　广东、海南、广西、台湾、江苏。印度、越南、马来西亚至波利尼西亚。

果期：几全年。

产地　南沙群岛（太平岛）、西沙群岛（永兴岛、石岛、东岛、中建岛、晋卿岛、琛航岛、广金岛、金银岛、甘泉岛、珊瑚岛、赵述岛、北岛、南岛）、东沙群岛（东沙岛）。生于海边林中。

分布　海南、台湾。热带亚洲、澳大利亚海滨地区和太平洋岛屿。

用途　果可食。

8. 鸡矢藤属 Paederia L.

柔弱缠绕灌木或藤本，揉之发出强烈的臭味；茎圆柱形，蜿蜒状。叶对生，很少3枚轮生，具柄，通常膜质；托叶在叶柄内，三角形，脱落。花排成腋生或顶生的圆锥花序式的聚伞花序，具小苞片或无；萼管陀螺形或卵形，萼檐4–5裂，裂片宿存；花冠管漏斗形或管形，被毛，喉部无毛或被绒毛，顶部4–5裂，裂片扩展，镊合状排列，边缘皱褶；雄蕊4–5，生于冠管喉部，内藏，花丝极短，花药背着或基着，线状长圆形，顶部钝；花盘肿胀；子房2室，柱头2，纤毛状，旋卷；胚珠每室1颗，由基部直立，倒生。果球形，或扁球形，外果皮膜质，脆，有光泽，分裂为2个圆形或长圆形小坚果；小坚果膜质或革质，背面压扁；种子与小坚果合生，种皮薄；子叶阔心形，胚茎短而向下。

13种，大部产于亚洲热带地区，其他热带地区亦有少量分布。我国有9种（3种特有种）；南海诸岛有1种。

1. 鸡矢藤　别名：鸡屎藤

Paederia foetida L., Mant. Pl. 1: 52. 1767; T. Chen & C. M. Taylor in Fl. China 19: 284. 2011; Y. Tong in Biodivers. Sci. Appendix 1, 21(3): 364–374. 2013.——*P. scandens* (Lour.) Merr., Contr. Arnold Arbor. 8: 163. 1934.

藤状灌木，无毛或被柔毛。叶对生，膜质，卵形或披针形，长5–10 cm，宽2–4 cm，顶端短尖或削尖，基部浑圆，有时心状形，叶上面无毛，在下面脉上被微毛；侧脉每边4–5条，在上面柔弱，在下面突起；叶柄长1–3 cm；托叶卵状披针形，长2–3 mm，顶部2裂。圆锥花序腋生或顶生，长6–18 cm，扩展；小苞片微小，卵形或锥形，有小睫毛；花有小梗，生于柔弱的三歧常作蝎尾状的聚伞花序上；花萼钟形，萼檐裂片钝齿形；花冠紫蓝色，长12–16 mm，通常被绒毛，裂片短。果阔椭圆形，压扁，长和宽6–8 mm，光亮，顶部冠以圆锥形的花盘和微小宿存的萼檐裂片；小坚果浅黑色，具1阔翅。花期：5–10月；果期：7–12月。

产地　西沙群岛（永兴岛）。路边，攀援在树上。

分布　广东、海南、广西、湖南、江西、福建、台湾、浙江、江苏、安徽、河南、湖北、四川、贵州、云南、山东、甘肃。亚洲南部和东南部。

9. 五星花属 Pentas Benth.

草本或亚灌木，直立或平卧，被糙硬毛或绒毛。叶对生，有柄；托叶多裂或刚毛状。聚伞花序通常排成伞房状；萼裂片 4–6，不等大；花冠具长管，喉部扩大，被长柔毛，花冠裂片 4–6，镊合状排列；雄蕊 4–6 枚，着生在冠管喉部以下；子房 2 室，花柱伸出；花盘在花后延伸成一圆锥状体。蒴果膜质或革质，2 室，成熟时室背开裂；种子多数，细小。

约 60 种，分布于热带非洲和马达加斯加。我国南部引种栽培 1 种；南海诸岛亦有。

1. 五星花

Pentas lanceolata (Forssk.) Deflers, Voy. Yemen 142. 1889; How et al. in Fl. Guangzhou 506. 1956.

直立或外倾亚灌木，高 30–70 cm，被毛。叶对生，卵形、椭圆形或披针状长圆形，长 3–15 cm，宽 1–5 cm，顶端急尖，基部渐狭成短柄。聚伞花序密集，顶生；花无梗，二型，花柱异长，长约 2.5 cm；花冠淡紫色，冠管喉部被密毛，冠檐开展，直径约 1.2 cm。花期：夏秋季。

产地　西沙群岛（永兴岛）有栽培。

分布　广东南部有栽培。原产于热带非洲和阿拉伯地区。

用途　花美丽，作观赏花卉。

10. 墨苜蓿属 Richardia L.

草本，直立或平卧。叶对生，无柄或有柄；托叶与叶柄合生成鞘状，上部分裂成丝状或钻状的裂片多条。花序头状，顶生，有叶状总苞片；花小，白色或粉红色，两性或有时杂性异株；萼管陀螺状或球状，檐部4–8裂，裂片披针形至钻形，宿存；花冠漏斗状，喉部无毛，檐部3–6裂，裂片卵形或披针形，芽时镊合状排列；雄蕊3–6，着生于花冠喉部，花丝丝状，花药近基部背着，线形或长圆形，伸出；花盘不明显；子房3–4室，花柱有3–4个线状或匙形的分枝，伸出；胚珠每室1颗，生于隔膜中部。蒴果成熟时萼檐自基部环状裂开而脱落；种子背部平凸，腹面有2直槽，胚乳角质；子叶叶状，胚根柱状，向下。

15种，广布于安的列斯群岛、南美洲和北美洲，其中3种在旧世界热带地区归化。我国归化有2种；南海诸岛有1种。

1. 墨苜蓿

Richardia scabra L., Sp. Pl. 1: 330. 1753; T. Chen & C. M. Taylor in Fl. China 19: 302–303. 2011; Y. Tong in Biodivers. Sci. Appendix 1, 21(3): 364–374. 2013.

一年生匍匐或近直立草本，长可至80 cm或过之；主根近白色。茎近圆柱形，被硬毛，节上无不定根，疏分枝。叶厚纸质，卵形、椭圆形或披针形，长1–5 cm或过之，顶端通常短尖，钝头，基部渐狭，两面粗糙，边上有缘毛；叶柄长约5–10 mm；托叶鞘状，顶部截平，边缘有数条长约2–5 mm的刚毛。头状花序有花多朵，顶生，几无总梗，总梗顶端有1或2对叶状总苞，分为2对时，则里面1对较小，总苞片阔卵形；花6或5数；萼长2.5–3.5 mm，萼管顶部缢缩，萼裂片披针形或狭披针形，长约为萼管的2倍，被缘毛；花冠白色，漏斗状或高脚碟状，管长2–8 mm，里面基部有一环白色长毛，裂片6，盛开时星状展开，偶有熏衣草的气味；雄蕊6，伸出或不伸出；子房通常有3心皮，柱头头状，3裂。分果瓣3 (–6)，长2–3.5 mm，长圆形至倒卵形，背部密覆小乳凸和糙伏毛，腹面有一条狭沟槽，基部微凹。花果期：2–11月。

产地　南沙群岛（赤瓜礁）、西沙群岛（永兴岛）。生于旷野。

分布　广东、海南、台湾有归化。原产安的列斯群岛、南美洲和北美洲。在旧世界热带地区归化。

11. 丰花草属 Spermacoce L.

一年生或多年生草本或小亚灌木；小枝通常四棱形。叶对生；托叶与叶柄合生而成一截形的鞘，顶部有不等长的刺毛。花小，无花梗，腋生或顶生，数朵簇生或排成聚伞花序；萼管倒卵形或倒圆锥形，萼檐2–4裂，稀5裂；花冠漏斗形或高脚碟形，顶端4裂，裂片扩展，镊合状排列；雄蕊4枚，着生于花冠管上或花冠喉部，背着药；花盘肿胀或退化；子房2室，每室有胚珠1颗，着生于隔膜中部，花柱纤细，柱头头状或2裂，裂片短而钝。蒴果革质或脆壳质，成熟时2瓣裂或仅顶部纵裂，每果只有1颗种子；种子长圆形或卵形。

约250–300种，广布于热带和亚热带地区。我国7种，分布于西南部至东南部；南海诸岛有3种。

1. 果实长1–2 mm，直径1–1.5 mm；叶狭椭圆形至披针形，宽4–16 mm；花冠管0.5–1.5 mm........... 3. 光叶丰花草 *S. remota*
1. 果实长2.2–5 mm，直径1.5–3.5 mm；叶椭圆形、卵状长圆形、长圆状椭圆形、倒卵形或匙形，宽5–40 mm。
    2. 叶片椭圆形或卵状长圆形，最宽处常在中间，长12–75 mm，宽6–40 mm；花冠管长2–3 mm....1. 阔叶丰花草 *S. alata*
    2. 叶片长圆状椭圆形、倒卵形或匙形，最宽处常在中部以上长10–30 mm，宽3–18 mm；花冠管2.5–10 mm.....................................2. 糙叶丰花草 *S. hispida*

1. 阔叶丰花草

Spermacoce alata Aubl., Hist. Pl. Guiane 1: 60–61, t. 22, f. 7. 1775; T. Chen & C. M. Taylor in Fl. China 19: 325–326. 2011.——*Borreria latifolia* (Aubl.) K. Schum., Fl. Bras. 6(6): 61, t. 80. 1888.

披散、粗壮草本，被毛；茎和枝均为明显的四棱柱形，棱上具狭翅。叶椭圆形或卵状长圆形，长度变化大，长1.2–7.5 cm，宽0.6–4 cm，顶端锐尖或钝，基部阔楔形而下延，边缘波浪形，鲜时黄绿色，叶面平滑；侧脉每边5–6条，略明显；叶柄长约4 mm，扁平；托叶膜质，被粗毛，顶部有数条长于鞘的刺毛。花数朵丛生于托叶鞘内，无梗；小苞片略长于花萼；萼管圆筒形，长约 1 mm，被粗毛，萼檐 4 裂，裂片长 2 mm；花冠漏斗形，浅紫色，罕有白色，花冠管长 2–3 mm，里面被疏散柔毛，基部具 1 毛环，顶部 4 裂，裂片长 1–1.5 mm，外面被毛或无毛；花柱长 5–7 mm，柱头 2，裂片线形。蒴果椭圆形，长 3–3.5 mm，直径 2–3 mm，被毛，成熟时从顶部纵裂至基部，隔膜不脱落或 1 个分果爿的隔膜脱落；种子近椭圆形，两端钝，长约 2 mm，直径约 1 mm，干后浅褐色或黑褐色，无光泽，有小颗粒。花果期：5–11 月。

产地　南沙群岛（美济礁）。生于旷野。

分布　广东、海南、福建、台湾、浙江。原产安的列斯群岛、中美洲（墨西哥、佛罗里达）、南美洲热带地区；在非洲、亚洲南部和东南部、马达加斯加归化。

2. 糙叶丰花草

Spermacoce hispida L., Sp. Pl. 1: 102. 1753; T. Chen & C. M. Taylor in Fl. China 19: 325–329. 2011.——*Borreria articularis* (L. f.) F. N. Williams, Bull. Herb. Boissier, sér. 2, 5: 956. 1905; P. Y. Chen et al. in Acta Bot. Austro Sin. 1: 144. 1983.

匍匐草本，被粗毛；枝四棱柱形，棱上被粗毛。叶革质，长圆形、倒卵形或匙形，长 1–3(–4) cm，宽 5–15(–18) mm，顶端急尖或圆钝，基部楔形，两面均疏被柔毛，边缘粗糙和有短缘毛；叶柄扁平，长 1–4 mm；托叶短，膜质，被疏柔毛，顶端有淡红色长刺毛数条。花 4–6 朵轮状生于托叶鞘内，无花梗；小苞片丝状，透明，长于花萼；萼管倒圆锥形，长约 3 mm，被粗毛，萼檐 4 裂，裂片线状披针形，长 1–1.5 mm，外弯，顶端急尖；花冠淡红色或白色，漏斗形，冠管长 2.5–4.5 mm，无毛，顶部 4 裂，裂片长圆形，长 1–1.8 mm，背面近顶部疏被粗毛；花丝长约 1 mm，花药长圆形。蒴果椭圆状卵形，长 2.5–5 mm，直径 2.5–3.5 mm，被粗毛，成熟时从顶部直裂至基部，隔膜宿存；种子卵形，长约 2.2–3 mm，褐黑色。花果期：9 月至翌年 4 月。

产地　南沙群岛（赤瓜礁）、西沙群岛（永兴岛、金银岛）。生于旷野。

分布　广东、海南、广西、福建、台湾。越南、马来西亚、菲律宾、印度尼西亚、印度、斯里兰卡、澳大利亚。

3. 光叶丰花草

Spermacoce remota Lam., Tabl. Encycl. 1: 273. 1792; T. Chen & C. M. Taylor in Fl. China 19: 328–329. 2011.——*S. pusilla* auct. non Wall.: Fl. Ind. 1: 379. 1820; Y. Tong in Biodivers. Sci. Appendix 1, 21(3): 364–374. 2013.

多年生草本或亚灌木，直立或斜升，高达 65 cm。茎近圆柱形或四方形，具纵沟和棱，无毛或棱上具短毛。叶纸质，狭椭圆形至披针形，长 10–45 mm，宽 4–16 mm，被微柔毛或几无毛，基部急尖至楔形，先端急尖，侧脉 2–3 对；无柄或具短柄，长不及 3 mm；托叶被微柔毛或微硬毛至几无毛，托叶鞘长 1–3 mm，具 5–7 条刚毛，长 0.5–2 mm。花多数集生于上部叶腋，直径 5–12 mm；苞片多数，丝状，长 0.5–1 mm；花萼被微柔毛或微硬毛至几无毛，萼管倒卵形，长约 0.5 mm，萼裂片 4，狭三角形至线形，长 0.8–1 mm；花冠白色，漏斗状，外面无毛或在裂片上具微柔毛，花冠管长 0.5–1.5 mm，喉部具柔毛，裂片三角形，长 1–1.5 mm。蒴果椭球形，长 1.8–2 mm，直径 1–1.2 mm，被微硬毛或微柔毛。种子黄褐色，椭球形，长 1.5–1.8 mm，直径 0.8–1 mm，两端钝，具光泽和横纹。花果期：8 至翌年 2 月。

产地　南沙群岛 (美济礁)、西沙群岛 (永兴岛、东岛)。生于路边草地。

分布　广东、海南、台湾。越南、菲律宾、马来西亚、印度尼西亚、印度、斯里兰卡、澳大利亚。

菊科 Compositae

直立或匍匐或缠绕草本或木质藤本，罕为乔木。叶通常互生，稀对生或轮生，单叶或复叶，全缘或有各种齿刻或分裂。花两性或单性，具有舌状或管状花冠，聚成头状花序，头状花序中有全为管状花（又称盘花），有全为舌状花，有内部的为两性或无性的管状花，外部的为雌性或无性的舌状花（又称放射花）或管状雌雄花，为 1 个具有 1 层至多层总苞片所围绕，单生或排列成聚伞花序，再排列为总状、穗状、伞房状、圆锥状等花序式；花托凸或扁平或柱形，有多数小窝孔或平滑，裸露或被各样的托片；雄蕊 4–5 枚，着生于花冠管上，花药合生，极少离生，花丝分离；子房下位，由两个心皮组成，1 室，有胚珠 1 颗；花柱上部分为两枝，枝的内侧为柱头面，顶端有画笔状、凿状等附属物。果为菊果，习称瘦果，常冠以糙毛、鳞片、刺芒等构造，称为冠毛。

约 1,000 属，30,000 种，广布全球，主产温带地区。我国约有 230 属，2,300 多种，全国广布；南海诸岛有 18 属，20 种。

1. 头状花序全部为舌状花；植株具乳汁。
  2. 头状花序有花 80 朵以上；冠毛为极细的柔毛杂以较粗的直毛；果极压扁，无喙............................13. 苦苣菜属 *Sonchus*
  2. 头状花序有花 25 朵以下；冠毛为较粗的直毛和糙毛；果压扁或不压扁，具长或短喙，稀无喙。
    3. 瘦果压扁，两边具 1–4 条纵肋，先端具细长喙............................9. 莴苣属 *Lactuca*
    3. 瘦果圆柱状，具 4–6 条厚木栓质的纵肋，肋间有横纹，顶端无喙............................10. 栓果菊属 *Launaea*
1. 头状花序全部为管状花，或中央为管状花边缘为舌状花；植株不具乳汁。
  4. 花药基部具长尾尖；叶互生。
    5. 头状花序含异型花，边缘为细管状的雌花，中央为管状两性花............................11. 阔苞菊属 *Pluchea*
    5. 头状花序全为同型的两性管状花............................17. 斑鸠菊属 *Vernonia*
  4. 花药基部钝或微尖；叶互生或对生。
    6. 花柱分枝圆柱形，上端有棒状或稍扁而钝的附属体；头状花序盘状。
      7. 花托平或稍凸............................2. 飞机草属 *Chromolaena*
      7. 花托锥形............................12. 假臭草属 *Praxelis*
    6. 花柱分枝非圆柱形，上端有或无尖或三角形的附属物；头状花序辐射状或盘状。
      8. 冠毛毛状。
        9. 总苞片 1 层。
          10. 总苞无外苞片............................5. 一点红属 *Emilia*
          10. 总苞具外苞片............................7. 菊三七属 *Gynura*
        9. 总苞片 2 至多层............................6. 飞蓬属 *Erigeron*
      8. 冠毛莫片状、芒状、冠状或无。
        11. 总苞片边缘干膜质............................3. 菊属 *Chrysanthemum*
        11. 总苞片草质。
          12. 冠毛羽毛状............................16. 羽芒菊属 *Tridax*
          12. 冠毛芒状或无冠毛。

13. 瘦果压扁。
14. 冠毛为 2–4 枚具倒刺状刚毛的芒刺……1. 鬼针草属 *Bidens*
14. 冠毛硬刺状……15. 金腰箭属 *Synedrella*
13. 瘦果全部肥厚，或舌状花瘦果有 3–5 棱，管状花瘦果侧面扁压。
15. 托片平，狭长，不包裹花；舌状花舌片短而狭，近 2 层；无冠毛或有 2 短芒……4. 鳢肠属 *Eclipta*
15. 托片内凹或对折，多少包裹小花。
16. 舌状花不育……8. 向日葵属 *Helianthus*
16. 舌状花可育。
17. 总苞片外层较内层大；头状花序常单生；瘦果具喙，冠毛成熟时被木栓质果领遮盖……14. 蟛蜞菊属 *Sphagneticola*
17. 总苞片外层与内层近等大；头状花序 1–3(–6) 个组成复合花序；冠毛常为 1 芒刺或无冠毛……18. 孪花菊属 *Wollastonia*

1. 鬼针草属 Bidens L.

通常一年生草本。叶对生，单叶或复叶，有锯齿。头状花序具显著的总花梗，有时单生；总苞片基部稍连合；托片与小花同数；舌状花不孕，1 层或缺，具白色或黄色花冠；管状花两性，多数，能结实，花冠黄色，具 5 齿，雄蕊 5 枚，花药顶端锐尖，基部稍有尾，子房呈压扁状，被柔毛，花柱枝具多数乳头状凸起，具短附属物。瘦果有 3–4 棱或甚压扁状，圆柱状或纺锤状，顶端截平；冠毛为 2–4 条具倒刺的芒刺。

约 200 种，分布于热带地区，主产美洲。我国约 8 种，南北各地均有分布；南海诸岛有 1 种。

1. 鬼针草　　别名：一包针

Bidens pilosa L., Sp. Pl. 832. 1753; F. H. Chen et al. in Fl. Reip. Pop. Sin. 75: 377. 1979; P. Y. Chen et al. in Acta Bot. Austro Sin. 1: 144: 1983; T. C. Huang et al. in Taiwania 39(1–2): 10, 38. 1994.——*B. biternata* auct. non (Lour.) Merr. & Sherff: H. T. Chang in Sunyatsenia, 7(1–2), 84. 1948.——*B. pilosa* var. *minor* (Bl.) Sherff, Bot. Gaz. 80(4): 387–388. 1925; T. C. Huang et al. in Taiwania 39(1–2): 38. 1994.

一年生草本，直立，多分枝，多少被毛，高 30–100 cm。叶具柄，有 3 小叶，稀 5–7 小叶，下部的有时为单叶，小叶卵形或卵状椭圆形，长约 7 cm，宽约 3.5 cm，侧生小叶通常较小，顶端渐尖，基部楔形或有时圆形，边缘有锯齿，罕为深裂，两面近无毛；小叶柄长 2–8 mm。头状花序近球形，具细长的总花梗；总苞片稍被毛，外层长 3–5 mm，内层渐狭，无舌状花，管状花黄褐色。瘦果多数，纺锤形，有 3 棱，长约 1 cm，黑色，冠毛为 2–3 条具倒刺的芒刺。花期：1–8 月。

产地　南沙群岛（太平岛、永暑礁）、西沙群岛（永兴岛、东岛）、东沙群岛（东沙岛）。生于旷地上。

分布　我国西南部至东南部各地。广布亚洲和美洲热带地区。

2. 飞机草属 Chromolaena DC.

灌木、亚灌木或多年生草本，直立至多少攀援。叶通常对生，叶片大多为卵形或三角形至椭圆形，有时线形，近全缘至分裂。头状花序通常排成聚伞圆锥状或伞房状，极稀头状花序单个生于直立的长总花梗上；总苞片18–65枚，排列4–6轮，不等大，常具增大的草质或具颜色的尖头；花序托扁平至稍凸，无毛，或有时被密毛；小花6–75朵；花冠白色、蓝色、淡紫色或紫色，近圆柱状，仅基部稍狭，外侧裂片下无毛，具多或少具短柄的腺体，常具较硬的毛，裂片长明显或稍大于宽，花冠内侧长常密被小乳突或光滑；花药颈部常下部较宽，上部较狭，或下部部变宽，花药附片大，长圆形长约为宽的1.5倍，全缘或尖头处具细锯齿；花柱基部不增大，分枝狭线形至上部稍增大，稍具乳突至密被小乳突。瘦果棱柱状，具(3–)5棱，被小刚毛，棱上尤多，果柄明显，阔圆柱形或基部狭；冠毛刚毛状，约40枚，细长，宿存，顶部有时稍增大。

约165种，产于新大陆热带和亚热带地区，其中一种为泛热带分布的杂草。我国引入1种；南海诸岛亦有。

1. 飞机草　　别名：香泽兰

Chromolaena odorata (L.) R. M. King & H. Rob., Phytologia 20(3): 204. 1970; Y. L. Chen, T. Kawahara & D. J. Nicholas Hind in Fl. China 20–21: 890. 2011.——*Eupatorium odoratum* L., Syst. Nat. ed. 10, (2): 1205. 1759; W. Y. Chun et al. in Fl. Hainanica 3: 378. 1977; P. Y. Chen et al. in Acta Bot. Austro Sin. 1: 145. 1983.

多年生草本，高达1.5 m或更高；茎和枝均被柔毛。叶对生，菱状卵形，长7–13 cm，宽3.5–8 cm，顶端渐尖，基部阔楔形，边缘有粗而不规则的齿刻，上面疏被柔毛，下面密被柔毛，间有腺点，具3主脉；叶柄长1–2 cm，被柔毛，头状花序多数，在枝顶排成伞房状花序式，圆筒形，长约1 cm，中部径宽4–5 mm，具总花梗；总苞有3–4层紧贴的总苞片，总苞片卵形或线形，稍被毛，顶端圆钝，背面有3条深绿色的纵肋；小花多数，花冠基部稍膨大，顶端5齿裂，裂片三角形。瘦果纺锤形，具5纵棱，棱上有短毛。花果期：4–12月。

产地　西沙群岛（永兴岛、石岛、东岛、琛航岛、金银岛、珊瑚岛）。生于疏林中及路旁草地上。

分布　广东、海南、广西、云南有逸为野生。原产南美洲。

用途　全草入药，治小伤口出血，山蚂蟥咬伤流血不止，无名肿毒及杀灭钩端螺旋体等。

3. 菊属 Chrysanthemum L.

多年生草本或亚灌木，无毛或被基生毛或丁字毛。叶互生，羽状或掌状分裂，具锯齿，稀全缘。头状花序含异型花，诞生茎、枝端，或在茎上端排成伞房花序状的聚伞状花序；总苞浅盘状，少数杯状；总苞片 4–5 层，边缘白色、褐色、黑褐色或棕褐色，膜质；雌性舌状花 1 层，结实，舌片黄色、白色或红色，花柱顶端二叉或无花柱；两性管状花多数，花冠黄色，檐部具 5 齿裂，花药基部钝，花柱顶端截平，子房能育或不育。瘦果近圆柱状，有 5–8 条纵脉纹；无冠毛。

37 种，大部分产亚洲温带。我国有 22 种（13 种特有种）；南海诸岛栽培有 1 种。

1. 菊花

Chrysanthemum morifolium Ramat., J. Hist. Nat. 2: 240. 1792;W. Y. Chun et al. in Fl. Hainanica 3: 412–413. 1974.——*Dendranthema morifolium* (Ramat.) Tzvelev, Fl. URSS 26: 373. 1961.

多年生草本。茎直立，高 30–90 cm，不分枝或上部分枝，基部有时木质化；茎、枝被短柔毛。茎下部与中部叶卵形或长卵形，长 5–15 cm，宽 4–14 cm，羽状浅裂，稀半裂，边缘具粗锯齿，基部宽楔形或微心形，叶面疏被短柔毛或近无毛，背面被白色短柔毛；叶柄长 3–10 cm；上部叶渐小，具短柄；苞片叶披针形或线形。总状花序直径 2.5–10(–20) cm，单生茎端，或数朵或多朵在茎上端排成伞房花序状的聚伞状花序；总苞片多层，外层的被微柔毛，边缘膜质，内层的近无毛；舌状花 1 至数层，中性，舌片线形或线状倒披针形或内卷成长细管状，白色、黄色或紫色；管状花多数或少数，花冠黄色或紫色，檐部具 5 裂齿，子房不育或少数能育，无冠毛。花期：9 月至翌年 3 月。

产地　西沙群岛（永兴岛）有栽培。

分布　原产我国，现世界各国常栽培。

4. 鳢肠属 Eclipta L.

直立或匍匐状一年生草本，被糙硬毛。叶对生，近全缘。头状花序小，腋生或顶生，具总花梗，有异型花；总苞阔钟状，总苞片绿色，近2层，带草质，外层较宽；花托平，具线状托片；舌状花雌性，近2层，能结实或否，舌瓣小，全缘或具2齿，白色，稀为黄色；管状花两性，能结实，花冠管状，4–5裂，花药基部钝，近全缘，花柱枝扁平，具短的三角形附属物。舌状花瘦果狭，具3棱；管状花的瘦果较粗壮，侧面近扁平，顶部全缘，具齿或有2芒。

4种，主产澳大利亚、南美洲。我国1种，南北广布；南海诸岛亦有。

1. 鳢肠　　别名：旱莲草、白花蟛蜞菊

Eclipta prostrata L., Mant. Pl. 2: 286. 1771; W. Y. Chun et al. in Fl. Hainanica 3: 404. 1974; P. Y. Chen et al. in Acta Bot. Austro Sin. 1: 145. 1983.

一年生草本，茎匍匐状或近直立，被硬糙毛，植株长约30 cm。叶对生，近无柄，线形或长圆状披针形，长1–8 cm，宽5–15 mm，两端略狭，边全缘或稍具齿；主脉3条，近基部发出。头状花序1–2个腋生或顶生，卵形，长5 mm或较短，宽5–8 mm，结果时更宽，具长10–45 mm的总花梗；总苞片卵形或长圆形，钝或急尖，约与花等长或更长，背面被紧贴的硬糙毛；托片狭，有毛；舌状花1层，白色，舌瓣有2齿或无；管状花花冠具4齿裂，雄蕊4枚，花药基部近于钝，花柱枝圆柱状，顶端截平，被乳头状凸起。瘦果长3 mm，宽约1.5 mm，有3棱而略压扁状，黑色，被颗粒状凸起；冠毛退化成2–3小鳞片。花期：5–8月。

产地　南沙群岛（太平岛、永暑礁）、西沙群岛（永兴岛、东岛）。生于近水的湿润之处。

分布　全国广布。世界热带亚热带地区广布。

用途　全草入药，有凉血、止血、消肿功效，内服可乌发；民间用以治跌打。

5. 一点红属 Emilia Cass.

一年生或多年生草本，常有白霜，无毛或被毛，叶互生，通常密集于基部，具叶柄，茎生叶少数，羽状浅裂，全缘或有锯齿，基部常抱茎。头状花序盘状，具同形的小花，单生或数个排成疏伞房状，具长花序梗，开花前下垂。总苞筒状，基部无外苞片；总苞片1层，等长，在花后伸长。花序托平坦，无毛，具小窝孔。小花多数，全部管状，两性，结实；黄色或粉红色，管部细长，檐部5裂；花药顶端有窄附片，基部钝；花柱分枝长，顶端具短锥形附器，被短毛。瘦果近圆柱形，两端截形，5棱或具纵肋；冠毛细软，雪白色，刚毛状。

约100种，分布于亚洲和非洲热带，少数产于美洲。我国有4种，另引入1种，主要分布于华中、华南、华东和西南；南海诸岛有1种。

1. 一点红

Emilia sonchifolia (L.) DC., Contr. Bot. India 24. 1834; Y. L. Chen et al. in Fl. China 20–21: 543. 2011; Y. Tong in Biodivers. Sci. Appendix 1, 21(3): 364–374. 2013.——*Cacalia sonchifolia* L., Sp. Pl. 2: 835. 1753.

8. 向日葵属 Helianthus L.

一年生或多年生草本。叶为单叶，大，具齿或分裂，下部的对生，上部的互生。头状花序大，顶生，单生或排列成伞房花序式，具显著的总花梗；总苞片2层至数层，外层草质，叶状；花托扁平或隆起，被多数托片，托片包围瘦果；花多数；舌状花无性，花冠黄色，通常甚显著；管状花两性，能结实，花冠黄色、紫褐色或淡紫色。瘦果扁平，平滑，稍有棱；冠毛为2鳞片状的芒，早落。

约110种，主产北美洲。我国4种，南北有栽培；南海诸岛有1种。

1. 向日葵

Helianthus annuus L., Sp. Pl. 904. 1753; W. Y. Chun et al. in Fl. Hainanica 3: 407. 1974; F. W. Xing et al. in Acta Bot. Austro Sin. 9: 44. 1994.

一年生直立、粗壮草本，高1–3 m；茎常有紫色斑点，被疏柔毛或短而硬的刚毛。基部叶对生，其余大部分互生，具长柄，阔卵形，长10–25 cm，宽5–13 cm或更大，顶端渐尖或急尖，基部阔楔形或心形，边缘有锯齿，两面均被白色短刚毛。头状花序常单生，大，直径达30 cm或更大；总苞片卵形至卵状披针形，顶端尾状渐尖，具缘毛，外围的花为金黄色舌状雌花，不结实，管状花为两性花，花冠棕色或紫色，能结实；花托平，托片膜质。瘦果长圆状卵形或椭圆形，稍扁，灰色或黑色，长约12 mm；冠毛具2鳞片，呈芒状，脱落。花期：7–9月；果期：8–10月。

产地　西沙群岛（永兴岛）有栽培。

分布　全国各地均有栽培，原产北美洲。

用途　瘦果榨油可食用，为重要的油料作物。

9. 莴苣属 Lactuca L.

一年生或多年生草本，有乳状汁液；茎直立，粗壮。叶互生，全缘、有齿刻或羽状分裂，无毛或被毛。头状花序排成圆锥花序式；总苞圆筒形，总苞片数层，外层较短，向内层渐较长；花托扁平，裸露；小花全部舌状，花冠白色、黄色、淡红色或蓝色。瘦果卵圆形或线形，压扁，两侧各有1–4纵肋，顶端有长或短的细喙；冠毛白色或褐色。

约120种，分布于北温带。我国40多种，全国各地均有分布；南海诸岛有1种。

1. 莴苣　别名：生菜

Lactuca sativa L., Sp. Pl. 795. 1753; F. W. Xing et al. in J. Plant Resour. Environ. 2(3), 4. 1993; F. W. Xing et al. in Fl. Nansha Isl. Neighb. Isl. 138. 1996; S. Zhu et al. in Fl. China 20–21: 237. 2011.

一年生或二年生草本，茎光滑，高30–100 cm。叶于基部的丛生，长椭圆形、倒卵形或长舌形，长10–30 cm，平滑无毛或皱缩，顶端圆钝或短尖，无柄，全缘或有微齿；茎生叶椭圆形或三角状卵形，基部心形抱茎。头状花序多数排成圆锥状花序式，有总苞片多层，内层总苞片披针形，舌状花黄色。瘦果长椭圆状纺锤形，灰色、肉红色或褐色，稍压扁，上部稍宽，基部稍狭，长约3 mm，每面有纵肋7–8条，喙与果身等长或稍长；冠毛白色。花果期：6–10月。

产地　南沙群岛（永暑礁）、西沙群岛（永兴岛）有栽培。

分布　全国各地均有栽培。原产地中海沿岸，现世界广为栽培。

用途　栽培蔬菜，供食用。

10. 栓果菊属 Launaea Cass.

直立或匍匐状多年生草本，有乳状汁液，近无毛。叶主要基生，波状或羽状分裂，边缘常有小尖齿。头状花序圆柱状，有或无总花梗，单生、簇生或排成总状花序式或圆锥状花序式，有同型花；总苞钟状或圆筒状，总苞片多层，覆瓦状排列，边缘常为膜质，内层的近相等，外层的不等；花托扁平，裸露；小花全为舌状花，花冠黄色；雄蕊5枚，花药基部矢状；花柱2，细长。瘦果狭窄，近圆柱形，有棱，稀有翅，有厚木栓质纵肋，两端截平；冠毛丰富，多层，白色，基部连合成环，一起脱落。

约40种，分布欧洲、非洲和亚洲。我国4种（1种特有种），分布西南部和南部；南海诸岛有1种。

1. 蔓茎栓果菊　别名：匐枝栓果菊

Launaea sarmentosa (Willd.) Kuntze, Revis. Gen. Pl. 1: 350. 1891; W. Y. Chun et al. in Fl. Hainanica 3: 430. 1977; P. Y. Chen et al. in Acta Bot. Austro Sin. 1: 145. 1983.——*Prenanthes sarmentosa* Willd., Phytographia 10, t. 6, f. 2. 1794.

多年生草本，无毛，有肥厚的主根；茎柔弱，匍匐，长20–70 cm，节上常生不定根，节间长，成弧形弯拱。叶簇生于茎的基部和节上，近无柄至柄长达4 cm，叶片倒披

针形或倒卵形，羽状深裂或浅裂或具尖齿，长 3–8 cm，宽 5–22 mm，顶端圆钝或稀渐尖，基部渐狭。头状花序单生，出于茎上叶腋，有长总花梗，总花梗长 1–2 cm；苞片 4–7 枚，卵形；总苞圆筒形，长约 12 mm，宽 3–4 mm，总苞片 3–4 层，边缘膜质，外面 3 层卵形至卵状披针形，长 4–7 mm，内面的线形，长达 13 mm；花冠黄色。瘦果圆柱形，有 5 棱，冠毛柔软，白色。花期：4–12 月。

产地　西沙群岛（永兴岛、琛航岛、珊瑚岛）。生于海边沙地上。

分布　广东、海南、广西。非洲东部、印度及中南半岛。

11. 阔苞菊属 Pluchea Cass.

灌木或亚灌木，稀多年生草本。茎直立，被绒毛或柔毛。叶互生，有锯齿，稀全缘或羽状分裂。头状花序小，在枝顶作伞房花序排列或近单生，有异型小花，盘状，外层雌花多层，白色、黄色或淡紫色，结实，中央的两性花少，不结实；总苞卵形、阔钟形或近半球状；总苞片多层，覆瓦状排列，坚硬或有时近膜质，外层宽，通常阔卵形，内层常狭窄，稍长；花托平，无托毛；雌花花冠丝状，顶端3浅裂或有细齿；两性花花冠管状，檐部稍扩大，顶端5浅裂。花药基部矢状，有渐尖的尾部；两性花花柱丝状，全缘或2浅裂，被微硬毛或乳头状突起。瘦果小，略扁，4–5棱，无毛或被疏柔毛；冠毛毛状，1层，宿存。

约80种，分布于美洲、非洲、亚洲和澳大利亚的热带和亚热带地区。我国有5种（含2种引种栽培），产台湾和南部及西南部各地。南海诸岛有1种

1. 阔苞菊

Pluchea indica (L.) Less., Linnaea 6: 150. 1831; Y. S. Chen & Arne A. Anderberg in Fl. China 20–21: 848. 2011.——*Baccharis indica* L., Sp. Pl. 2: 861. 1753.

灌木。茎直立，高2–3 m，径5–8 mm，分枝或上部多分枝。有明显细沟纹，幼枝被短柔毛，后脱毛。下部叶无柄或近无柄，倒卵形或阔倒卵形，稀椭圆形，长5–7 cm，宽2.5–3 cm，基部渐狭成楔形，顶端浑圆、钝或短尖，上面稍被粉状短柔毛或脱毛，下面无毛或沿中脉被疏毛，有时仅具泡状小突点，中脉两面明显，下面稍凸起，侧脉6–7对，网脉稍明显，中部和上部叶无柄，倒卵形或倒卵状长圆形，长2.5–4.5 cm，宽1–2 cm，基部楔尖，顶端钝或浑圆，边缘有较密的细齿或锯齿，两面被卷短柔毛。头状花序径3–5 mm，在茎枝顶端作伞房花序排列；花序梗细弱，长3–5 mm，密被卷短柔毛；总苞卵形或钟状，长约6 mm；总苞片5–6层，外层卵形或阔卵形，长3–4 mm，有缘毛，背面通常被短柔毛，内层狭，线形，长4–5 mm，顶端短尖，无毛或有时上半部疏被缘毛；雌花多层，花冠丝状，长约4 mm，檐部3–4齿裂；两性花较少或数朵，花冠管状，长5–6 mm，檐部扩大，顶端5浅裂，裂片三角状渐尖，背面有泡状或乳头状突起。瘦果圆柱形，有4棱，长1.2–1.8 mm，被疏毛；冠毛白色，宿存，约与花冠等长，两性花的冠毛常于下部联合成阔带状。花果期：全年。

产地　南沙群岛（华阳礁）。

分布　广东、海南、台湾。日本、越南、柬埔寨、印度、泰国、老挝、新加坡、马来西亚、菲律宾、澳大利亚北部、太平洋岛屿（夏威夷）。

12. 假臭草属 Praxelis Cass.

一年生或多年生草本或亚灌木，直立或外倾。叶对生或轮生，卵形至椭圆形或线形，近全缘至具锐锯齿。头状花序单个着生或组成松散的聚伞状花序或较紧凑的伞房花序状花序；总苞通常钟状，总苞片15–25枚，3–4层；花冠白色、蓝色或浅紫色，狭漏斗状或喉部圆柱状而基部稍狭，外面光滑无毛，稍具腺体，花冠裂片长为宽的1.5–3倍，内侧常密生长的小乳突；花药颈部基部增大，先端变狭，附片长明显大于宽或较宽稍长，顶端具牙齿；花柱基部不增大，分枝长，狭线形，上半部分较宽，密被长的小乳突。瘦果压扁，具3–4棱，疏被无色小刚毛；果柄明显，宽，不对称；冠毛约40枚，刚毛状，宿存。

16种，分布于南美洲，1种在东亚和澳大利亚归化。我国引入1种；南海诸岛亦有。

1. 假臭草

Praxelis clematidea (Griseb.) R. M. King & H. Rob., Phytologia 20(3): 194. 1970; Y. L. Chen, T. Kawahara & D. J. Nicholas Hind in Fl. China 20–21: 879. 2011.——*Eupatorium clematideum* Griseb., Abh. Königl. Ges. Wiss. Göttingen 24: 172. 1879.

多年生草本。茎高0.7–1.2 m；茎、枝、叶背面初时被白色短柔毛，后渐脱落。叶对生，具短柄；茎基部叶花期凋萎；中部叶卵形、宽卵形，长2.5–4.5 cm，宽3–5 cm，顶端渐尖，边缘有规则的圆锯齿，基部楔形；3出脉；侧脉1–2对；上部叶小。头状花序少数至多数，在茎及枝端排成伞房花序状的聚伞状花序；总苞长筒形；总苞片3层，覆瓦状排列，外层的短，卵形或卵状披针形，中层及内层的渐长，长椭圆形或长椭圆状披针形，上部及边缘白色，膜质，背面无毛；

16. 羽芒菊属 Tridax L.

多年生草本。叶对生，羽状分裂或具粗裂齿。头状花序具长总花梗，具两型花；总苞片少，数层，草质；花托扁平或凸出，有膜质托片；外围雌花1层，有舌状花冠或两唇形花冠，外唇大，3齿裂；中部两性花多数，具管状花冠，花药基部有短尾；两性花的花柱枝上部有毛，顶端凿形。瘦果倒圆锥形或长圆形，被绢毛；冠毛短或长，羽毛状。

约26种，主产热带美洲。我国1种，分布华南；南海诸岛亦有分布。

1. 羽芒菊

Tridax procumbens L., Sp. Pl. 900. 1753; W. Y. Chun et al. in Fl. Hainanica 3: 411. 1974; P. Y. Chen et al. in Acta Bot. Austro Sin. 1: 145. 1983; T. C. Huang et al. in Taiwania 39(1–2):11, 38. 1994.

多年生匍匐草本；茎基部的节常生根，分枝多，长20–40 cm，稍被硬糙毛。中部叶披针形或卵状披针形，长4–8 cm，宽15–22 mm，顶端短渐尖，基部渐狭或楔形，边缘有粗锯齿，头状花序少数，单生，顶生；总花梗长10–25 cm或更长；总苞近半球形，宽约1 cm；总苞片2–3层，外层草质，卵形，背面被长柔毛，内层的长圆形，无毛，顶端有小尖头，最内层的较狭，稍有光泽；花托半球形或稍凸，被多数披针形、膜质托片；小花花冠黄色，雌花1层，具长圆形舌瓣和被毛的花冠管；管状花两性，多数，基部1–3次缢缩，上部稍扩大。瘦果倒卵形、倒圆锥形或长圆形，被柔毛；冠毛羽毛状，干时黄褐色。花果期：几全年。

产地　南沙群岛（太平岛、永暑礁、美济礁）、西沙群岛（永兴岛、石岛、东岛、中建岛、晋卿岛、琛航岛、广金岛、金银岛、甘泉岛、珊瑚岛）、东沙群岛（东沙岛）。逸生于旷野荒地上。

分布　海南、广西、台湾有逸生。原产美洲热带。

17. 斑鸠菊属 **Vernonia** Schreber

草本、攀援灌木或小乔木。叶通常互生，全缘或有齿缺。头状花序稀单生，通常排成顶生或腋生的伞房状花序式或圆锥花序式；总苞钟状、卵形或半球形，总苞片数层，覆瓦状排列；花托裸露或有疏短毛；小花两性，花冠紫色或橙色，管状花，花冠外面常有无柄的腺体，冠顶端5裂；雄蕊5枚，花药基部钝；花柱枝丝状，无附属物。瘦果圆柱状或背面凸，腹面扁平，有纵肋；冠毛多数为糙毛，白色或橙红色，内层等长，外层较短、较少或缺。

约1,000种，主产热带地区。我国约30种，分布东南部至西南部；南海诸岛有2种。

1. 瘦果无棱或稀具不明显棱，多少压扁，密生白色短柔毛；冠毛2层，外层短刚毛状，宿存；头状花序直径约6 cm，多个在枝端排成伞房花序状的聚伞状花序；小花19–28朵 .... 1. 夜香牛 *V. cinerea*
1. 瘦果具4–5棱，无毛，具腺体；冠毛1层，易脱落；头状花序直径8–10 mm，常2–3个生于小枝端；小花75–100朵 .... 2. 咸虾花 *V. patula*

1. 夜香牛

Vernonia cinerea (L.) Less., Linnaea 4: 291. 1829; W. Y. Chun et al. in Fl. Hainanica 3: 375. 1977; P. Y. Chen et al. in Acta Bot. Austro Sin. 1: 145. 1983; T. C. Huang et al. in Taiwania 39(1–2):11, 38. 1994.——*Conyza cinerea* L., Sp. Pl. 862. 1753.

直立草本，高达1 m，被白色、稀淡黄色柔毛。叶互生，条形、披针形、卵形或菱形，长2–7 cm，宽0.5–3.5 cm，顶端钝、急尖或有时渐尖，基部渐狭或楔形，边缘有浅齿，稀全缘，上面疏被白色或淡黄色柔毛，背面较密。头状花序多数，直径约 6 mm，有长总花梗，具多数紫红色小花，排成顶生的伞房花序式；总苞片线形至披针形，被白色柔毛，内层的顶端渐尖，紫色，外层的急尖。瘦果稍压扁，密被白色柔毛；冠毛白色或稍带黄色，内层的伸出，长为总苞的 1 倍，外层的多数，短，不易脱落。花期：全年。

产地　南沙群岛（太平岛、永暑礁）、西沙群岛（永兴岛、石岛、东岛、中建岛、琛航岛、金银岛、珊瑚岛）、东沙群岛（东沙岛）；生于路边及珊瑚礁沙地上。

分布　我国长江以南各地。越南、老挝、柬埔寨、泰国、缅甸、菲律宾、澳大利亚、印度、非洲。

用途　全草入药，有疏风散热、消肿拔毒、镇静安神之效；治感冒发热、神经衰弱、失眠、痢疾、跌打扭伤、乳腺炎、疮疖肿毒等。

2. 咸虾花　　别名：大叶咸虾花、狗仔菜

Vernonia patula (Dry.) Merr., Philipp. J. Sci. 3(6): 439–440. 1908; W. Y. Chun et al. in Fl. Hainanica 3: 375. 1977; P. Y. Chen et al. in Acta Bot. Austro Sin. 1: 145. 1983.——*Conyza patula* Dry., Ait. Hort. Kew 3: 375. 1789.

直立草本，高约 1 m，被灰色柔毛。叶互生，卵形或椭圆状披针形，长 2–9 cm，宽 1–5.5 cm，顶端通常急尖，基部楔形或渐狭，边缘有浅齿或波状，上面近无毛，下面密被灰色柔毛，侧脉 4–5 对；叶柄长约 15 mm。头状花序直径 8–10 mm，常 2–3 枚生于小枝端，并在茎上排成宽圆锥花序状的聚伞状花序，具小花 75–100 枚；总苞卵形，总苞片卵形至卵状披针形，顶端尾状渐尖，边缘浅绿色，带膜质，上部有柔毛。瘦果有 4–5 棱，无纵肋，无毛，具腺体；冠毛白色，易脱落，与总苞等长或略伸出，外层冠毛缺。花期：8 月至翌年 2 月。

产地　西沙群岛（东岛）。生于旷野草地上。

分布　我国长江以南各地。印度、中南半岛、菲律宾、印度尼西亚。

用途　全草入药，解表散寒、清热止泻；治急性肠胃炎、风热感冒、头痛、疟疾等。

18. 孪花菊属 Wollastonia DC. ex Decne.

多年生草本或成稍灌木状。叶对生，卵形，三出脉。头状花序单个顶生或若干个组成松散的圆锥花序状的聚伞状花序；总苞片 2 层；花序托凸起；舌状花雌性，舌片黄色；管状花两性，花冠黄色或黄绿色；花药棕色至黑色。舌状花瘦果楔形，具 3 棱，基部具小刚毛，顶端截平；管状花瘦果压扁，稍具 4 棱，基部具小刚毛；冠毛缺或常为 1 芒。

约 2 种，印度洋和太平洋海滨地区及山地。我国有 2 种；南海诸岛有 1 种。

1. 孪花蟛蜞菊

Wollastonia biflora (L.) DC., Prodr. 5: 546–547. 1836; Y. S. Chen & D. J. Nicholas Hind in Fl. China 20–21: 872. 2011.——*Wedelia biflora* (L.) DC., Contr. Bot. India 18. 1837; H. T. Chang in Sunyatsenia, 7(1–2), 83. 1948; W. Y. Chun et al. in Fl. Hainanica 3: 406. 1974; P. Y. Chen et al. in Acta Bot. Austro Sin. 1: 146. 1983; T. C. Huang et al. in Taiwania 39(1–2):11,38. 1994.——*Verbesina biflora* L., Sp. Pl. 2: 1272. 1763.

攀援状草本；茎、叶无毛或稍被短而倒伏糙毛。叶披针形或卵状披针形，长 5–10 cm，宽 2.5–4.5 cm，顶端长渐尖，基部楔形或圆，两面稍被粗毛，边缘有锯齿；主脉 3 条，中脉有 1–2 对侧脉；叶柄长 2–4 cm；上部叶较小，披针形。头状花序少数，直径约 2 cm，具长约 2–4 cm 稀达 6 cm 的总花梗，腋生或顶生，单生或有时孪生，稀 3 个同生；总苞片 2 层，外层卵形或长圆形，顶端三角状，向内渐成倒披针形，与管状花几等长，背面被毛；托片线状倒披针形，全缘，顶端有短糙毛，与总苞片等长或稍长；舌状花 1 层，具黄色、2 齿的舌瓣，疏被柔毛；管状花花冠黄色，冠檐向下骤狭成细长花冠管，管长约 1 mm。瘦果倒卵形，顶端圆，有红色斑点和细短柔毛；具 3–4 棱；冠毛缺。花期：4–6 月。

产地　南沙群岛（太平岛、渚碧礁）、西沙群岛（永兴岛、石岛、东岛、中建岛、晋卿岛、琛航岛、珊瑚岛、金银岛、甘泉岛、西沙洲、赵述岛、北岛、中岛、南岛、南沙洲）、东沙群岛（东沙岛）。生于旷地、灌丛中。

分布　我国东部和南部沿海各地。印度、越南、菲律宾、日本。

草海桐科 Goodeniaceae

草本或小灌木，无乳汁管。植株无毛或有簇生毛或星状毛；叶腋常有毛簇。花序为聚伞花序，具苞片，或花单生而有时集成总状花序；花两性，一般两侧对称，5数(心皮退化为2)；花萼为合萼的，筒部几乎全部贴生于子房上，裂片通常发育；花冠合瓣，由于背面开1条纵缝而两侧对称，裂片游离，两边有很薄而宽的膜质翅；雄蕊5枚，通常与花冠分离，无毛，花药基部着生，内向，分离，稀侧向联合而成一管，2室，纵向开裂；无花盘；子房下位，2室或不完全2室，或仅1室；花柱柱状，单一或在顶端2–3裂；柱头为一杯状(有时2裂)的集药杯所围绕，杯口具缘毛；胚珠1至多颗，中轴着生或基底着生。果为蒴果，瓣裂，有时为核果或坚果，具宿存花萼；种子1至多颗，且有胚乳。

14属，约300种，主要分布于澳大利亚，少数分布于新西兰、美洲及亚洲热带地区。我国产2属，3种，主要分布于广东、海南、福建、台湾等沿海地区；南海诸岛有1属，1种。

1. 草海桐属 Scaevola L.

草本，亚灌木或灌木，直立或攀援。叶互生而螺旋状排列，或对生。聚伞花序腋生，或单花簇生，有对生的苞片和小苞片；萼管与子房贴生，檐部常很短，成一个环状的杯且具5齿，或5裂。花冠两侧对称，后面纵缝开裂至近基部，顶端5裂，裂片近相等或上部2片略短，通常盛开时成指状扩展；花丝线形，花药分离；子房下位，很少半下位，2室，花柱顶部有扩大呈杯状的包膜承托着柱头，包膜边缘有竖直的缘毛，很少无毛，柱头截平或2裂，胚珠每室1–2颗，倒生。核果的外果皮肉质、木栓质或膜质，内果皮坚硬，木质或骨质，罕有脆壳质；种子1颗或和子房室同数。

约80种，主要分布于澳大利亚和热带地区各岛屿。我国有2种；南海诸岛有1种。

1. 草海桐　　别名：羊角树

Scaevola taccada (Gaertn.) Roxb., Hort. Bengal. 15. 1814; D. Y. Hong & D. G. Howarth in Fl. China 19: 568–569. 2011.——*Lobelia taccada* Gaertner, Fruct. Sem. Pl. 1: 119. 1788.——*S. frutescens* Krause, Pflanzenr. Heft 54: 125, f. 25. 1912; H. T. Chang in Sunyatsenia, 7(1–2), 84–85. 1948.——*S. sericea* Vahl, Symb. Bot. (2): 37. 1791; P. Y. Chen et al. in Acta Bot. Austro Sin. 1: 146. 1983; T. C. Huang et al. in Taiwania 39(1–2): 14, 40. 1994.

直立或披散灌木，有时枝节上生根，枝的节间中空，叶腋里密生一簇白色须毛。叶螺旋状集生于枝顶，无柄或具短柄，匙形至倒卵形，长10–22 cm，宽4–8 cm，基部楔形，顶端圆钝或微凹，全缘，或波状，无毛或背面有疏柔毛，稍肉质。聚伞花序腋生，长1.5–3 cm。苞片和小苞片小，腋间有一簇长须毛；花梗近中部有关节；花萼无毛，筒部倒卵状，裂片条状披针形，长2.5 mm；花冠白色或淡黄色，长约2 cm，筒部细长，后方开裂至基部，外面无毛，内面密被白色长毛，檐部开展，裂片中间厚，披针形，中部以上每边有宽而膜质的翅，翅常内叠，边缘疏生缘毛；花药在花蕾中围着花柱上部，和集粉杯下部粘成一管，花开放后分离，药隔超出药室，顶端成片状。核果卵球形，白色，无毛或有柔毛，直径7–10 mm，有两条纵向沟槽，将果分为两瓣，每瓣有4条棱，2室，每室有1颗种子。花果期：4–12月。

产地　南沙群岛（太平岛、北子岛、鸿庥岛、中业岛、南威岛、敦谦沙洲、染青沙洲、南子岛、景宏岛、安波沙洲、马欢岛、西月岛、双黄沙洲、南薰礁、永暑礁、渚碧礁）、西沙群岛（永兴岛、石岛、东岛、中建岛、晋卿岛、琛航岛、广金岛、羚羊礁、金银岛、甘泉岛、珊瑚岛、银屿、西沙洲、赵述岛、北岛、中岛、南岛、北沙洲、中沙洲、南沙洲）、东沙群岛（东沙岛）。生于海边沙地上。

分布　广东、海南、广西、福建、台湾。日本(琉球)、东南亚、马达加斯加、大洋洲热带、密克罗尼西亚、夏威夷。

用途　本种生长迅速，具较强的抗盐性，是海岸固沙、抗波浪的树种。

紫草科 Boraginaceae

草本、灌木或乔木，极少藤本，无毛或粗糙或被粗硬毛。单叶互生，很少对生，全缘或有锯齿；不具托叶。聚伞花序常组成蝎尾状或蜗卷状或其他的花序式。花两性，辐射对称，很少左右对称，萼近全缘或5齿裂，裂齿覆瓦状排列，很少镊合状排列；花冠合瓣，5裂，裂片旋转状或覆瓦状排列；雄蕊着生于冠管上，与花冠裂片同数而与其互生，药2室，纵裂；花盘存在或缺，子房上位，2室，每室有胚珠2颗，花柱顶生，或子房室为假隔膜分成4室，每室有胚珠1颗，花柱通常基生，胚珠直立或倒悬或近平展。果为核果或坚果，分裂为2–4个分核或小坚果，有时多少肉质呈浆果状；种子有胚乳，胚直或弯曲。

约100属，2,000种，分布于世界的温带和热带地区，地中海区为其分布中心。我国有48属，269种，遍布全国；南海诸岛有5属，6种。

1. 花柱2次2裂；柱头4；核果具1核；子叶具褶。……2. 破布木属 *Cordia*
1. 花柱2裂或不裂；柱头1或2；核果或小坚果状，常分裂为2或4核，稀不裂；子叶无褶。
  2. 花柱不分裂或不存在；柱头1，圆锥形，其下方环状膨大，具柱头组织，上部为不育部分，有时成2裂。
    3. 果成熟时有肉质或木栓质的中果皮……5. 紫丹属 *Tournefortia*
    3. 果成熟时干燥，中果皮木栓质，多泡，紧包围内果皮……4. 天芥菜属 *Heliotropium*
  2. 花柱常2裂；柱头2，头状或延长，其下方不环状膨大，无不育部分。
    4. 花柱2裂至中部以下；内果皮不分裂，卵球形；叶上面密生白色斑点……1. 基及树属 *Carmona*
    4. 花柱2裂不达中部；内果皮分裂为2个具2粒种子或4个具1粒种子的分核；叶上面无白色斑点……3. 厚壳树属 *Ehretia*

1. 基及树属 Carmona Cav.

灌木或小乔木。叶小形，具短柄，两面均粗糙，上面多有白色小斑点，叶缘具粗齿，通常在当年生枝条上互生，在短枝上簇生。花生叶腋，通常2–6朵集为疏松团伞花序；花萼5裂，裂片开展；花冠白色，具短筒及平展的裂片，喉部无附属物；雄蕊5，花丝细长，花药伸出；花柱生子房顶端，2裂几达基部，2分枝细长而延伸，约与花冠等长，柱头2，小形，近头状。核果红色或黄色，先端有宿存的喙状花柱，内果皮骨质，近球形，成熟时完整，不分裂，具4粒种子。

仅1种，分布于亚洲南部、东南部及大洋洲的巴布亚新几内亚及所罗门群岛。我国有1种；南海诸岛亦有栽培。

1. 基及树　　别名：福建茶

Carmona microphylla (Lam.) G. Don, Gen. Hist. 4: 391. 1838; G. L. Zhu, H. Riedl & R. Kamelin in Fl. China 16: 337. 1995; Y. Tong in Biodivers. Sci. Appendix 1, 21(3): 364–374. 2013.——*Ehretia microphylla* Lam., Tabl. Encycl. 1: 425. 1792.

灌木，高 1–3 m，具褐色树皮，多分枝；分枝细弱，节间长 1–2 cm，幼嫩时被稀疏短硬毛；腋芽圆球形，被淡褐色绒毛。叶革质，倒卵形或匙形，长 1.5–3.5 cm，宽 1–2 cm，先端圆形或截形、具粗圆齿，基部渐狭为短柄，上面有短硬毛或斑点，下面近无毛。团伞花序开展，宽 5–15 mm；花序梗细弱，长 1–1.5 cm，被毛；花梗极短，长 1–1.5 mm，或近无梗；花萼长 4–6 mm，裂至近基部，裂片线形或线状倒披针形，宽 0.5–0.8 mm，中部以下渐狭，被开展的短硬毛，内面有稠密的伏毛；花冠钟状，白色，或稍带红色，长 4–6 mm，裂片长圆形，伸展，较筒部长；花丝长 3–4 mm，着生花冠筒近基部，花药长圆形，长 1.5–1.8 mm，伸出；花柱长 4–6 mm，无毛。核果直径 3–4 mm，内果皮圆球形，具网纹，直径 2–3 mm，先端有短喙。花期：4–10 月；果期：6–12 月。

产地 西沙群岛（永兴岛）有栽培。

分布 广东、海南、台湾。日本（琉球）、印度尼西亚、澳大利亚。

用途 常作绿篱。

2. 破布木属 Cordia L.

乔木或灌木。叶互生，全缘或具裂齿，有时分裂。聚伞花序无苞片，通常呈伞房花序式排列；花两性，常有异长柱或多少行使单性功能(花柱及柱头非常退化或完全不发育)；花萼筒状或钟状，花后增大，宿存；花冠钟状或漏斗状，白色、黄色或橙红色，通常 5 裂，但偶有 4 或 6–8 裂，裂片伸展或下弯；雄蕊与花冠裂片同数，花丝基部被毛；子房 4 室，无毛，花柱基部合生，柱头 4，棍棒状、匙状、丝状或头状。核果卵球形、圆球形或椭圆形，通常含有水液或胶质的肉质中果及骨质的内果皮，有种 1–4 颗；种子无胚乳，子叶折叠。

约 250 种，主产美洲热带。我国有 6 种，产西南、华南及台湾；南海诸岛有 1 种。

1. 橙花破布木

Cordia subcordata Lam., Tabl. Encycl. 1: 421. 1791; Y. L. Liu in Fl. Reip. Pop. Sin. 64(2): 7–8. 1989; P. Y. Chen in Acta Bot. Austro Sin. 1: 146. 1983; T. C. Huang et al. in Taiwania 39(1–2): 36. 1994.

乔木或灌木。叶互生，纸质，卵形至椭圆形，长 8–18 cm，宽 6–14 cm，先端钝至急渐尖，基部钝至圆形，稀心形，全缘或微波状，上面具明显或不明显的斑点，下面叶腋间密生棉毛；叶柄长 3–6 cm，无毛。聚伞花序与叶对生；花梗长 3–6 mm；花萼圆筒状，长约 13 mm，宽约 8 mm，具短小而不整齐的裂片；花冠橙红色，漏斗形，长 3.5–4.5 cm，喉部直径约 4 cm，裂片近圆形。坚果卵球形或倒卵球形，长约 2.5 cm，完全包藏于革质、宿存的萼管内；中果皮木栓质，内果皮有棱角，粗糙，成熟时通常有种子 1–2 颗。花期：6–7 月；果期：9–10 月。

产地 南沙群岛（太平岛）、西沙群岛（永兴岛、石岛、东岛、晋卿岛、琛航岛、金银岛、甘泉岛、珊瑚岛）、东沙群岛（东沙岛）。生于海岸沙地疏林及海岛砂质土上。

分布 海南。非洲东海岸、印度、越南及太平洋南部诸岛屿。

3. 厚壳树属 **Ehretia** L.

乔木或灌木。叶互生，全缘或具锯齿。聚伞花序呈伞房状或圆锥状；花萼小，5 裂；花冠筒状或筒状钟形，稀漏斗状，白色或淡黄色，5 裂，裂片开展或反折；花药卵形或长圆形，花丝细长，通常伸出花冠外；子房圆球形，2 室，每室含 2 粒胚珠，花柱顶生，中部以上 2 裂，柱头 2，头状或伸长。核果近球形，多为黄色、橘红色或淡红色，无毛，内果皮成熟时分裂为 2 个具 2 粒种子或 4 个具 1 粒种子的分核。

约 50 种，大多分布于非洲、亚洲有极少量分布。我国有 12 种 1 变种，主产长江以南各地；南海诸岛有 1 种。

1. 台湾厚壳树　　别名：恒春厚壳树

Ehretia resinosa Hance, Journ. Bot. 18: 299. 1880; Y. L. Liu in Fl. Reip. Pop. Sin. 64(2):16. 1989: T. C. Huang et al. in Taiwania 39(1–2): 9. 1994.

灌木或乔木。叶坚纸质，宽卵形或近圆形，长 6–16 cm，宽 4–10 cm，先端尖，基部圆，上面被细毛，下面被柔毛，全缘或先端有少数牙齿；叶柄长 1–2 cm。聚伞花序顶生，多花，密被柔毛；总花梗长 1–3 cm；花冠筒状，长 3 mm。果实圆球形，直径 5 mm，通常有 4 粒种子。花期：4 月。

产地 南沙群岛（太平岛）。生于滨海砂质土上。

分布 台湾。菲律宾也有。

4. 天芥菜属 Heliotropium L.

一年生或多年生草本，稀半灌木，被柔毛或糙伏毛。叶互生，极少对生。花小，通常组成单侧的蝎尾状聚伞花序；具苞片或无苞片；萼5裂；花冠管状或漏斗状，喉部内面常被毛，裂片短，开展；雄蕊5枚，内藏，花丝极短，着生于花冠筒上，花药卵状长圆形或线状披针形；子房完全或不完全的4室，有胚珠4颗，花柱短或长，先端有圆锥状或环状的柱头。核果干燥，成熟时没有明显分化的中果皮，内果皮骨质，开裂为4个具单种子或2个具双种子的分核；种子通常具薄胚乳。

约250种，广布于全世界热带至温带地区。我国有10种，分布于广东、海南、广西、福建、台湾、云南；南海诸岛产2种。

1. 叶卵形……1. 大尾摇 *H. indicum*

1. 叶线形或披针形……2. 伏毛天芹菜 *H. ovalifolium* var. *depressum*

1. 大尾摇　　别名：狗尾菜

Heliotropium indicum L., Sp. Pl. 130. 1753; Y. L. Liu in Fl. Reip. Pop. Sin. 64(2): 29. 1989; P. Y. Chen et al. in Acta Bot. Austro Sin. 1: 146. 1983; T. C. Huang et al. in Taiwania 39(1–2): 9. 1994.

一年生草本，高20–50 cm，各部多少被糙硬毛。叶互生或近对生，卵形或椭圆形，长3–9 cm，宽2–4 cm，先端尖，基部圆形或截形，下延至叶柄呈翅状，叶缘微波状或波状，两面均被短柔毛或糙伏毛。聚伞花序蝎尾状，长5–25 cm；花密集，呈二列着生于花序轴的一侧；花萼长2.5–3 mm，被稀疏的糙硬毛。花冠浅蓝色或紫蓝色，稀近白色，高脚碟状，长约5 mm，径约3.5 mm，裂片圆形，花蕾时覆瓦状排列；子房无毛，花柱通常在中部以上增大，柱头宽过于长，呈阔圆锥体状，顶端截平。果无毛，深2裂，裂瓣有明显的棱，每裂瓣又分裂为2个具单种子的分核。花果期：4–10月。

产地　南沙群岛（太平岛）、西沙群岛（永兴岛）。生于滨海旷野地。

分布　广东、海南、广西、福建、台湾、云南。广布于全世界热带、亚热带地区。

用途　全草入药，有消痈解毒、排脓止痛之效，治肺炎，肺腔疡，脓胸，多发性疖肿，睾丸炎，小儿惊风，口腔糜烂等。

2. 伏毛天芹菜

Heliotropium ovalifolium Fresen. var. **depressum** (Cham.) Merr., Philipp. J. Sci., C 9: 134. 1914; T. C. Huang et al. in Taiwania 39(1–2): 9, 36–37. 1994.

一年生或多年生直立草本，有时平卧。茎高达 50 cm，被糙伏毛。叶互生，线状披针形至倒披针形，长 1–5 cm，宽 2–10 mm，先端急尖，基部渐狭，全缘，两面被糙伏毛，近无柄。镰状聚伞花序 1–2(–4) 个顶生；花萼长 1–2 mm，裂片深裂，披针形，被糙伏毛；花冠高脚碟形，白色，长 1.5–3 mm。果实长 1–2 mm，被糙伏毛，具 4 个含单种子的分核。

产地　南沙群岛（太平岛）、东沙群岛（东沙岛）。生于旷野。

分布　台湾。原产中美洲和南美洲。

5. 紫丹属 Tournefortia L.

攀援灌木，稀乔木。叶互生，全缘，具柄。花小形，集为顶生及腋生的聚伞花序，聚伞花序呈伞房状排列，无苞片；花萼 5 或 4 裂，裂片线形、披针形或披针状卵形，覆瓦状排列；花冠白色或淡绿色，圆柱形，筒部短或长，裂片 5 或 4，覆瓦状或镊合状，花期伸展，喉部无附属物；雄蕊 5 或 4，内藏，花丝短，着生于花冠筒上，花药卵形或长圆形，具短尖或钝；花盘稍凸或有时近杯状；子房 4 室，每室有 1 粒悬垂的胚珠，花柱顶生，极短，柱头单一或稍 2 裂，其下有肉质，环状膨大，具柱头组织，上部为不育部分。核果具多水分及多胶质的中果皮，内果皮成熟时分裂为 2 个具 2 粒种子或 4 个具单种子的分核。种子下垂或偏斜，直或内弯，胚乳肉质，多或少，子叶卵形或椭圆形，平或稍突；胚根短。

约 150 种，分布于热带或亚热带地区。我国有 2 种，产云南、广东及台湾；南海诸岛有 1 种。

1. 银毛树　　别名：白水木

Tournefortia argentea L. f., Suppl. Pl. 133. 1781; H. T. Chang in Sunyatsenia, 7(1–2), 85. 1948; G. L. Zhu, H. Riedl & R. Kamelin in Fl. China 16: 341. 1995.——*Messerschmidia argentea* (L. f.) Johnst., J. Arnold Arbor. 16(2): 164. 1935; P. Y. Chen et al. in Acta Bot. Austro Sin. 1: 146. 1983; Y. L. Liu in Fl. Reip. Pop. Sin. 64(2): 22. 1989; T. C. Huang et al. in Taiwania 39(1–2): 10, 37. 1994.

灌木或乔木，高 1–10 m；小枝粗壮，密生锈色或灰白色柔毛。叶片倒披针形或倒卵形，密生于枝端，长 10–18 cm，宽 2–6 cm，顶端钝或稍圆，下部渐狭为叶柄，两面密被紧贴的丝状黄白色毛。聚伞花序蝎尾状，通常呈伞房花序式排列，密被锈色或灰白色毛；总花梗粗壮，长 4–10 cm；萼肉质，5 深裂，外面密被淡黄色绒毛，结果时不甚增大；花冠白色，稍伸出花萼外，冠管钟状，长 1.5–2 mm，裂片阔卵圆形，顶端钝，外面被粗硬长；雄蕊稍伸出，花药卵状长圆形，顶端有凸尖头，花丝极短；子房近球形，无毛，花柱不明显，柱头 2 裂，基部为膨大的肉质环状物围绕。核果近球形，径约 5 mm，无毛。花果期：几全年。

产地　南沙群岛（太平岛、北子岛、鸿庥岛、南威岛、敦谦沙洲、景宏岛、安波沙洲、马欢岛、西月岛、双黄沙洲）、西沙群岛（永兴岛、石岛、东岛、中建岛、晋卿岛、琛航岛、广金岛、羚羊礁、金银岛、甘泉岛、珊瑚岛、鸭公岛、银屿、西沙洲、赵述岛、北岛、中岛、南岛、北沙洲、中沙洲、南沙洲）、东沙群岛（东沙岛）。生于海边沙地或岛内灌丛。

分布 海南、台湾。日本、菲律宾、越南、马来西亚、印度尼西亚、斯里兰卡、太平洋岛屿（新喀里多利亚、波利尼西亚）。

分布　我国各地均有栽培。原产热带美洲的山地，现广泛种植于全球温带地区。

用途　块茎富含淀粉，可供食用，并为淀粉工业的主要原料。刚抽出的芽条及果实中有丰富的龙葵碱，为提取龙葵碱的原料。

6. 野茄　　别名：牛茄子、丁茄、黄天茄

Solanum undatum Lam., Tabl. Encycl. 2(3.1): 22. 1794; Z. Y. Zhang, A. M. Lu & W. G. D'Arcy in Fl. China 17: 324–325. 1994.——*S. coagulans* Forsk., Fl. Aeg–Arab. 47. 1775; C. Y. Wu & S. C. Huang in Fl. Reip. Pop. Sin. 67(1): 116–118. pl. 29: 4–7. 1978; Y. Zhong in Journ. Hainan Teach. Coll. (Nat. Sci.) 3 (1): 60. 1990; F. W. Xing et al. in Fl. Nansha Isl. Neighb. Isl. 232. 1996.

直立草本或亚灌木，高 0.5–1.5 m；幼枝密被星状毛，具皮刺。上部的叶常两片聚生，大小不相等，卵形或卵状椭圆形，长 4.5–14 cm，宽 3.5–9 cm，顶端渐尖、急尖或钝，基部多少偏斜、圆、截平或近心形，边缘浅波状圆裂，裂片通常 5–7，两面均具星状毛及沿中脉具基部宽扁的皮刺，侧脉每边 3–4 条，两面均具细直刺或无刺；叶柄长 1–3.5 cm，密被星状绒毛及具直刺。蝎尾状花序腋上生，总花梗短或近无，能育花单独着生于花序的基部，花梗长约 1.7 cm，有时具细直刺；不孕花排列花序的上端；能育花较大，萼钟状，外面密被星状绒毛及细直刺；萼片 5，长约 5 mm；花冠辐状，星形，紫蓝色，长约 1.8 cm，花冠筒长约 3 mm，冠檐长 1.5 cm，5 裂；花丝长约 1.5–1.8 mm，花药椭圆状，长约为花丝的 3 倍，顶孔向上；柱头头状。浆果圆球形，无毛，直径 2–3 cm，成熟时黄色；种子扁圆形。花期：夏季；果期：秋冬季。

产地　西沙群岛（永兴岛）。生于荒地上。

分布　广东、海南、广西、台湾、云南。广布于埃及、阿拉伯至印度西北部以及越南、马来西亚至新加坡。

旋花科 Convolvulaceae

草本、亚灌木或灌木，偶为乔木，或为寄生植物；植物体常有乳汁；有些种类地下具肉质的块根。茎缠绕或攀援，有时平卧或匍匐，偶有直立。叶互生，螺旋排列，寄生种类无叶或退化成小鳞片，通常为单叶，全缘，或不同深度的掌状或羽状分裂，基部常为心形或戟形；无托叶，有时有假托叶。花单生，或少数至多数组成聚伞花序腋生，有时总状，圆锥状，伞形或头状，极少为二歧蝎尾状聚伞花序；苞片成对，通常很小，有时叶状，有时总苞状；花两性，5 数，花萼分离或仅基部连合，外萼片常比内萼片大，宿存；花冠合瓣，漏斗状、钟状、高脚碟状或坛状；冠檐近全缘或 5 裂；花冠外常有 5 条明显的被毛或无毛的瓣中带；雄蕊与花冠裂睛等数互生，着生花冠管基部或中部稍下，花丝丝状；花药 2 室，内向开裂或侧向纵裂；花盘环状或杯状；子房上位，1–2 室，或因有发育的假隔膜而为 4 室，稀 3 室，心皮合生，极少深 2 裂；中轴胎座，每室有 2 枚倒生无柄胚珠，子房 4 室时每室 1 胚珠；花柱 1–2，丝状，顶生或少有着生心皮基底间，不裂或上部 2 尖裂，或几无花柱；柱头各式。通常为蒴果，室背开裂、周裂、盖裂或不规则破裂，或为不开裂的肉质浆果，或果皮干燥坚硬呈坚果状；种子和胚珠同数，或由不育而减少，通常呈三棱形，种皮光滑或有各式毛；胚乳小，肉质至软骨质。

约 56 属，1,800 种以上，广泛分布于热带、亚热带和温带，主产美洲和亚洲的热带、亚热带。我国有 22 属，约 125 种，南北均有，大部分属种产西南和华南地区；南海诸岛有 4 属，15 种。

1. 花柱 2……1. 土丁桂属 *Evolvulus*
1. 花柱 1。
  2. 柱头 2 裂，非球形。
    3. 萼片 5，内侧 2 枚明显较小……2. 猪菜藤属 *Hewittia*
    3. 萼片 5，近等大……4. 小牵牛属 *Jacquemontia*
  2. 柱头头状或裂成 2–3 球形……3. 番薯属 *Ipomoea*

1. 土丁桂属 Evolvulus L.

一年生或多年生草本，亚灌木或灌木；茎直立，披散或平卧，但不缠绕。叶小，全缘。花小，腋生，具柄或无柄，单花，或多朵组成聚伞花序，或排列为顶生穗状花序，或头状花序；萼片 5，等长或近等长，结果时不增大；花冠辐状、漏斗状或高脚蝶状，冠檐近全缘或 5 浅裂，瓣中带通常在外面被疏柔毛；雄蕊 5，大多在花冠管中部着生，或稀基部着生，内藏或伸出，花药卵形或长圆形，花粉粒球形，平滑；花盘杯状或缺；子房 2 室，每室有胚珠 2 颗，很少 1 室具胚珠 4 颗，花柱 2 枚，丝状，分离或近基部稍合生，每花柱各 2 裂，柱头细长，线状或近棒状。蒴果球形或卵形，2–4 瓣裂；种子 1–4 颗，光滑或有小瘤体，无毛。

约 100 种，大多分布于美洲，其中 2 种也分布于东半球热带及亚热带。我国 1 种；南海诸岛有 1 种。

1. 土丁桂　　别名：白毛将

Evolvulus alsinoides (L.) L., Sp. Pl. (ed. 2) 1: 392. 1762; R. C. Fang & S. H. Huang in Fl. Reip. Pop. Sin.

64(1): 10–12. 1979; P. Y. Chen et al. in Acta Bot. Austro Sin. 1: 148. 1983.——*Convolvulus alsinoides* L., Sp. Pl. 157. 1753.

多年生草本；茎纤细，斜举或平卧，被紧贴或稍广展的淡黄色柔毛。叶长圆形、椭圆形或匙形，长 7–25 mm，宽 4–9 mm，顶端钝或急尖，基部圆形或阔楔形，两面被淡黄色、紧贴的柔毛，有时腹面近无毛；侧脉每边 3 条；叶柄短，被柔毛。总花梗丝状，长 2.5–3.5 cm，被贴生毛；花单 1 或数朵组成聚伞花序，花柄与萼片等长或通常较萼片长；苞片披针形或线形，长 1.5–3 mm，外面被柔毛；萼片披针形，长 2.5–3 mm，顶端急尖至渐尖；花冠辐状，白色、浅蓝色，有时淡紫色，直径约 10 mm；雄蕊 5，内藏，花丝丝状，长约 4 mm，贴生于花冠管基部，花药长圆状卵形，长约 1.5 mm；子房无毛，花柱 2，每 1 花柱 2 尖裂，柱头圆柱形，先端稍棒状。蒴果球形，无毛，4 瓣裂；种子黑色。花期：4–11 月。

产地　西沙群岛（甘泉岛）。生于旷地上。

分布　我国东南部至西南部。非洲东部热带地区及亚洲东南部。

用途　全草入药，可治支气管哮喘，咳嗽，跌打内伤，腰腿痛，头晕目眩，消化不良等，有散瘀止痛、清湿热之功能。

2. 猪菜藤属 Hewittia Wight & Arnott

草本，缠绕或平卧，全体被短柔毛，叶全缘或浅裂，通常基部心形。花序腋生，为1至数朵的聚伞花序；苞片2枚，长圆形或线状披针形，渐尖；萼片5，革质，通常具短尖，外面的3片大，卵形，果时增大，内侧2片很小；花冠辐射对称，钟状至漏斗状，冠檐浅5裂；雄蕊内藏，花丝基部扩大，稍嵌入花冠折内，花药短，知圆形，花粉粒无刺；花盘环状；子房被毛，1室或上部不完全的2室，胚珠4；花柱单1，丝状，柱头2裂，裂片卵状长圆形。蒴果球形，4瓣裂，种子4或较少，暗黑色，平滑。

单种属，分布于东半球热带(自热带非洲至马来亚及波利尼西亚)。我国有1种；南海诸岛亦产。

1. 猪菜藤

Hewittia sublobata (L. f.) O. Ktze., Rev. Gen. Pl. 441. 1891; R. C. Fang & S. H. Huang in Fl. Reip. Pop. Sin. 64(1): 43–45. pl. 10: 1–2. 1979; P. Y. Chen et al. in Acta Bot. Austro Sin. 1: 148. 1983.——*Convolvulus sublobatus* L. f., Suppl. 135. 1781.

草本，缠绕或平卧；茎细长，有细棱，被短柔毛。叶卵形至阔卵形，长5–8.5 cm，宽3.5–7.5 cm，顶端急尖或渐尖，基部心形或近截平，全缘或3裂，两面被伏疏柔毛或叶面毛较少，有时两面有黄色小腺点，侧脉5–7对；叶柄长1–2.5 cm，密被短柔毛。花序腋生，花序梗长1.5–5.5 cm，密被短柔毛；通常1朵花；苞片披针形，长7–8 mm，被短柔毛；花梗长2–4 mm，密被短柔毛；萼片5，不等大，在外2片宽卵形，长约10 mm，宽7 mm，顶端锐尖，两面被短柔毛，结果时增大，内萼片较短且狭，儿圆状披针形，被短柔毛；花冠淡黄色或白色，喉部以下带紫色，钟状，长2–2.5 cm，外面有5条密被长柔毛的瓣中带，冠檐裂片三角形；雄蕊5，内藏，长约9 mm，花丝基部稍扩大，具细锯齿状乳突，花药卵状三角形，基部箭形；子房被长柔毛，花柱丝状，柱头2裂，裂片卵状长圆形。蒴果近球形，为宿萼包被，具短尖，径约8–10 mm，被短柔毛或长柔毛；种子2–4颗，卵圆状三棱形，无毛。花期：几全年。

产地　西沙群岛（永兴岛）。生于旷野草地上。

分布　广东、海南、广西西南部和云南南部。非洲热带地区，亚洲东南部。

3. 番薯属 Ipomoea L.

草本或灌木，通常缠绕，有时平卧或直立，很少漂浮于水上。叶通常具柄，全缘或有各式分裂。花单生或组成腋生聚伞花序或伞形至头状花序；苞片各式；萼片5，相等或偶有不等，通常钝，等长或内面3片(少有外面的)稍长，宿存，结果时多少增大；花冠整齐，漏斗状或钟状，具5角形或多少5裂的冠檐，瓣中带为2条明显的纵脉与相邻部分清晰相间；雄蕊内藏，不等长，插生于花冠的基部，花丝基部常扩大而稍被毛，花药卵形至线形，有时扭转；花粉粒球形，有刺；子房2–4室，4胚珠，花柱1，线形，不伸出，柱头头状，或2瘤状突起或裂成2球状；花盘环状。蒴果球形或卵形，果皮膜质或革质，4(或有2)瓣裂；种子无毛或被短毛或长绢毛。

约500种，广泛分布于热带、亚热带和温带地区。我国约29种，南北均产，但大部分产于华南和西南；南海诸岛有12种。

1. 花冠长约10 cm或更长，高脚碟形，具长的花冠管，白色；种子至少在棱上被长柔毛；大型藤本 .... 12. 管花薯 *I. violacea*
1. 花冠长不及10 cm，漏斗状或钟状，稀为高脚碟状；种子被柔毛或无毛；藤本，大型或小型，或为匍匐或直立草本。
  2. 花萼外面被毛，或至少被缘毛。
    3. 总花梗很短 (<1.5 cm) 或缺；花冠长约1.3 cm .... 10. 羽叶薯 *I. polymorpha*
    3. 总花梗较长；花冠长 >2 cm。
      4. 花密集成头状花序，具总苞片 .... 9. 虎掌藤 *I. pes-tigridis*
      4. 花疏生，排成聚伞花序，不具总苞片。
        5. 萼片长4–5 mm或更短 .... 7. 小心叶薯 *I. obscura*
        5. 萼片长约5 mm或更长。
          6. 萼片先端长渐尖，草质；花冠浅蓝色至粉红色。
            7. 外侧的萼片基部披针形，顶端长渐尖，被广展的硬毛 .... 6. 牵牛 *I. nil*
            7. 外侧的萼片基部阔披针形，顶端长渐尖，被贴伏的柔毛披针形至阔披针形 .... 4. 变色牵牛 *I. indica*
          6. 萼片先端急尖、渐尖或钝，具短尖头或无，不为长渐尖，草质、膜质或革质；花冠浅红色、浅紫色、粉红色或白色。
            8. 具块根；茎常平卧，稀缠绕，节部生根，较粗 .... 2. 番薯 *I. batatas*
            8. 不具块茎；茎常缠绕，较细 .... 11. 三裂叶薯 *I. triloba*
  2. 花萼外面无毛。
    9. 叶掌状全裂，呈复叶状 .... 3. 五爪金龙 *I. cairica*
    9. 叶不为掌状分裂。
      10. 水生或沼生植物，常栽培作蔬菜（茎叶可食）；茎中空 .... 1. 蕹菜 *Ipomoea aquatic*
      10. 陆生植物；茎不中空。
        11. 茎大部分为缠绕状；叶先端急尖或微凹 .... 5. 南沙薯藤 *I. littoralis*
        11. 茎平卧；叶先端2裂或凹缺 .... 8. 厚藤 *I. pes-caprae*

1. 蕹菜　　别名：空心菜、通菜

Ipomoea aquatica Forsk., Fl. Aegypt.-Arab. 44. 1775; R. C. Fang & S. H. Huang in Fl. Reip. Pop. Sin. 64(1): 94–95. 1979; P. Y. Chen et al. in Acta Bot. Austro Sin. 1: 148. 1983; T. C. Huang et al. in Taiwania 39(1–2): 11. 1994.

草本，湿生或水生，有时旱生；茎圆柱状，有节，节间中空，节上生根，直立、平卧或有时呈攀援状。叶形多变，卵形、

长卵形、长卵状披针形或披针形，长 3.5–17 cm，宽 0.9–8.5 cm，顶端锐尖或渐尖，具短尖头，基部心形、戟形或箭形，偶尔截形，全缘或波状；叶柄长 3–7 cm 或更长。聚伞花序腋生，有花 1 至数朵；总花梗长 1–10 cm，花梗长 2–6 cm；苞片小，急尖；萼片卵形，长约 9 mm，宽 5–6 mm，顶端钝；花冠白色，有时淡红色，漏斗状，长 3.5–5 cm；雄蕊不等长，花丝基部被毛；子房圆锥状，无毛。蒴果卵球形至球形，径约 1 cm，无毛；种子被黄褐色短柔毛，或有时无毛。花期：9–12 月；果期：11 月至翌年 2 月。

产地　南沙群岛（太平岛、永暑礁、赤瓜礁）、西沙群岛（永兴岛、石岛、东岛、中建岛、金银岛、珊瑚岛、赵述岛）有栽培。

分布　我国南部各地。原产我国，现已作为一种蔬菜广泛栽培，或有时逸为野生状态。

用途　嫩茎叶作蔬菜。水生者，茎呈蔓生状，通称水蕹菜；旱生者，茎平卧或直立，习称蕹菜或称旱蕹菜，二者乃系品种之不同。

2. 番薯　　别名：甘薯、地瓜、红薯

Ipomoea batatas (L.) Lam., Tabl. Encycl. 1: 465. 1791; R. C. Fang & S. H. Huang in Fl. Reip. Pop. Sin. 64(1): 89–90. 1979; P. Y. Chen et al. in Acta Bot. Austro Sin. 1: 148. 1983.——*Convolvulus batatas* L., Sp. Pl. 154. 1753.

通常为一年生草质藤本，有肉质块根；茎平卧或上升，茎节常生不定根，无毛或稍被毛。叶阔卵形至卵形，长 6–14 cm，宽 4–9 cm，全缘或具角状缺刻，或掌状 3–5 裂，稀 7 裂，裂片阔卵形或长圆形或三角状卵形，叶片基部心形或近于平截，顶端渐尖，两面被疏柔毛或近无毛。聚伞花序腋生，有花 1 至数朵；总花梗长 4–12 cm，无毛或被疏柔毛；花梗长 3–9 mm；苞片小，披针形，长 2–3 mm，早落；萼片长圆形，顶端急尖，具长凸尖，无毛，外侧的长约 11 mm，内侧的稍长；花冠紫红色或白色，漏斗状或钟状，长 3–4 cm；子房被毛或有时无毛。果为蒴果，卵形或扁圆形，有假隔膜分为 4 室；种子 1–4 粒。花期：9–12 月。

产地　南沙群岛（永暑礁、美济礁、赤瓜礁、中业岛）、西沙群岛（永兴岛、石岛、中建岛、羚羊礁、金银岛、赵述岛）有栽培。

分布　我国南北各地有栽培。原产美洲热带地区，现世界热带、亚热带与温带地区广泛栽培。

用途　番薯是一种高产而适应性强的粮食作物，块根除作粮食外，也是食品加工、淀粉和酒精制造工业的重要原料，根、茎、叶又是优良的饲料。

3. 五爪金龙

Ipomoea cairica (L.) Sweet, Hort. Brit. 2: 287. 1826; R. C. Fang & G. Staples in Fl. China 16: 309. 1995.——*Convolvulus cairicus* L., Syst. Nat., ed. 10. 2: 922. 1759.

多年生缠绕草本，全体无毛，老时根上具块根。茎细长，有细棱，有时有小疣状突起。叶掌状 5 深裂或全裂，裂片卵状披针形、卵形或椭圆形，中裂片较大，长 4–5 cm，宽 2–2.5 cm，两侧裂片稍小，顶端渐尖或稍钝，具小短尖头，基部楔形渐狭，全缘或不规则微波状，基部 1 对裂片通常再 2 裂；叶柄长 2–8 cm，基部具小的掌状 5 裂的假托叶（腋生短枝的叶片）。聚伞花序腋生，花序梗长 2–8 cm，具 1–3 花，或偶有 3 朵以上；苞片及小苞片均小，鳞片状，早落；花梗长 0.5–2 cm，有时具小疣状突起；萼片稍不等长，外方 2 片较短，卵形，长 5–6 mm，外面有时有小疣状突起，内萼片稍宽，长 7–9 mm，萼片边缘干膜质，顶端钝圆或具不明显的小短尖头；花冠紫红色、紫色或淡红色、偶有白色，漏斗状，长 5–7 cm；雄蕊不等长，花丝基部稍扩大下延贴生于花冠管基部以上，被毛；子房无毛，花柱纤细，长于雄蕊，柱头 2 球形。蒴果近球形，高约 1 cm，2 室，4 瓣裂。种子黑色，长约 5 mm，边缘被褐色柔毛。花期：冬春季。

产地　南沙群岛（华阳礁）。生于旷地。

分布　广东、香港、澳门、海南、广西、福建、台湾和云南等地归化。原产地不详，现泛热带普遍分布。

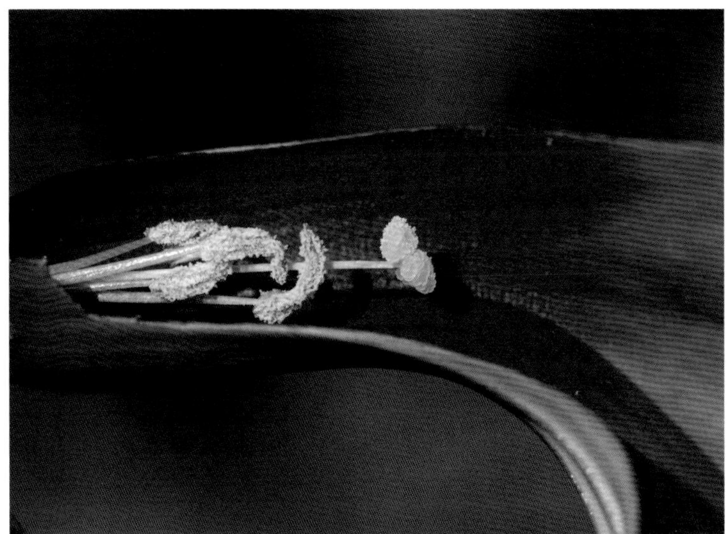

4. 变色牵牛　　别名：假牵牛

Ipomoea indica (Burm.) Merr., Interpr. Herb. Amboin. 445. 1917; R. C. Fang & G. Staples in Fl. China 16: 305–306. 1995.——*Pharbitis indica* (Burm.) R. C. Fang in Fl. Reip. Pop. Sin. 64(1): 105. 1979.——*Convolvulus indicus* Brum., Ind. Univ. Herb. Arab. 7: 6. 1755.——*I. congesta* R. Br., Prodr. 485. 1810; P. Y. Chen in Acta Bot. Austro Sin. 1: 149. 1983.——*I. nil* auct. non (L.) Roth: T. C. Huang et al. in Taiwania 39(1–2): 38. 1994.

缠绕草本或有时平卧，植株各部均被柔毛，或茎和花序梗被微硬毛，而无刚毛状硬毛。茎长 3–6 m，有时节处生根。叶卵形或圆形，长 5–15 cm，宽 3–14 cm，基部心形，先端渐尖或急尖，全缘或有时 3 裂，背面密被灰白色短而柔软贴伏的毛，叶面毛较少；叶柄长 2–18 cm。花数朵聚生成伞形聚伞花序，花序梗长于叶柄，花梗短；萼片近等大，长 1.4–2.2 cm，基部阔披针形，先端长渐尖，外面被贴伏的柔毛；花冠蓝紫色，以后变红紫色或红色，漏斗状，长 5–8 cm；雄蕊内藏；雌蕊内藏，子房无毛，柱头 3 裂。蒴果近球形，径 1–1.3 cm。种子径约 5 mm。花期：春季。

产地　西沙群岛（东岛）、东沙群岛（东沙岛）。攀援于路边灌木上。

分布　广东、海南、台湾，栽培或野生。原产南美洲，现泛热带分布。

5. 南沙薯藤　　别名：海牵牛

Ipomoea littoralis (L.) Bl., Bijdr. Fl. Ned. Ind. 13: 713. 1825; R. C. Fang & G. Staples in Fl. China 16: 307. 1995.——*I. gracilis* R. Br., Prodr. Fl. Nov. Holl. 484. 1810; R. C. Fang & S. H. Huang in Fl. Reip. Pop. Sin. 64(1): 90–92. pl. 20: 4. 1979; T. C. Huang et al. in Taiwania 39(1–2): 11. 1994.

藤本。茎平卧并生根，或缠绕，草质或老时木质。叶卵状心形、卵形或长圆形，有时圆形或肾形，全缘或稍波状至有锐角，或多少深 3 裂，顶端锐尖，钝或微凹，具小短尖头，基部心形，两面无毛或近于无，叶片膜质或通常较厚，大小多变，长 1–10 cm，宽 1–7.5 cm；叶柄长 0.5–7 cm。花序腋生，花序梗长 1–30 mm，1 或少花；花梗细长，通常长于萼片，长 1–2.5(–4) cm，无毛；苞片小而狭，长 1–2 mm，早落；萼片无毛；内凹，外萼片较短，2 外萼片长圆状椭圆形，长 6–10 mm，薄革质，锐尖或钝，3 内萼片稍长，椭圆形至圆形，顶端稍下处有小短尖头；花冠淡红色或淡紫红色，漏斗状，长 3–4.5 cm，花冠管向基部渐狭，无毛；雄蕊及花柱内藏；花丝不等长，下部扩大部分被毛；子房无毛；蒴果扁球形，径约 9 mm，2 室；种子 4，无毛，黑色。花期：春夏季。

产地　南沙群岛（太平岛）。生于海滩。

分布　海南。马达加斯加及其邻近岛屿、印度、斯里兰卡、中南半岛经马来西亚、澳大利亚北部至琉球群岛。

6. 牵牛　　别名：牵牛花、大牵牛花

Ipomoea nil (L.) Roth, Catal. Bot. 1: 36. 1797; T. C. Huang et al. in Taiwania 39(1–2): 38. 1994; R. C. Fang & G. Staples in Fl. China 16: 305. 1995.——*Pharbitis nil* (L.) Choisy, Mém. Soc. Phys. Genève 6(2): 439–440. 1833; R. C. Fang & S. H. Huang in Fl. Reip. Pop. Sin. 64(1): 103–104. 1979.——*Convolvulus nil* L., Sp. Pl. ed. 2. 219. 1762.

草质藤本；全株被倒生硬毛。叶阔卵形至圆形，长 5–14 cm，通常 3 浅裂，顶端急渐尖，基部心形，两面疏被紧贴毛，老叶近无毛。聚伞花序腋生，通常有花 1–3 朵，有时较多；总花梗长 4–8 cm，花梗长 5–8 mm；苞片线形至狭披针形；萼片革质，几等长，披针形至狭披针形，长 2–2.5 cm，顶端长渐尖，外面被广展的刚毛，近基部更密，结果时稍增大；花冠浅蓝色，后变紫红色，漏斗状，长 4.5–5 cm；雄蕊和花柱内藏；子房 3 室，具胚珠 6 颗。蒴果卵形或球形，直径 0.8–1.3 cm，3 瓣裂；种子卵状三棱形，被褐色短绒毛。花期：5–10 月；果期：9–12 月。

产地　西沙群岛（永兴岛）。生于路边草地。

分布　我国除西北和东北等地外，大部分地区均有分布，或为栽培。原产热带美洲，现已广植于热带和亚热带地区。

用途　除栽培供观赏外，种子供药用，称牵牛子，含树脂性牵牛子甙和其他树脂状物质，药用治肾脏炎有显著疗效。

7. 小心叶薯　　别名：紫心牵牛、小红薯

Ipomoea obscura (L.) Ker-Gawl., Bot. Reg. 3: t. 239. 1893; R. C. Fang & S. H. Huang in Fl. Reip. Pop. Sin. 64(1): 92–94. pl. 21: 1. 1979; P. Y. Chen et al. in Acta Bot. Austro Sin. 1: 149. 1983; T. C. Huang et al. in Taiwania 39(1–2): 11, 39. 1994.——*Convolvulus obscurus* L., Sp. Pl. ed. 2. 220. 1762.

缠绕草本，无毛或疏生长柔毛，有时密被灰黄色长柔毛。叶阔卵形至圆形，通常长 2.5–7.5 cm，宽 3–6.5 cm（有时长仅 1.5 cm），顶端急尖或渐尖，具小凸尖，基部心形，两面无毛或疏被柔毛，边缘有时具缘毛；基出脉 7–9 条；叶柄细长，疏被柔毛。花 1–3 朵组成腋生的聚伞花序；总花梗长 4–6 cm，无毛或疏被柔毛；花梗长 1–2 cm，上部稍粗，无毛或有极疏的柔毛，有时具疏生小瘤体，结果时扭旋；苞片狭三角形，长约 2 mm；萼片近等长，卵形，长约 4 mm，顶端急尖，具小凸尖，有时被疏毛；花冠白色或淡黄色，中央淡紫色，漏斗状，长 1.5–2 cm，具 5 条深色的瓣中带；雄蕊及花柱内藏；花线极不等长，基部被毛；子房无毛。蒴果圆锥状卵形或近于球形，顶端具残存的花柱，直径 6–8 mm，2 室，4 瓣裂；种子被极短的灰黄色柔毛。花果期：几全年。

产地　南沙群岛（太平岛、赤瓜礁）、西沙群岛（永兴岛、东岛、琛航岛、金银岛、珊瑚岛）、东沙群岛（东沙岛）。生于海边沙地或旷野草丛或灌丛中。

分布　广东、海南、台湾、云南。热带非洲、马斯克林群岛、热带亚洲，经菲律宾、马来西亚至大洋洲北部及斐济岛。

8. 厚藤　　别名：马鞍藤、海薯

Ipomoea pes-caprae (L.) R. Br., Narr. Exped. Zaire 477. 1818; R. C. Fang & G. Staples in Fl. China 16: 308. 1995.——*I. pes-caprae* (L.) Sweet, Hort. Suburb. Lond. 35. 1818; R. C. Fang & S. H. Huang in Fl. Reip. Pop. Sin. 64(1): 96. 1979; P. Y. Chen et al. in Acta Bot. Austro Sin. 1: 149. 1983.——*I. pes-caprae* subsp. *brasiliensis* (L.) Ooststr., Blumea 3(3): 533. 1940; T. C. Huang et al. in Taiwania 39(1–2): 12, 39. 1994.——*Convolvulus pes-caprae* L., Sp. Pl. 159. 1753.

多年生草本，全株无毛；茎平卧，稀缠绕。叶厚肉质，卵形、椭圆形、圆形、痛形或长圆形，长 3.5–9 cm，宽 3–9 cm，顶端微缺或 2 裂，裂片圆，裂缺浅或深，有时具凸尖，基部阔楔形，截平至浅心形；在背面近基部中脉两侧各有 1 枚腺体；侧脉每边 8–10 条。多歧聚伞花序腋生，有花数朵，有时仅 1 朵发育；总花梗粗壮，长 4–14 cm，花梗长 2–2.5 cm；苞片小，阔三角形，早落；萼片卵形，顶端圆形，具小凸尖，外萼片 7–8 mm，内萼片长 9–11 mm；花冠紫色或深红色，漏斗状，长 4–5 cm；雄蕊和花柱内藏。蒴果球形，直径约 1.7 cm，2 室，果皮革质，4 瓣裂；种子被黄褐色长柔毛。花期：几全年，尤以夏秋最盛。

产地　南沙群岛（太平岛、赤瓜礁、华阳礁、南薰礁、渚碧礁）、西沙群岛（永兴岛、石岛、东岛、盘石屿、中建岛、晋卿岛、琛航岛、广金岛、羚羊礁、金银岛、甘泉岛、珊瑚岛、银屿、西沙洲、赵述岛、北岛、中岛、南岛、南沙洲）、东沙群岛（东沙岛）。生于海滨沙滩上。

分布　广东、海南、广西、福建、台湾、浙江。广布于热带沿海地区。

用途　茎、叶可作猪饲料；植株可作海滩固沙或覆盖植物。全草入药，有祛风除湿、拔毒消肿之效，治风湿性腰腿痛，腰肌劳损，疮疖肿痛等。

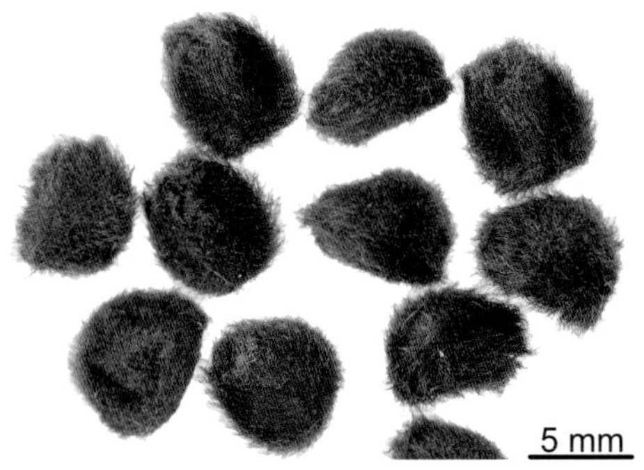

9. 虎掌藤　　别名：虎脚牵牛

Ipomoea pes-tigridis L., Sp. Pl. 1:162. 1753; R. C. Fang & S. H. Huang in Fl. Reip. Pop. Sin. 64(1): 87. pl. 18: 5. 1979; P. Y. Chen et al. in Acta Bot. Austro Sin. 1: 149. 1983.

一年生缠绕草本或有时平卧；茎具细棱，被开展的灰白色毛。叶片轮廓近圆形或扁椭圆形，长 2–10 cm，宽 3–13 cm，掌状 5–7(稀 3 或 9) 深裂，裂片椭圆菜或长椭圆形，顶端钝圆、锐尖或渐尖，有小短尖头，基部收缢，两面被疏长微硬毛；叶柄长 2–8 cm，被开展的灰白硬毛。聚伞花序有花数朵，密集呈头状，生于叶腋；总花梗长 3–18 cm；总苞叶状，长圆形至阔披针形，长 1.5–3 cm，内侧的较短，两面被长硬毛和短柔毛，宿存；花梗极短；萼片长圆形至卵形，长 8–11 mm，顶端长渐尖，内侧的披针形，较短，密被长硬毛；花冠白色，漏斗状，长约 3–4 cm，瓣中带散生毛；雄蕊内藏；子房无毛。蒴果卵球形，长约 7 mm，2 室；种子 4，椭圆形，被灰白色短绒毛。

产地　南沙群岛（美济礁）、西沙群岛（永兴岛、珊瑚岛）。生于旷地草丛中及海边沙地。

分布　广东、海南、广西南部、台湾、云南南部。热带亚洲，非洲及中南太平洋的波利尼西亚。

10. 羽叶薯

Ipomoea polymorpha Roem. & Schult., Syst. Veg. (ed. 15 bis) 4: 254. 1819; R. C. Fang & G. Staples in Fl. China 16: 304. 1995; Y. Tong in Biodivers. Sci. Appendix 1, 21(3): 364–374. 2013.

一年生草本；茎直立或披散地面，高 8–60 cm，单一或自基部分枝，幼枝密被白色疏柔毛，老时毛较少以至无毛。叶 3 深裂，中裂片线状披针形，长 2–2.5 cm，宽 2–3 mm，侧裂片宽线形，长 4–8 mm，宽 1–2 mm，沿脉被疏柔毛及有缘毛；叶柄较叶片短，长 0.5–7 mm，疏生柔毛。花腋生，单一，花梗很短或近于无；苞片线形，长约 1(–2) cm，被长柔毛；萼片有 1 条明显的中脉，被毛，长 8–10 mm，长渐尖，外萼片卵状披针形，全缘，或边缘具 1 或 2 齿，内萼片披针形；花冠管状漏斗形，长约 1.25 cm，紫红色，内面色较深，偶有白色，无毛；雄蕊和花柱内藏；花丝基部被毛；子房和花柱无毛。蒴果球形，高约 5 mm，短于宿萼，无毛，稻秆色，2 室，4 瓣裂。种子 4，长约 3 mm，被灰褐色短茸毛。花果期：6–9 月。

产地　西沙群岛（金银岛）。生于海边沙地。

分布　海南、台湾。日本（琉球）、菲律宾、越南、柬埔寨、老挝、马来西亚、印度尼西亚、新几内亚、印度；非洲和澳大利亚东北部。

11. 三裂叶薯　　别名：红花野牵牛、小花假番薯

Ipomoea triloba L., Sp. Pl. 161. 1753; R. C. Fang & S. H. Huang in Fl. Reip. Pop. Sin. 64(1): 90. pl. 19: 4. 1979; T. C. Huang et al. in Taiwania 39(1–2): 12. 1994.

草质藤本，茎缠绕或平卧。叶宽卵形至圆形，长 2.5–7 cm，宽 2–6 cm，全缘，或有粗齿或 3 深裂，基部心形，两面无毛或散生疏柔毛；叶柄长 2.5–6 cm。花序腋生，花序梗长 2.5–5.5 cm，有明显棱角，花 1 至数朵组成伞形状聚伞花序；花梗长 5–7 mm，多少具棱，有小瘤突；苞片小，披针状长圆形；萼片近相等或稍不等，长 5–8 mm，外萼片稍短或近等长，长圆形，钝或锐尖，具小短尖头，背部散生疏柔毛，边缘明显有缘毛，内萼片有时稍宽，椭圆状长圆形，锐尖，具小短尖头，无毛或散生毛；花冠漏斗状，长约 1.5 cm，无毛，淡红色或淡紫红色，冠檐裂片短而钝，有小短尖头；雄蕊内藏，花丝基部有毛；子房有毛。蒴果近球形，长 5–6 mm，具细尖，被细刚毛，2 室，4 瓣裂；种子 4 或较少，无毛。花果期：几全年。

产地　南沙群岛（太平岛、美济礁、南薰礁）、西沙群岛（永兴岛）。生于荒草地。

分布　广东、台湾、浙江、安徽、陕西南部。原产热带美洲，现已成为热带地区的杂草。

12. 管花薯　　别名：长管牵牛、圆萼天茄儿

Ipomoea violacea L., Sp. Pl. 1: 161. 1753; R. C. Fang & G. Staples in Fl. China 16: 311. 1995.——*I. tuba* (Schlecht.) G. Don, Gen. Syst. 4: 271. 1838; R. C. Fang & S. H. Huang in Fl. Reip. Pop. Sin. 64(1): 101–102. 1979; P. Y. Chen et al. in Acta Bot. Austro Sin. 1: 149. 1983; T. C. Huang et al. in Taiwania 39(1–2): 12, 39. 1994.——*I. alba* auct. non L., Sp. Pl. 1: 161. 1753; H. T. Chang in Sunyatsenia, 7(1–2), 85–86. 1948.

藤本，全株无毛；茎缠绕，木质化，圆柱状，有时具棱，或有小瘤体。叶片圆形或卵形，长 5–14 cm，宽 5–12 cm，顶端短渐尖，基部深心形，两面无毛，侧脉 7–8 对，第三次脉平行连结；叶柄长 3.5–11 cm。聚伞花序腋生，有花 1 至数朵，花序梗长 2.5–4.5 cm，有时更长或不及 1 cm，花梗长 1.5–3 cm，结果时增粗成棒状；萼片薄革质，近圆形，顶端圆或微凹，具小短尖头，几等长或内萼片稍短，长 1.5–2.5 cm，结果时增大，初时如杯状包围蒴果，而后反折；花冠白色，高脚碟状，具绿色的瓣中带，入夜开放，长 9–12 cm；雄蕊和花柱内藏；花丝基部有毛，着生花冠管近基部；子房无毛。蒴果卵形，高 2–2.5 cm，2 室，4 瓣裂；种子 4，黑色，密被短茸毛，沿脊具长达 3 mm 的绢毛。花果期：全年。

产地　南沙群岛（太平岛）、西沙群岛（永兴岛、东岛、盘石屿、中建岛、晋卿岛、琛航岛、广金岛、金银岛、甘泉岛、珊瑚岛、鸭公岛、赵述岛、北岛、中岛、南岛）、东沙群岛（东沙岛）。生于海滩或沿海的台地灌丛中。

分布　广东、海南、台湾。美洲热带地区，非洲东部和亚洲东南部。

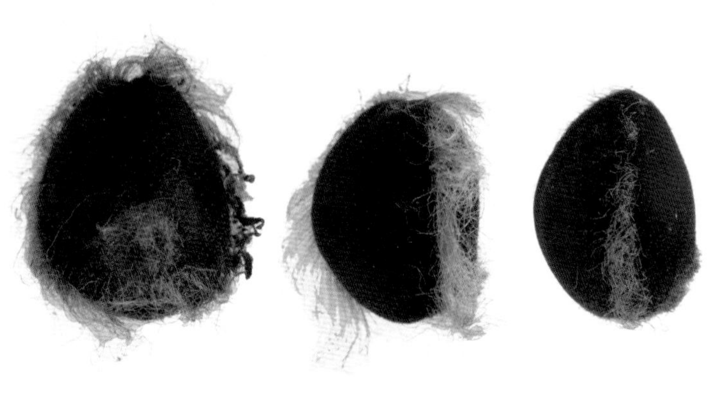

4. 小牵牛属 Jacquemontia Choisy

缠绕或平卧，稀直立草本，或木质藤本，被柔毛、绒毛或无毛。叶具柄，大小和形状多变，通常心形，全缘，稀具齿或浅裂。花小，腋生，伞形或头状聚伞花序，或为苞片和苞叶包被的头状花序，或稀疏的总状花序，或密集顶生的穗状或头状花序，稀单生。苞片线形或披针形，或较大而叶状；萼片5，通常外面的较宽大；花冠整齐，漏斗状或钟状，蓝色，淡紫色，粉红色，稀白色，具5条明显的瓣中带，冠檐5齿或全缘；雄蕊及花柱内藏；雄蕊5，贴生于花冠基部；花药长椭圆形，花粉粒无刺；子房2室，每室2胚球，花柱丝状，顶端2尖裂，柱头裂片大多椭圆形，或长圆形，或扁平，稀线形或球形；花盘小或无。蒴果球形，4或最后8瓣裂；种子平滑或具小乳突，背部边缘通常具1狭的干膜质的翅。

120种，主产美洲热带及亚热带，少数种类亦分布于东半球热带及亚热带。我国1种，产广东、海南、广西、云南及台湾等地；南海诸岛产1种。

1. 小牵牛

Jacquemontia paniculata (Burm. f.) Hallier f., Bot. Jahrb. Syst. 16(4–5): 541, 1893; R. C. Fang & S. H. Huang in Fl. Reip. Pop. Sin. 64(1): 45–46. pl. 1: 5–6. 1979; P. Y. Chen et al. in Acta Bot. Austro Sin. 1: 149. 1983.——*Ipomoea paniculata* Burm. f., Fl. Ind. 50. t. 21. f. 3. 1768.

缠绕草本；幼茎被星状短柔毛。叶纸质，卵形至卵状长圆形，长3.5–7 cm，宽2–5 cm，顶端长渐尖或渐尖，基部浅心形，有时近截平，两面被稀疏星状短柔毛或近无毛；叶柄纤细，长1–5 cm，被星状短柔毛。花少数至多数组成疏散或密集的伞状聚伞花序；总花梗和1–6 cm，被星状短柔毛；花梗长3–6 mm，被毛；苞片长约2 mm；萼片两面被星状短柔毛，外侧2片卵形或卵状披针形，长约6 mm，顶端渐尖至长渐尖，基部渐狭，第3片基部偏斜，内侧2片稍短，卵形，顶端长渐尖；花冠淡紫色或粉红色，漏斗状，长10–12 mm，冠檐5浅裂；子房载毛，柱头线状，外弯。蒴果球形，直径3–4 mm，8瓣裂；种子淡褐色，有小疣点，角隅上具狭的薄翅。花期：4–10月。

产地　南沙群岛（赤瓜礁）、西沙群岛（永兴岛）。生于旷野的稀疏草丛或灌丛中。

分布　广东、海南、广西、台湾及云南等地。热带东非洲，马达加斯加至东南亚，中南半岛，马来西亚，热带大洋洲亦有。

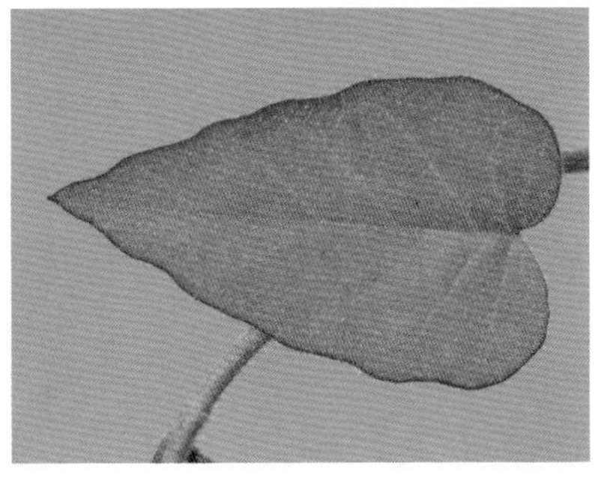

玄参科 Scrophulariaceae

草本或半灌木状，稀灌木或乔木。单叶，通常对生或轮生或有时上部的互生，稀全部互生，全缘或有齿，稀分裂，无托叶。花两性，两侧对称，单生或集成腋生或顶生的总状花序或穗状花序，有时为聚伞花序或聚伞花序再作圆锥状排列，稀团伞花序；萼5裂，稀4或2裂，宿存；花冠合瓣，冠管筒状、钟状或有时极短，冠檐5或4裂，稀6–8裂，裂片等大，伸展或有时近直立，或不等大，多少呈二唇形，覆瓦状排列；雄蕊着生在花冠的管部或喉部，通常4枚，2长2短，有时2枚，稀5枚，花药2室，有时退化为1室；花盘环状或一侧退化；子房上位，2室，胚珠多数，稀少数，着生于中轴胎座上，花柱单一。柱头全缘或2裂。果为蒴果，极少浆果，成熟时室间或室背开裂为2果瓣，或室间室背均开裂为4果瓣，稀顶孔开裂，罕为浆果或为不开裂的蒴果；种子小而多，稀有大而少，表面平滑或有客种窝孔或网纹，具棱或翅；胚直或稍弯，有胚乳。

约200属，3,000种，分布于全世界，以北半球温带最多。我国56属，600余种，南北各地均有分布；南海诸岛有1属，1种。

1. 假马齿苋属 Bacopa Aubl.

直立或披散草本，有时水生。叶对生，全缘或具细圆齿，仅见中脉，侧脉不明显。花单生于叶腋，花梗顶端有或无1对小苞片；萼5深裂，外方的较阔，内方2片较狭；花冠二唇形，上唇在花蕾时处于外方，微缺或2裂，下唇具近等的3裂；雄蕊4枚，2长2短，或5枚，着生地花冠喉部之下，不伸出，花药背着，药室平行；子房球形或椭圆形，柱头粗，全缘或不明显2裂。蒴果为宿萼所包藏，室间开裂为2或室背同时开裂为4果瓣；种子多数，有棱或具疣状突起。

约65种，广布于世界热带和亚热带。我国2种；南海诸岛有1种。

1. 假马齿苋　　别名：白猪母菜

Bacopa monnieri (L.)Wettst., Nat. Pflanzenfam. 67[IV, 3b]: 77. 1897;W. Y. Chun et al. in Fl. Hainanica 3: 498. 1974; F. W. Xing et al. in Acta Bot. Austro Sin. 9: 44. 1994; F. W. Xing et al. in Fl. Nansha Isl. Neighb. Isl. 250. 1996.——*Lysimachia mannieri* L., Cent. Pl. (2): 9. 1756.

一年生、稍肉质草本，全株无毛。叶长圆状倒卵形至匙形，长8–15 mm，顶端圆或钝，基部长楔形，全缘或有时有不明显的齿。花梗常长于叶，长可达24 mm，小苞片卵状披针形，萼长约5 mm，外方3裂片狭卵形，钝头，最外方的1片最大，稍有网纹，内方两片披针形，锐尖；花冠白色，有时浅红色，长约10 mm。蒴果卵形，长5–6 mm。花果期：全年。

产地　西沙群岛（永兴岛）。生于旷野草地上。

分布　广东、海南、福建、台湾、云南。全球热带广布。

用途　全草入药，清热解毒、消炎退肿；治赤白痢疾、目赤肿痛、皮肤红肿等。

紫葳科 Bignoniaceae

灌木或乔木或木质藤本，稀草本。叶对生，稀互生，单叶、羽状复叶或指状复叶，有时顶端小叶卷须状，无托叶。花两性，两侧对称，大而美丽；顶生或腋生的聚伞花序或总状花序、圆锥花序，稀簇生或单生，通常有苞片和小苞片；萼钟状、圆锥状或管状，或一边开裂而成佛焰苞状，截平或有时 2–5 裂；花冠管状、漏斗状或钟状，4–5 裂，裂片稍不等，常呈二唇形，上唇 2 裂，下唇 3 裂；雄蕊 5 枚（常 1 枚或有时 3 枚退化）着生于冠管上，与花冠裂片互生，内藏或外伸，花丝基部常稍粗大，被毛，花药 2 室，纵裂；花盘垫状、环状或杯状；子房位花盘之上，有柄或无柄，2 室，每室具胚珠多数，中轴胎座或侧膜胎座；花柱细长，柱头 2 裂。果为蒴果，室背开裂或室轴开裂为 2 颗瓣或少数为肉质而不开裂的浆果状；种子扁平，有翅或少数无翅，胚乳不存在，胚直。

约 120 属，650 种，主要分布于热带地区。我国连引种栽培的约 17 属，40 余种，南北均有分布；南海诸岛有 1 属，1 种。

1. 吊瓜树属 **Kigelia** DC.

乔木。叶对生，奇数 1 回羽状复叶。圆锥花序，疏散，下垂，具长柄。花萼钟状，微 2 唇形，肉质，萼齿 5 枚，不等大；花冠钟状漏斗形，巨大，花冠裂片 5，开展，二唇形；雄蕊 4 枚；花盘环状；子房 1 室，胚珠多数。果长圆柱形，腊肠状，肿胀，坚硬，不开裂，悬挂于小枝之顶，具长柄；种子无翅，镶于木质果肉之中。

约 10 种，分布非洲，现世界热带广泛栽培。我国引种 1 种；南海诸岛亦有栽培。

1. 吊瓜树　　别名：吊灯树

Kigelia africana (Lam.) Benth., Niger Fl. 463. 1849; D. D. Tao in Fl. Reip. Pop. Sin. 69: 60. 1990.——*K. aethiopica* (Fenzl) Decne. in Deless. Ie. Sel. Pl. 5: 39, fig. 93. 1845; Y. Zhong in Journ. Hainan Teach. Coll. (Nat. Sci.) 3 (1): 60. 1990.——*Bignonia africana* Lam., Encycl. 1: 424. 1785.

乔木，高达 20 m，胸径达 1 m。一回奇数羽状复叶交互对生或轮生，叶轴长 7.5–15 cm，有小叶 7–9 枚；小叶长圆形或倒卵形，顶端急尖，基部楔形，全缘，叶面光滑，亮绿色，背面淡绿色，被微柔毛，近革质，羽状脉明显。圆锥花序生于小枝顶端，花序轴下垂，长 50–100 cm；花稀疏，6–10 朵。花萼钟状，革质，长 4.5–5 cm，直径约 2 cm，3–5 裂齿不等大，顶端渐尖；花冠橘黄色或褐红色，裂片卵圆形，上唇 2 片较小，下唇 3 片较大，开展，花冠筒外面具凸起纵肋；雄蕊 4 枚，外露，花药个字形着生，药室 2，纵裂；花盘环状；柱头 2 裂，子房 1 室，胚珠多数。果下垂，圆柱形，长约 38 cm，直径 12–15 cm，坚硬，肥硕，不开裂，果柄长 8 cm；种子多数，无翅，镶于木质的果肉内。花期：4–5 月；果期：9–10 月。

产地　西沙群岛（永兴岛）有栽培。

分布　广东、海南、广西、福建、台湾、云南有栽培。原产热带非洲、马达加斯加。

用途　果肉可食；树皮治皮肤病；园林绿化树种。

爵床科 Acanthaceae

草本、灌木或藤本，稀小乔木状。叶对生，稀互生，无托叶，叶片、小枝和花萼上常有针形钟乳体。花两性，两侧对称，通常组成总状花序、穗状花序、聚伞花序或头状花序，有时单生或簇生而不组成花序；苞片通常大，有时有鲜艳色彩，小苞片2枚或有时退化；萼5或4裂，稀多裂或环状而截平；花冠合瓣，喉部多少扩大，上部常5裂，整齐或二唇形，上唇2裂，有时全缘，稀退化，下唇3裂，稀全缘；发育雄蕊4或2枚，稀5枚，通常后雄蕊较短或消失，着生在管壁上，花丝分离或基部联合，花药背着，稀基着，2室或退化为1室，如为2室，药室邻接或分离，等大或一大一小，平排成一上一下，有时基部有附属物，纵裂；不育雄蕊1–3枚或缺；子房上位，2室，胚珠每室2至多颗，生于中轴胎座上，花柱单一，柱头通常2裂。蒴果室背开裂为2果瓣；种子通常无胚乳，稀具胚乳。

约300属，3,000余种，主要分布热带地区。我国连引入的有61属，约180种，主要分布于广东、海南、广西、台湾、四川、贵州及云南；南海诸岛有2属，2种。

1. 花冠二唇形。
  2. 能育雄蕊2枚……1. 穿心莲属 *Andrographis*
  2. 能育雄蕊4枚……2. 十万错属 *Asystasia*
1. 花冠4–5裂，裂片相近。
  3. 能育雄蕊2枚……3. 山壳骨属 *Pseuderanthemum*
  3. 能育雄蕊4枚……4. 芦莉草属 *Ruellia*

1. 穿心莲属 Andrographis Wall.

草本或有时亚灌木。叶全缘。花具梗，组成顶生或腋生、通常疏松，有时紧密或呈头状的总状花序或圆锥花序，有苞片和小苞片，或有时无小苞片；萼5深裂，裂片等大，狭窄；花冠管筒状或膨大，冠檐二唇形或稍呈二唇形，上唇2裂，下唇3裂，裂片覆瓦状排列；雄蕊2枚，伸出或内藏，花丝线形或阔而扁，多少被毛，花药2室，药室等大或1大1小，基部无附属物，但有时被髯毛；子房每室有胚珠3至多颗，花柱细长，柱头齿状2裂。蒴果线状长圆形或线状椭圆形，两侧呈压扁状；种子每室3至多颗，通常长圆形，种皮骨质，珠柄钩脱落。

约20种，分布于亚洲热带地区。我国2种；南海诸岛有1种。

1. 穿心莲　　别名：苦草、榄核莲、一见喜

Andrographis paniculata (Burm. f.) Wall. ex Nees, Pl. Asiat. Rar. 3: 116. 1832; W. Y. Chun et al. in Fl. Hainanica 3: 556. 1974; Y. Zhong in Journ. Hainan Teach. Coll. (Nat. Sci.) 3(1): 60. 1990; F. W. Xing et al. in Fl. Nansha Isl. Neighb. Isl. 253. 1996.——*Justicia paniculata* Burm. f., Fl. Ind. 9.1768.

一年生、直立、多分枝的草本；茎和分枝均具4棱，近无毛。叶纸质，披针形至狭披针形，长2–8 cm，宽0.5–2.5 cm，顶端渐尖，基部渐狭，两面无毛；侧脉每边3–4条；叶柄短或近无柄。圆锥花序多花，由顶生和腋生的总状

花序组成，花梗长 3–6 mm 或更长，苞片披针形，长 1–2 mm；小苞片钻形；萼片约 1.5 mm，被腺毛；花冠淡紫色，长约 10 mm，冠管圆管状，喉部稍扩大，冠檐二唇形，上唇外弯，齿状 2 裂，下唇直立，浅 3 裂，裂片近卵形；雄蕊外伸，花丝被一列扩展的长柔毛，药室一大一小，大的被髯毛。蒴果长约 1.5 cm。花期：夏秋季。

产地　西沙群岛（永兴岛）有栽培。

分布　我国南部有栽培或逸为野生。原产印度、中南半岛。

用途　全草入药，味苦、性寒；清热解毒、泻火降压、消肿止痛；治感冒发热、胃肠炎、肺炎、扁桃体炎及其他炎症、疮疖肿毒、外伤感染、毒蛇咬伤。

2. 十万错属 Asystasia Bl.

草本或灌木，疏松，铺散，几具长匍匐茎。叶蓝色或变化于黄蓝色之间，全缘或稍有齿；花排列成顶生的总状花序，或圆锥花序，苞片和小苞片均小，萼5裂至基部；裂片相等；花冠通常钟状，近漏斗形，冠檐近于5等裂，上面的细长裂片略凹；雄蕊4，2强，内藏，基部成对连合，花药2室，药室平行，有骈胝体或附着物；花柱头状，两浅裂或两齿，胚珠每室2颗；蒴果长椭圆形，基部扁，变细，无种子，上部中央略凹四棱形，两室，有种子4粒。

约40种，产旧大陆热带亚热带地区。我国有4种（含1种引种栽培）；南海诸岛有1种。

1. 小花宽叶十万错

Asystasia gangetica subsp. **micrantha** (Nees) Ensermu, Proc., XIII Plen. Meet. AETFAT Zomba Malawi 1--11 April, 1991 1: 343. 1994; J. Q. Hu, Y. F. Deng & T. F. Daniel in Fl. China 19: 437–438. 2011.

草本，外倾，高达0.5 m。茎具4棱，被柔毛。叶卵形至椭圆形，长3–8 cm，宽1.5–4 cm，无毛或疏被柔毛，叶面具多数钟乳体，基部截形或圆形，先端渐尖，全缘或具微锯齿；叶柄长3–5 mm，被短柔毛。总状花序腋生或顶生，长达16 cm；苞片三角形，长约5 cm，被柔毛；小苞片线状披针形，长1–2.5 mm，被柔毛，具缘毛；花冠白色，长1.2–1.5 cm，喉部宽约0.5 cm；裂片倒卵形至半圆形，长0.7–1.2 cm，宽0.8–1 cm，下唇中裂片具褶襞并具紫红色斑点；雄蕊内藏，花丝无毛，长的一对约5 mm，短的一对约3 mm；子房椭球形，长约3.5 mm，花柱约1.8 cm，被绒毛，柱头稍头状，2裂。蒴果长约2 cm，径约1.3 cm，被柔毛。种子倒卵形，长约3–5 mm，茎0.5–3 mm，具瘤状皱纹。花期：9–12月；果期：12月至翌年3月。

产地　西沙群岛（永兴岛）。生于路边草地。

分布　在广东、海南、台湾归化。亚洲西南部、非洲、马达加斯加、印度洋岛屿。

3. 山壳骨属 **Pseuderanthemum** Radlk. ex Lindau

草本或亚灌木。叶全缘或有钝齿；无柄或具柄。花无梗或具极短的花梗，组成顶生或腋生的穗状花序、总状花序或聚伞圆锥花序；花在花序上对生；苞片和小苞片通常小，线形；萼深5裂，裂片线形，等大，花冠管细长，圆柱状，喉部稍扩大，冠檐伸展，5裂，前裂片稍大，有时有喉凸，裂片覆瓦状排列；发育雄蕊2枚，着生在喉部，内藏或稍伸出，花丝极短，花药2室，药室等大，平行而靠近，基部无附属物，不育雄蕊2枚或消失；子房每室有胚珠2颗，柱头钝或不明显的2裂。蒴果棒槌状，每室具2粒种子。种子两侧呈压扁状，表面皱缩。

约50种，泛热带分布。我国有7种（2种为特有种）；南海诸岛栽培有1种。

1. 金叶拟美花

Pseuderanthemum carruthersii (Seem.) Guillaumin, Ann. Mus. Colon. Marseille, sér. 5, 5–6: 48. 1948.——*P. reticulatum* Radlk., Sitzungsber. Math.-Phys. Cl. Königl. Bayer. Akad. Wiss. München 13: 286. 1884; Y. Tong in Biodivers. Sci. Appendix 1, 21(3): 364–374. 2013.——*Eranthemum carruthersii* Seem., Fl. Vit. 185. 1866.

灌木，高0.5–2 m。叶卵形，长8–13 cm，宽3.5–8 cm，金黄色，基部楔形，先端急尖，全缘，侧脉5–7对。聚伞圆锥花序顶生，长达25 cm；花萼深5裂，裂片长约3.5 mm；花冠白色，中部具紫红色斑点，花冠管长10–13 cm。蒴果。花期：4–7月。

产地　西沙群岛（永兴岛）有栽培。

分布　我国南部地区有栽培。原产波利尼西亚。

4. 芦莉草属 Ruellia L.

多年生草本或灌木。叶对生。花通常大，排列成具长总花梗的聚伞花序；苞片 1 或无；小苞片 2；花萼常 5 裂，裂片狭窄，常等大；花冠烟斗状或浅盘状，5 裂，裂片近等大，在芽中旋转状排列；雄蕊 4 枚，2 强，着生于花冠管顶端，花丝基部成对，有薄膜连结，花药 2 室，花药等大，基部无芒；花盘环状；子房每室具胚珠 4–13 颗，柱头 2 裂，裂片扁平，不等大。蒴果长圆形或棒状；种子无毛。

约 250 种，分布于热带地区。我国有 4 种（1 种为特有种；2 种为引种栽培）；南海诸岛有 2 种。

1. 叶和苞片卵形……………………………………………………………………………………………………1. 赛山蓝 *R. blechum*
1. 叶线形至线状披针形，苞片披针形至线形……………………………………………………………2. 蓝花草 *R. tweediana*

1. 赛山蓝

Ruellia blechum L., Syst. Nat., ed. 10. 2: 1120. 1759; J. Q. Hu, Y. F. Deng & T. F. Daniel in Fl. China 19: 435. 2011.——*Blechum pyramidatum* (Lam.) Urb., Repert. Spec. Nov. Regni Veg. 15: 323. 1918; Fl. Taiwan 4: 625. 1978; T.C. Huang et al. in Taiwania 39(1–2): 8. 1994; F. W. Xing et al. in Fl. Nansha Isl. Neighb. Isl. 253. 1996.——*Barleria pyramidatum* Lam., Encycl. 1: 380. 1783.

直立或斜升草本，高约 50 cm；茎圆柱形或近四棱形，常膝状弯拐，下部匍匐节上生根，疏被毛或近无毛。叶对生，卵形，长 3–6 cm，宽 2–4 cm，顶端急尖，基部楔形或圆钝，边缘全缘，上面被糙伏毛，下面近无毛，叶柄长约 2.5 cm。穗状花序顶生，长约 6 cm，近无柄；苞片叶状，卵形，长约 1.5 cm，边缘具明显的缘毛；小苞片 2 枚，线形；花萼 5 裂，裂片线形，背面疏被柔毛；花冠白色，比萼大，冠檐外面被微柔毛；雄蕊着生于花冠管中部以上；花柱长约 2 mm，被微硬毛。蒴果卵球形，被微柔毛，长约 5 mm；种子球形，直径约 1.5 mm。

产地　南沙群岛（太平岛）有栽培。

分布　台湾有引种和逸为野生。原产热带美洲。

2. 蓝花草　别名：翠芦莉

Ruellia tweediana Griseb., Abh. Königl. Ges. Wiss. Göttingen 24: 259. 1879; Y. F. Deng et al. in Fl. Guangdong 9: 109. 2009.——*R. angustifolia* (Nees) Lindau, Nat. Pflanzenfam. 4(3b): 311. 1895.——*R. coerulea* Morong, Ann. New York Acad. Sci.7(2): 193. 1892.

多年生草本，高 30–70 cm。茎稍木质，四棱形，几无毛。叶线形至线状披针形，长 10–15 cm，宽 0.5–1.1 cm，顶端长渐尖，基部渐狭，全缘或微波状，无毛，两面有针状钟乳体。花排列成伞房状聚伞花序，总花梗长 5–6.5 cm；苞片常早落，披针形至线形，长 3–15 mm，宽 1–15 mm；花萼 5 深裂至基部，裂片线状披针形，长约 1 cm，外被短腺毛；花冠蓝色至蓝紫色，长 2.5–3.8 cm，花冠管圆柱形，上部扩展，5 裂，裂片长圆形；雄蕊 4 枚，2 强，内藏，花丝长的一对长约 9 mm，短的一对长约 6 mm，花药长圆形长约 3 mm；花柱长约 2.5 cm，被柔毛，柱头 2 裂，裂片不等。蒴果长圆形，长 2.5–3 cm，除顶端疏被柔毛外无毛；种子 12–20 颗，长 2–2.5 mm，宽 2–2.3 mm，密被毛。花期：几全年。

产地　南沙群岛（赤瓜礁）、西沙群岛（永兴岛）有栽培。

分布　我国南部有栽培。原产墨西哥。

用途　作观赏植物。

马鞭草科 Verbenaceae

草本、藤本、灌木或乔木。叶对生或轮生，单叶或掌状复叶，稀羽状复叶，无托叶。花通常为顶生或腋生的总状、聚伞、穗状、圆锥花序或伞房状聚伞花序；花两性或退化为杂性，两侧对称，稀辐射对称；花萼常杯状、钟状或筒状，檐部常4–5裂或几截平，稀6–8裂，宿存；花冠合瓣，冠管筒状，喉部多少扩大，檐部二唇形或多少不等大的4–5裂，稀多裂，伸展；雄蕊4枚，通常二强，稀2或5–6枚，着生于冠管内壁，花丝分离，花药基着或背着，2室，药室纵裂或顶孔裂；花盘不明显；子房通常2室，稀4–5室，或由假隔膜分为4–10室，全缘或微凹或4浅裂，稀深裂，花柱顶生或着生于子房裂片间，柱头分裂或不裂；胚球每室2颗，有时只有1颗，基生、侧生或悬垂于子房室顶。核果或蒴果，有时浆果状；种子无胚乳，胚直，子叶扁平，胚根短。

约80余属，3,000余种，主要分布热带和亚热带，温带较少。我国21属，175种，31变种；南海诸岛有7属，8种。

1. 灌木或乔木。
  2. 花序紧密，头状。
    3. 花序腋生，同一花序上的花有几种颜色；枝、茎上有刺或无刺 .... 3. 马缨丹属 *Lantana*
    3. 花序顶生或兼有腋生，同一花序上的花只有一种颜色；枝、茎上无刺 .... 1. 大青属 *Clerodendrum*
  2. 花序疏松、圆锥状、伞房状、聚伞状或总状。
    4. 叶为掌状复叶，如为单叶则下面灰白 .... 7. 牡荆属 *Vitex*
    4. 叶为单叶。
      5. 花序总状 .... 2. 假连翘属 *Duranta*
      5. 花序不为总状。
        6. 花冠檐部通常4裂，二唇形，上唇1裂片，下唇3裂片 .... 5. 豆腐柴属 *Premna*
        6. 花冠檐部5裂，稀6裂，裂片近等大，不为二唇形 .... 1. 大青属 *Clerodendrum*
1. 草本。
  7. 蔓生草本，节上生根；花冠4裂 .... 4. 过江藤属 *Phyla*
  7. 直立草本，节上不生根；花冠5裂 .... 6. 假马鞭属 *Stachytarpheta*

1. 大青属 Clerodendrum L.

灌木或小乔木，稀藤本或草本，被各式的毛或无毛，常有腺点；小枝方柱形，被短柔毛。单叶对生，稀轮生，全缘或具齿。聚伞花序再排成腋生或顶生的圆锥花序、伞房花序或头状花序式；花萼钟状，宿存，果时明显增大而有颜色，顶端几截平至5深裂，偶有6裂，全部或部分包裹果实；花冠高脚碟状或漏斗状，冠管比萼管长，稀为萼管等长或较短，冠檐5裂，偶有6裂，裂片近等大或2片较短；雄蕊通常4(偶有5–6)枚，等长或2长2短，着生于冠管上部内壁，通常外伸，花药卵形，纵裂；子房4室，每室有1颗胚珠，花柱线形，外伸，柱头2裂，裂片等大或不等大。核果，通常呈浆果状，外面有4纵沟槽或分裂为4小坚果，有时仅1–3颗发育；种子长圆形，无胚乳。

约400种，分布于世界热带和亚热带，东半球最多。我国有34种，6变种，主产长江以南各地；南海诸岛有2种。

1. 花萼檐部果时几截平；花冠白色 .... 1. 苦郎树 *C. inerme*
1. 花萼檐部明显 5 裂，果时不呈截平状；花冠深红色 .... 2. 龙吐珠 *C. thomsonae*

1. 苦郎树　　别名：许树、假茉莉、苦郎子

Clerodendrum inerme (L.) Gaertn., Fruct. Sem. Pl. 1: 271, pl. 75. 1788; W. Y. Chun et al. in Fl. Hainanica 4: 22. 1977; P. Y. Chen et al. in Acta Bot. Austro Sin. 1: 150. 1983; T. C. Huang et al. in Taiwania 39(1–2): 48. 1994; F. W. Xing et al. in Fl. Nansha Isl. Neighb. Isl. 356. 1996.——*Volkameria inermis* L., Sp. Pl. 637. 1753.

灌木，高 1–2 m；嫩枝四棱柱形，土黄色，被短柔毛。叶通常对生，叶片近革质，椭圆形或卵形，长 3–7 cm，宽 1.5–4.5 cm，顶端圆钝，基部楔形，全缘，上面深绿色，下面浅绿色，无毛或沿中脉疏被柔毛；侧脉每边 4–7 条；叶柄长约 1 cm，被短毛。聚伞花序常腋生，间有顶生；花萼钟状，外面被细毛，顶端微 5 裂，果时几截平；花冠白色，冠管长 2–3 cm，外面有腺点，内面被白色柔毛，冠檐 5 裂，裂片椭圆形，长约 7 mm，顶端圆钝；雄蕊通常 4 枚，偶有 6 枚，花丝丝状，伸出；花柱伸出，与雄蕊等高或稍高。核果倒卵形，长 7–10 mm，外果皮黄灰色，多汁液，含 4 分核，宿萼浅杯状，截平。花果期：3–11 月。

产地　南沙群岛（华阳礁）、西沙群岛（永兴岛、甘泉岛、珊瑚岛）、东沙群岛（东沙岛）。生于海边沙滩。

分布　广东、海南、广西、福建、台湾。亚洲东南部至大洋洲北部，以及太平洋上的一些岛屿。

用途　根茎、叶均入药，性寒、味苦，根能清热、消肿散瘀、止痛；枝、叶功能与根略同，但有小毒，内服宜慎。本种耐旱、耐盐碱，是沿海地区较好的固沙造林树种。

2. 龙吐珠　　别名：白萼桢桐

Clerodendrum thomsoniae Balf. in Edinb. New Phil. Journ. n. s. 15: 233. 1862; C. Pei in Fl. Reip. Pop. Sin. 65(1): 156. 1982; Y. Zhong in Journ. Hainan Teach. Coll. (Nat. Sci.) 3 (1). 61. 1990; F. W. Xing et al. in Fl. Nansha Isl. Neighb. Isl. 256. 1996.

攀援灌木，高达 5 m；小枝方柱形，被褐色短绒毛，有白色疏松的髓，老枝近圆柱形，常无毛，中空无髓。叶纸质，狭卵形或卵状长圆形，长 4–10 cm，宽 1.5–4 cm，顶端渐尖，基部圆形，全缘，上面略粗糙；基出脉 3 条，中脉每边有 3–4 条侧脉；叶柄长 1–2 cm。聚伞花序腋生或假顶生，长达 15 cm，宽达 17 cm，花多；苞片披针形，长达 1 cm；花萼大，白色，被微柔毛，长 1.5–2 cm，中部膨大，有 5 强棱，檐部 5 裂，裂片卵形，常短尖或渐尖；花冠深红色，外面被腺毛，冠管与萼等高，棕黑色，光亮，内含 2–4 分核，宿萼紫红色，包围果实。花果期：3–5 月。

川蔓藻科 Ruppiaceae

多年生或一年生、盐沼生沉水草本；根茎细而稍硬，初单轴分枝，后合轴分枝，节上疏生须根，叶互生，花序下的假对生，叶片狭线形，无柄，全缘或具细缺刻，仅中肋 1 条，基部叶鞘离生或抱茎，两侧具叶耳，无叶舌。花两性，2 至数朵排列成顶生的穗状花序，花序最初藏于鞘内，花后总花梗伸长，扭转呈螺旋状或不扭转；无苞片，花被片极小；雄蕊 2 枚，花药 2 室，外向纵裂，着生于短而宽的药隔两侧，药隔顶端尖；花粉粒伸长，弯曲。蕊具离生心皮 4 枚或较多，柱头小，盘状或盾状，子房瓶颈状，初近无柄，花后柄伸长，子房 1 室，具 1 颗悬垂胚珠。瘦果，不对称，顶端常具喙，果柄长；种子无胚乳。

仅 1 属，约 7 种，分布于温带和亚热带盐沼地区。我国 1 种；南海诸岛有分布。

1. 川蔓藻属 **Ruppia** L.

属的特征及分布与科相同。

1. 川蔓藻

Ruppia maritima L., Sp. Pl. 127. 1753; Y. H. Guo & Q. Y. Li in Fl. Reip. Pop. Sin. 8: 83. 1992; F. W. Xing et al. in Fl. Nansha Isl. Neighb. Isl. 271. 1996.——*R. rostellata* Koch., Reichb. Ic. Crit. (2): 66. 1824; W. Y. Chun et al. in Fl. Hainanica 4: 65. t. 988. 1977; P. Y. Chen et al. in Acta Bot. Austro Sin. 1: 151. 1983.

沉水草本，茎纤细，线形，有极多分枝，长可达 60–100 cm。叶窄线形，具明显中肋，长 2–10 cm，宽 0.3–0.5 mm，基部叶鞘多少抱茎，鞘长 2–10 mm，宽约 0.4 mm，叶耳圆形。穗状花序长 2–4 cm，常由 2 朵花组成，包藏于叶鞘内的短梗上，花后梗伸出鞘外；雄蕊 2 枚，药室近球形；心皮 4–6 枚；子房颈瓶状，多不对称，柱头圆脐状；弯生胚珠 1 枚，悬垂。果实呈略斜的广卵圆形，不开裂，长约 2 mm，宽约 1.5 mm，生于长 0.5–1.7 cm 的柄上，4–6 枚簇生于长约 5 cm 的总果柄上，总果柄不扭旋；果喙长 0.15–0.3 mm。花果期：4–6 月。

产地　西沙群岛（琛航岛）。生于浅海中。

分布　广东、海南、广西、福建、台湾、江苏、浙江、山东、新疆、青海、辽宁。全球温带、亚热带海域及盐湖均有分布。

丝粉藻科 Cymodoceaceae

沉水草本，生于海水中；根茎细长，匍匐状。叶互生或近对生，或聚生于节上，线形，具明显中脉，基部具鞘；叶鞘顶部通常舌状，叶腋具花的叶片有时退化，仅存叶鞘。花微小，单性，雌雄异株，腋生，单生或组成聚伞花序；花被由3片离生的小鳞片组成，有时无花被；雄蕊3–1枚，常无花丝，花药2–1室，纵裂，花粉丝状；雌蕊有2个离生心皮，花柱短或长，不分裂或2–4浅裂；胚珠1颗，垂悬。果实不开裂，种了垂悬，无胚乳。

4属，16–20种，分布于世界热带和亚热带地区。我国3属，4种，南北均有分布；南海诸岛3属，3种。

1. 花组成聚伞花序；叶钻状，长圆柱状针形……3. 针叶藻属 *Syringodium*
1. 花单生；叶线状，扁平。
    2. 花柱不分裂；雄蕊着生于不同高度；叶1–4枚，互生，叶脉3条……2. 二药藻属 *Halodule*
    2. 花柱短，柱头2裂；雄蕊着生于相同高度；叶2–7枚，簇生于短缩的直立茎上，叶脉7–17条……1. 丝粉藻属 *Cymodocea*

1. 丝粉藻属 **Cymodocea** K. D. Koenig

浅海生沉水草本。根茎匍匐，单轴分枝，每节上疏生1–5条多少有些分枝的根和1条短缩的直立茎；直立茎着生2–7枚叶片。叶线形，全缘或具微齿，基部常略狭，具鞘；叶脉7–17条，平行，近边缘的侧脉于叶片先端汇合，具次级横脉；叶鞘抱茎，上部具叶耳和叶舌，宿存时间略长于叶片，脱落后常在茎上留下开口或闭合的环状叶痕。雌雄异株，花单生于茎顶端，无花被；雄花具梗，花药2枚，背部或多或少合生，纵裂，药隔顶部钻状；花粉粒丝状；雌花无梗或几无梗，离生心皮2枚，花柱短，柱头2裂，丝状；子房内含1枚悬垂胚珠。果实呈侧扁的半卵圆形或椭圆形，外果皮骨质，具背脊和短喙，不开裂，胚弯曲。

约7种，分布于东半球热带和亚热带地区。我国有1种；南海诸岛亦产。

1. 丝粉藻

Cymodocea rotundata Asch. & Schweinf., Sitzungsber. Ges. Naturf. Freunde Berlin 84. 1870; Y. H. Guo, Robert R. Haynes & C. Barre Hellquist in Fl. China 23: 119. 2010.

沉水植物。匍匐茎较纤细，每节具1–3条略粗而不规则分枝的根和1条短缩的直立茎；茎端簇生叶片2–5枚。叶片线形，多少呈镰状，长7–15 cm，宽4 mm以下，全缘，叶先端不变狭，呈钝圆形或截形，有时先端两侧边缘稍有极细齿；叶脉平行，9–15条，脉间以次级小脉相连，边缘叶脉于顶端汇合，呈闭锁状；叶鞘长1.5–4 cm，微紫，顶端具一对略呈等腰三角形的叶耳，鞘脱落后常在茎上形成一闭合环痕。雄花花药长约11 mm；雌花子房甚小，与稍细的花柱共长约5 mm。果实呈略斜的半圆形或半卵圆形，侧扁，长约10 mm，宽约6 mm，厚约1.5 mm，无柄，骨质，具3条乎行的背脊，中脊具6–8个明显的尖突齿，有时腹脊亦有3–4齿，顶喙略偏斜，宿存。

产地　西沙群岛（永兴岛、广金岛、珊瑚岛）。生于浅海中。

分布　海南。主要分布于西太平洋热带海域、印度洋及红海各地。

旅人蕉科 Strelitziaceae

多年生粗壮草本、灌木、乔木状或芭蕉状乔木。如为芭蕉状乔木则茎由叶基部的叶鞘所组成，不分枝。叶互生，明显地排列成二列，具长柄，柄基部扩大成叶鞘；叶片中等大至很大，基部下延而抱茎，具粗壮的主脉及多数密集而平行的羽状脉，脉延伸至边缘。花两性，两侧对称，组成顶生或侧生并具长花序梗的蝎尾状聚伞花序并被包于大型的佛焰苞或舟状的总苞内；萼片 3，近相等，分离或多少贴生在花瓣上；花瓣 3，分离，微不相等或极不相等，通常侧生的 2 枚花瓣长于中间 1 枚的花瓣；雄蕊 5，稀 6，花丝质硬而伸长，花药线形，2 室，纵裂；子房下位，3 室，每室有胚珠多颗，中轴胎座。果为木质的蒴果，成熟时室背开裂为 3 瓣，或为分果（不开裂的干果，成熟时分开为数个含 1 粒种子的果瓣）。种子多数，假种皮有或无，有胚乳，胚直。

3 属，约 7 种，分布于热带非洲。我国引进栽培 2 属，3 种；南海诸岛有 1 种。

1. 旅人蕉属 Ravenala Adans.

乔木状。叶 2 列于茎顶，呈折扇状；叶柄长，具鞘。花序腋生，较叶柄为短，由 10–12 个呈二行排列于花序轴上的佛焰苞所组成，佛焰苞大型，舟状，内有花数至 10 余朵，花两性，白色，在佛焰苞内排成蝎尾状聚伞花序；萼片 3, 相等，分离；花瓣 3，侧生的 2 枚与萼片相似，中央的 1 枚稍较短且狭；雄蕊 6 枚，花药线形，远较花丝为长；子房 3 室，胚珠多中轴胎座；花柱于顶部增粗。蒴果木质，熟时室背开裂为 3 瓣；种子多数，具蓝色或红色、流苏状假种皮。

1 种，原产非洲马达加斯加，现各热带地区多栽培供观赏。我国广东、海南、台湾有栽培；南海诸岛亦有。

1. 旅人蕉

Ravenala madagascariensis Sonn., Voy. Ind. Orient. 2: 223, pl. 124–126. 1782; Y. Tong in Biodivers. Sci. Appendix 1, 21(3): 364–374. 2013.

形态特征及分布与属相同。

产地　西沙群岛（永兴岛）有栽培。

分布　广东、海南、台湾有栽培。原产马达加斯加。

美人蕉科 Cannaceae

多年生、直立、粗壮草本，有根茎。叶大，互生，有羽状的平行侧脉和明显的中脉。花两性，大而美丽，不对称，通常具短梗，组成顶生的穗状花序、总状花序或狭圆锥花序，有苞片；萼片 3 片，覆瓦状排列，离生，小而绿色，外形假苞片，宿存；花冠管状，3 裂，裂片狭而小，绿色或其他颜色，长于萼片；雄蕊花瓣状，基部和花冠管连合，为花中最美丽、最显著的部分，通常 5 枚，外轮 3 枚 (或 2 枚) 为退化雄蕊，内轮中 1 枚外反的退化雄蕊称为唇瓣，另 1 枚为发育雄蕊，狭而多少旋卷，边上着生 1 个 1 室的花药；子房下位，3 室，花柱花瓣状，柱头顶生而倾斜，胚珠多颗，倒生，着生于中轴胎座上。果为蒴果，外界皮常有小瘤体或软刺；种子多数，有坚硬的胚乳和有胚。

1 属，约 55 种，主产美热带和亚热带。我国原产 1 种，引种栽培数种；南海诸岛栽培 2 种。

1. 美人蕉属 Canna L.

形态特征及分布与科相同。

1. 退化雄蕊宽大，倒卵状匙形，长 5–10 cm，宽 2–5 cm；发育雄蕊长约 4 cm……1. 大花美人蕉 *C. generalis*
1. 退化雄蕊较小，倒披针形，长 3.5–4 cm，宽 5–7 cm；发育雄蕊长约 2.5 cm……2. 美人蕉 *C. indica*

1. 大花美人蕉

Canna generalis Bailey, Hortus 118. 1930; T. L. Wu in Fl. Reip. Pop. Sin. 16(2): 155. 1981; Y. Zhong in Journ. Hainan Teach. Coll. (Nat. Sci.) 3(1): 61. 1990; F. W. Xing et al. in Fl. Nansha Isl. Neighb. Isl. 281. 1996.

直立草本，高约 1.5 m，茎、叶和花序均被白粉。叶片椭圆形，长达 40 cm，宽达 20 cm，叶缘、叶鞘紫色。总状花序顶生，长 15–30 cm(连总花梗)；花大，比较密集，生一苞片内有花 2–1 朵；萼片披针形，长 1.5–3 cm；花冠管长 5–10 mm，花冠裂片披针形，长 4.5–6.5 cm；外轮退化雄蕊 3 枚，倒卵状匙形，长 5–10 cm，宽 2–5 cm，颜色多种：红、橘红、淡黄、白色均有；唇瓣倒卵状匙形，长约 4.5 cm，宽 1.2–4 cm；发育雄蕊披针形，长约 4 cm，宽约 2.5 cm；子房球形，直径 4–8 mm；花柱带形，离生部分长约 3.5 cm。花期：秋季。

产地　西沙群岛（永兴岛）有栽培。

分布　我国城市常见栽培。原产美洲。

用途　本种花大而美丽，为庭园花卉植物，供观赏。

2. 美人蕉

Canna indica L., Sp. Pl. 1. 1753; T. L. Wu in Fl. Reip. Pop. Sin. 16(2): 157. 1981; Y. Zhong in Journ. Hainan Teach. Coll. (Nat. Sci.) 3(1). 61. 1990; F. W. Xing et al. in Fl. Nansha Isl. Neighb. Isl. 281. 1996.——*C. edulis* Ker Gawler., Bot. Reg., 9: t. 775. 1823.

直立草本，高可达1.5 m。叶片卵状长圆形。长10–30 cm，宽达10 cm。总状花序疏花，略超出叶片之上；花红色，单生；苞片卵形，绿色，长约1.2 cm；萼片3枚，披针形，长约1 cm，绿色而有时染红；花冠管长不及1 cm，花冠裂片披针形，长3–3.5 cm，绿色或红色；外轮退化雄蕊3–2枚，鲜红色，其中2枚倒披针形，长3.5–4 cm，宽5–7 mm，另一枚如存在则特别小，长1.5 cm，宽公1 mm；唇瓣披针形，长约3 cm，弯曲；发育雄蕊长2.5 cm，花药长约6 mm；花柱扁平，长约3 cm，一半和发育雄蕊的花丝连合。蒴果绿色，长卵形，有软刺，长1.2–1.8 cm。花果期：3–12月。

产地　西沙群岛（永兴岛）有栽培。

分布　我国南北各地有栽培。原产印度，现世界各地常见栽培。

用途　根茎入药，清热利湿、舒筋活络，可治黄疸肝炎、风湿麻木、外伤出血、跌打、子宫下垂、心气痛等。常栽培供观赏。

天南星科 Araceae

草本，有水汁或乳状液汁，有块状或延长的根茎，或有木质而攀援状、借气根附着于他物上的地上茎，极少为浮水草本。叶通常基和，有时于花后生出，若为茎生则互生，二列或螺旋状排列，常为戟形或箭形，全缘或各式分裂，叶柄基部有膜质的鞘。花小，常有强列的臭味，组成具佛焰苞的肉穗花序，两性，或单性而雌雄同株，雌花位于肉穗花序的下部，雄花位于上部，有时两者间有中性花，稀雌雄异株；两性花有花被片 4–6 片，或合生呈杯状，单性花多半无花被；雄蕊 2–8 枚，与花被片对生，花药孔裂或纵裂，离生或合生为一体；子房上位或陷于肉穗花序轴内，1 至多室，花柱各式，有时缺，胚珠 1 至多数，着生于侧膜胎座、子房的底部或顶部。浆果或果皮革质而破裂，有种子 1 至多颗；种子具丰富的胚乳或无。

约 115 属，2,000 种以上，分布于热带、亚热带及温带，以热带为最多。我国约 25 属，134 种，南北均有分布；南海诸岛有 8 属，9 种。

1. 叶为奇数羽状复叶 .... 8. 雪铁芋属 *Zamioculcas*
1. 叶为单叶。
  2. 花两性 .... 4. 麒麟叶属 *Epipremnum*
  2. 花单性。
    3. 肉穗花序顶端无附属体。
      4. 直立或匍匐草本 .... 1. 广东万年青属 *Aglaonema*
      4. 藤本。
        5. 成长叶心状卵形或箭形；浆果不联合成一聚合果 .... 5. 喜林芋属 *Philodendron*
        5. 成长叶掌状分裂；浆果联合成一聚合果 .... 6. 合果芋属 *Syngonium*
    3. 肉穗花序顶端有附属体。
      6. 雄蕊分离 .... 7. 犁头尖属 *Typhonium*
      6. 雄蕊合生为聚药雄蕊。
        7. 胚珠多数，侧膜胎座 .... 3. 芋属 *Colocasia*
        7. 胚珠少数，基底胎座 .... 2. 海芋属 *Alocasia*

1. 广东万年青属 Aglaonema Schott

草本，茎直立，极稀匍匐，不分枝，或为分枝灌木，具环状的叶痕，光滑，绿色。叶柄大部分具长鞘；叶片多为长圆形或长圆状披针形，稀卵状披针形；中肋稍粗，I 级侧脉 4–7 对或较多，直伸或上举，弯拱，在边缘上升，II、III 级侧脉多数，与 I 级侧脉平行，其间细脉交织。花序柄短于叶柄。佛焰苞直立，黄绿色或绿色，内面常为白色，下部常席卷，上部张开；管部和檐部分异不明显，卵状披针形或卵形，渐尖，凋萎、从基部脱落。肉穗花序近无梗或有时具短梗，与佛焰苞等长或较短，或有时超过；雌雄同序：雌花序在下、少花、长为雄花序的 1/4–1/3；雄花序紧接雌花序，圆柱形或长圆形，稀棒状，花密。花单性，无花被。雄花具雄蕊 2，花丝短，药隔粗厚，略宽，药室对生，倒卵圆形，短，着生于药隔顶部，纵裂或横裂成肾形裂缝。雌花心皮 1，稀 2；假雄蕊极少，压扁，围绕子房；子房 1 室、稀 2 室；胚珠每室 1 枚，倒生，短卵圆形，珠柄极短，着生于室中央（稍偏）不明显的基底胎座上，珠孔朝向基底，花柱粗厚、短，柱头大，盘状或漏斗状，下凹。浆果卵形或长圆形，深黄色或朱红色，1室，1种子；种子卵圆形或长圆形，直立，种皮薄，近平滑，内种皮不明显。胚具长柄，无胚乳。

21种，分布于亚洲热带和亚热带地区。我国有2种，产西南和华南地区；南海诸岛栽培有1种。

1. 雅丽皇后

Aglaonema ‘Pattaya Beauty’

多年生草本，高达80 cm。叶卵形至长椭圆形，顶端渐尖，基部楔形或圆，叶面绿色，延中脉两边具灰白色斑块。肉穗花序。浆果。花期：春季。

产地　南沙群岛（南薰礁）有栽培。

分布　我国南部有栽培。

2. 海芋属 Alocasia (Schott) G. Don

多年生热带草本。茎粗厚，短缩，大都为地下茎，稀上升或为直立地上茎，密布叶柄痕。叶具长柄，下部多少具长鞘；叶片幼时通常盾状，成年植株的多为箭状心形，边缘全缘或浅波状，有的羽状分裂几达中肋（我国不产），后裂片卵形或三角形，常部分联合；下部I级侧脉向下弯，稀辐射状，大都与后裂片基脉成直角或锐角，稀远离而成钝角；由中肋中部伸出的I级侧脉多对，斜举，集合脉2–3，极接近叶缘，II、III级脉由I级侧脉伸出，纤细，在I级侧脉之间汇合为细集合脉。花序柄后叶抽出，常多数集成短缩的、具苞片的合轴。佛焰苞管部卵形、长圆形，席卷，宿存，果期逐渐不整齐地撕裂；檐部长圆形，通常舟状，后期后翻，从管部上缘脱落。肉穗花序短于佛焰苞，粗厚，圆柱形，直立，雌花序短，锥状圆柱形，不育雄花序（中性花序）通常明显变狭；能育雄花序圆柱形；附属器圆锥形，有不规则的槽纹。花单性，无花被。能育雄花为合生雄蕊柱，倒金字塔形，顶部截平，近六角形，有雄蕊3–8，花药线状长圆形，具药隔，紧靠，通常延长几达雄蕊基部，裂缝短，上部圆形，花粉粉末状。不育雄花为合生假雄蕊，扁平，倒金字塔形，顶部截平。雌花有心皮3–4，子房卵形或长圆形，花柱开始短，后来不明显，柱头扁头状，先端多少3–4裂；1室，但有时最上端为3–4室；胚珠少数，直生，直立、半倒生；珠柄极短，基底胎座。浆果大都红色，椭圆形，倒圆锥状椭圆形或近球形，冠以宿存柱头，1室，种子少数或单1；种子近球形，直立，有不明显的种阜，表皮薄，种皮厚，光滑，内种皮薄，光滑，珠柄短。胚乳丰富。胚在种，子顶端弯向子房室顶。

约80种。分布于热带亚洲。我国有8种，产长江以南各热带地区；南海诸岛栽培1种。

1. 海芋　　别名：痕芋头

Alocasia odora (Roxb.) K. Koch, Index Seminum Hort. Berol. 1854(App.): 5. 1854; H. Li & P. C. Boyce in Fl. China 23: 76. 2010; Y. Tong in Biodivers. Sci. Appendix 1, 21(3): 364–374. 2013.——*A. macrorrhiza* (L.) Schott, Osterr. Bot. Wochenbl. 4: 409. 1854.

大型常绿草本，高达2.5 m，稍具乳汁。具匍匐根状茎及直立的地上茎。叶多数，盾状着生，革质，心状箭形或心状卵形，长达130 cm，宽达100 cm，基部边缘微波状，先端短渐尖，侧脉每边9–12条；叶柄长达1.5 m。肉穗花序2–3个丛生于叶基部；总花梗粗壮，长约35 cm；佛焰苞长13–25 cm，基部约1/6稍缢缩，管部绿色，卵球形，花期席卷，后展开；花序较佛焰苞短，具短柄；雌花序长1–2 cm，径1.5 cm，雌蕊苍白色，径约3 mm，柱头无柄，3浅裂；不育雄花序与能育雄花序等长，乳白色，明显变狭，雄蕊合生，倒金字塔形，近六角形，径约2.5 mm；能育雄花序白色，圆柱形，长3–5 cm，径2 cm，雄蕊合生，倒金字塔形，近六角形，径约1.5 mm；附属体白色，狭圆锥形，长3–5.5 cm，径1–2 cm。果序长约6 cm，浆果，熟时红色，球形，径约1 cm。花果期：全年。

产地　西沙群岛（永兴岛）有栽培。

分布　广东、海南、广西、湖南、江西、福建、台湾、四川、贵州、云南。日本（琉球）、泰国、柬埔寨、老挝、缅甸、不丹、尼泊尔、孟加拉、印度。

3. 芋属 **Colocasia** Clus.ex Fabric.

粗壮草本；有块茎或短而粗壮的茎。叶片盾状着生，卵状心形或箭形；叶柄长，基部鞘状。总花梗粗肥；佛焰苞花后增大，宿存，喉部收缩，管以上直立，较管部长 2–5 倍，脱落；肉穗花序比佛焰苞短，粗壮或纤细；顶端附属体圆柱状，锥尖或缺；花单性，无花被，雌花部分与雄花部分间常为扁平的中性花所分隔。雄花：雄蕊 3–6 枚，合生成雄蕊柱，雄蕊柱顶端截平，略六棱。雌花：子房由 3–4 枚合生心皮组成，1 室，有时子房的上部 3–4 室，有胚球多颗生于侧膜胎座上。浆果倒卵形或长圆形，种子多数。

约 8 种，分布于亚洲热带。我国 8 种，分布于西南部至东南部；南海诸岛有 1 种。

1. 芋

Colocasia esculenta (L.) Schott, Melet. Bot. 1: 18. 1832; W. Y. Chun et al. in Fl. Hainanica 4: 136. 1977; P. Y. Chen et al. in Acta Bot. Austro Sin. 1: 152. 1983; F. W. Xing et al. in Fl. Nansha Isl. Neighb. Isl. 285. 1996.——*Arum esculentum* L., Sp. Pl. 965. 1753.

多年生草本；块茎通常卵形或近圆球形。叶具长柄，叶片盾状着生，卵形，长 20–50 cm，顶端急尖或短渐尖，基部 2 裂，裂片顶端圆形，基部连合长度约为裂片至叶柄着生点全长的 1/2 或 2/3；叶柄绿色或褐紫色，长 20–90 cm。总花梗通常单生，短于叶柄；佛焰苞长短不一，但通常长约 20 cm，管绿色，长 3–4 cm，管以上披针形，内卷，渐尖，长 16–18 cm，黄色；肉穗花序椭圆形，短于佛焰苞，附属体较雄性部分为短。雌花部分长约 3 cm，较粗，中性花部分长不及 2 cm，雄花部分长约 4 cm。花期：夏秋季。

产地　西沙群岛（永兴岛）有栽培。

分布　我国长江以南各地广泛栽培。原产印度，现广植于世界热带地区。

用途　块茎富含淀粉，供食用。可供药用，块茎有祛风、散结、止血功效，治乳痈、对口疮、疔疮、外伤出血；叶治荨麻疹。

4. 麒麟叶属 Epipremnum Schott

攀援植物；茎通常粗壮，常借气根攀附他物上。叶二列，通常大，全缘或羽状深裂，具平行羽状脉，叶柄长，有狭鞘，上部屈膝状。肉穗花序通常粗壮，无柄，多花，较佛焰苞短；佛焰苞舟状，花后脱落；花两性或少数杂性(单性花仅为雌花)；花被缺；雄蕊4枚，花丝宽线形；子房近四至六角柱状，顶部近截平，1或不完全2室，胚珠2至多数，基生或生予侧膜胎座上，一或二列，柱头近圆形或线形，花柱无或极短。果为浆果；种子多数，有丰富的胚乳。

约20种，分布于亚洲热带地区。我国4种（其中3种为引种栽培）；南海诸岛有2种。.

1. 成长叶全缘......1. 绿萝 *E. aureum*
1. 成长叶羽状分裂......2. 麒麟叶 *E. pinnatum*

1. 绿萝

Epipremnum aureum (Linden & André) G. S. Bunting, Ann. Missouri Bot. Gard. 50: 28. 1963; Y. Tong in Biodivers. Sci. Appendix 1, 21(3): 364–374. 2013.——*Pothos aureus* Linden & André, Ill. Hort. 27: 69, t. 381. 1880.

攀援藤本。茎长达10 m，具节，节间长15–20 cm，具纵槽，多分枝，枝常悬垂，生气生根，幼枝细长，粗3–4 mm，节间长15–20 cm。叶柄长8–10 cm，具叶鞘；叶鞘伸长达叶柄顶端；叶片在幼株时卵形，长8–20 cm，边缘全缘，成熟枝上的叶柄粗壮，长30–40 cm；叶片逐渐变大，薄革质，卵形或卵状长圆形，长32–62 cm，宽24–52 cm，基部近心形，边缘两侧羽状中裂或一侧羽状中裂，另一侧全缘，先端短渐尖或钝圆，翠绿色，上面具蜡质，有光泽及具浅黄色或白色斑纹，羽状脉每边8–9条，中脉两侧无小穿孔。佛焰苞舟状，长于肉穗花序，常脱落；肉穗花序长约17 cm，宽约3 cm；花白色。浆果；种子1–2颗。

产地　西沙群岛（永兴岛）有栽培。

分布　我国南部有栽培。原产所罗门群岛，现泛热带有栽培。

用途　常作为观赏植物。

2. 麒麟尾　　别名：麒麟叶

Epipremnum pinnatum (L.) Engl., Pflanzenr. 37: 60. f. 25. 1908; T. C. Huang et al. in Taiwania 39(1–2): 49. 1994.——*Rhaphidophora pinnata* (L.) Schott, Bonplandia 5: 45. 1857; W. Y. Chun et al. in Fl. Hainanica 4: 133. 1977.——*Pothos pinnatum* L., Sp. Pl. ed. 2, 1324. 1763.

大藤本；茎粗壮，直径约 2.5 cm，节上生根。叶极大，具长柄，幼时狭披针形或披针状长圆形，基部浅心形，全缘，成长时卵状长圆形，羽状深裂几达中脉，长 30–60 cm，宽 20–40 cm，裂片每边 4–10 片，剑形而稍弯，宽 3–7m，两端几等宽，顶端斜截平，尖端上举；侧脉 1–3 条；叶柄长 20–40 cm，上部有关节，关节长 2–5 cm。总花梗圆柱状，粗壮，长 10–16 cm；佛焰苞长 10–12 cm，内面黄色，外面绿色；肉穗花序圆柱形，长 10–14 cm，宽 2.5–3 cm；子房为不完全的 2 室，有胚球 2–4 颗，基生，果椭圆形。花期：春夏季。

产地　东沙群岛（东沙岛）有栽培。

分布　我国南部各地。马来西亚至澳大利亚。

用途　藤供药用，有接骨消肿、清热解毒、止血、化痰镇咳之效。庭园观赏植物。

5. 喜林芋属 **Philodendron** Schott

攀援木质藤本，有时直立。茎常生出多数长的气生根。叶互生；叶柄基部为叶鞘，上部通常为圆柱形或半圆柱形而上面平或具槽，通常无关节；叶片基部着生，纸质、近革质或革质，边缘全缘、不规则浅裂、3裂、羽状分裂或二回羽状分裂，具羽状脉，无边脉，脉间无穿孔。花序通常具短花序梗；佛焰苞宿存，肉质或革质，筒部席卷，圆柱形，檐部舟状，卵形、长圆形或披针形，直立；肉穗花序无花序梗，直立，与佛焰苞近等长或略短，具多数密生的花，花序顶端无附属器；花单性，无花被；雌雄花序紧接，下部为雌花序，圆柱形，花多而密，上部为雄花序，但其下部有少数不育雄花，其余的雄花均能育；雄花：雄蕊2–6，分离，无花丝，花药倒圆锥状菱形，2室，纵裂；雌花：子房2至多室，每室有多数胚珠，胚珠倒生，二列，无花柱，柱头半球形，有时2裂。果为浆果，分离，白色或橙色，果皮纸质。种子每室多数、少数或单一，卵球形、长圆体形或椭圆体形，外种皮肉质。

275种，分布于美洲的热带和亚热带地区。我国引种栽培20余种；南海诸岛栽培1种。

1. 春羽

Philodendron bipinnatifidum Schott ex Endl., Gen. Pl. 1(3): 237. 1837; Y. Tong in Biodivers. Sci. Appendix 1, 21(3): 364–374. 2013.

茎直立，木质化，高1–3 m，不分枝，老茎上密布扁圆形的叶痕并生出粗壮的气生根。叶密生于茎的上部，互生；叶柄长0.8–1.5 m或过之，绿色，圆柱形，上面有浅槽，基部为叶鞘，周围有一圈密生的鳞片，鳞片褐色，条状披针形，长1–2 cm，宿存；叶鞘长14–16 cm，生于茎顶端的数枚叶的叶鞘内常包裹着1枚长圆体形的花芽；叶片大型，轮廓为卵形，长60–80 cm，宽55–60 cm，二回羽状深裂，第一回羽状深裂的裂片约10对，基部的1裂片又二回羽状深裂，下面浅绿色，上面绿色，有光泽，叶脉粗壮，在下面明显突起，侧脉延伸至裂片的近顶端，成为裂片的主脉。花序单一，腋生；花序梗甚短，长2–3 cm，绿色；佛焰苞近革质，背面绿色，背面边缘及内面黄白色，长18–22 cm，下部席卷成筒，筒部圆柱形，长为佛焰苞全长的1/3，檐部舟状，轮廓为倒卵状长圆形，先端圆，中央骤尖；肉穗花序圆柱形，略短于佛焰苞，直径约2 cm，伸出，黄白色。未见结果。花期：近全年。

产地　西沙群岛（永兴岛）有栽培。

分布　我国南部有栽培。原产于墨西哥、巴西及巴拉圭等地，现世界热带、亚热带地区常见栽培。

花葶较叶为粗厚，中空，高 20–50 cm，中部膨大；花白色，组成稠密、顶生、圆球形的伞形花序，初时被一膜质、白色、囊状的总苞片所包覆；药梗长 4–5 mm，花被片长圆形，长 5–6 mm，有 1 条明显的主脉；雄蕊着生于花被片基部，伸出于花被之外，花丝线形，基部不扩大，花药背着，长 1 mm。蒴果 3 棱形，直径约 5 mm，3 裂；种子黑色。花期：夏季。

产地　西沙群岛（永兴岛、石岛、中建岛、珊瑚岛、赵述岛）有栽培。

分布　我国各地均有栽培。原产亚洲。

用途　为栽培蔬菜之一，四时皆有，品种颇多。鳞茎亦供药用，能促进消化；并可治伤寒中风、双目浮肿、风湿、身痛麻痹、咳嗽以及预防流感等。

2. 蒜

Allium sativum L., Sp. Pl. 1: 296–297. 1753; W. Y. Chun et al. in Fl. Hainanica 4: 144. 1977; Y. Zhong in Journ. Hainan Teach. Coll. (Nat. Sci.) 3(1): 61. 1990; F. W. Xing et al. in Fl. Nansha Isl. Neighb. Isl. 286. 1996; J. M. Xu & R. V. Kamelin in Fl. China 24: 201. 2000.

鳞茎具 6–10 枚小蒜瓣，全部包藏于银白色或淡红色、膜质的鳞被内。叶数片，线形，宽可达 2.5 cm，顶端渐尖。花葶圆柱形，高出叶面，长约 60 cm；总苞片有长喙，长 7–10 cm；伞形花序小而稠密，有膜质苞片；花常淡红色，长 3–4 mm，花被片 6 枚，披针形至卵状披针形，内轮的较外内短；花丝比花被片短，基部合生并与花被贴生，内轮的基部两侧各具 1 齿，齿端呈丝状，长短不等，超过花被片，外轮的锥形；子房球形；花柱不伸出花被。

产地　西沙群岛（永兴岛、中建岛、金银岛）有栽培。

分布　全国广泛栽培。原产亚洲本部或欧洲，现世界广泛栽培。

用途　供食用。鳞茎入药，有解毒、杀虫、健胃、消炎、去湿之效。

3. 韭

Allium tuberosum Rottler ex Spreng., Syst. Veg. 2: 38. 1825; W. Y. Chun et al. in Fl. Hainanica 4: 144. 1977; F. W. Xing et al. in Acta Bot. Austro Sin. 9: 45. 1994; F. W. Xing et al. in Fl. Nansha Isl. Neighb. Isl. 286. 1996; J. M. Xu & R. V. Kamelin in Fl. China 24: 180. 2000.

草本。鳞茎簇生，老时呈根茎状，外有纤维质的包被。叶 4–5 片，扁平，狭线形，长 15–30 cm，宽 2–4 mm。花葶圆柱形，长 30–60 cm，伞形花序有花 20–40 朵，直径 2.5–4 cm，有总苞片 1–2 枚；花梗长 8–16 mm；花被片狭卵形，长 4–6 mm，白色而有淡绿色脉；花丝比花被稍短，中部以下扩大；子房近球形，有 3 棱，直径约 1.5 mm。蒴果倒心形，凋萎后的花被片仍宿存。花期：夏季。

产地　西沙群岛（永兴岛）有栽培。

分布　我国广泛栽培。广布于亚洲东部。

用途　做蔬菜，又供药用。全株味辛甘，性温，有香气散瘀活血、消肿止痛；治吐血、衄血、膝疮、风疹、跌打内服外敷、狂犬咬伤、虫伤；种子补肝肾、暖腰膝。治小便频数、遗尿、遗精、带浊。

2. 文殊兰属 Crinum L.

多年生草本。具鳞茎。叶基生，带状或剑形，通常较宽阔。花茎实心，伞形花序通常有花数朵至多朵，罕仅1朵，下有佛焰苞状总苞片2枚；有或无花梗；花被辐射对称或稍两侧对称，高脚碟状或漏斗状；花被管长，圆管状，直立或上弯，花被裂片线形，长圆形或披针形；雄蕊6枚，着生于花被管喉部，花丝丝状，近直立或叉开，花药线形，丁字形着生；子房下位，3室，每室有胚球数枚至多枚，有时每室仅有胚球2枚，花柱细长，多不外倾，柱头小，头状。蒴果近球形，不规则开裂；种子大，圆形或有棱角。

约100余种，分布于热带地区。我国有1种及1变种，分布华南至西南各地；南海诸岛有1变种。

1. 文殊兰

Crinum asiaticum L. var. **sinicum** (Roxb. ex Herb.) Baker, Handb. Amaryll. 75. 1888; X. H. Qian in Fl.

Reip. Pop. Sin. 16(1): 8. 1985; F. W. Xing et al. in Fl. Nansha Isl. Neighb. Isl. 287. 1996; Z. H. Ji & Alan W. Meerow in Fl. China 24: 265. 2000.——*C. asiaticum* L., Sp. Pl. 1: 292. 1753; T. C. Huang et al. in Taiwania 39(1–2): 48. 1994.——*C. sinicum* Roxb. ex Herb., Curtis's Bot. Mag. sub. 47: t. 2121. 1820.

多年生粗壮草本。鳞茎长柱形。叶 20–30 枚，多列，带状披针形，长可达 1m，宽 7–12 cm 或更宽，顶端渐尖，具 1 急尖的尖头，边缘波状，暗绿色。花茎直立，几与叶等长，伞形花序有花 10–24 朵，佛焰苞状总苞片披针形，长 6–10 cm，膜质，小苞片狭线形，长 3–7 cm；花梗长 0.5–2.5 cm；花高脚碟状，芳香；花被管纤细，直，长 7–10 cm，直径 1.5–2 mm，绿白色，花被裂片线形，长 4.5–9 cm，宽 6–9 mm，向顶端渐狭，白色；雄蕊淡红色，花丝长 4–5 cm，花药线形，顶端渐尖，长约 1.5 cm；子房纺锤形，长不及 2 cm。蒴果近球形，直径 3–5 cm；通常具 1 颗种子，有时 2 颗。花期：夏季。

产地　西沙群岛（永兴岛）、东沙群岛（东沙岛）有栽培。

分布　广东、海南、广西、福建、台湾。

用途　叶和鳞茎入药，叶辛，性凉，有小毒；有行血散瘀、消肿止痛的功效；治头风痛、跌打、乳腺炎、痔疮、带状疱疹、无名肿毒。常栽培供观赏。

1a. 金边龙舌兰

Agave americana L. var. **variegata** Hook., Bot. Mag. 65: t. 3654. 1838; T. S. Liu & S. S. Ying in Fl. Taiwan 5: 88. 1978; P. Y. Chen et al. in Acta Bot. Austro Sin. 1: 152. 1983; F. W. Xing et al. in Fl. Nansha Isl. Neighb. Isl. 291. 1996.

本变种与原变种区别主要在于叶具有金黄色的边缘。

产地　西沙群岛（永兴岛、金银岛、甘泉岛、珊瑚岛）栽培或逸为野生。

分布　我国南部有引种。原产热带美洲。

用途　用途除与龙舌兰纤维用之外，还常栽培供观赏。

2. 剑麻

Agave sisalana Perrine ex Engelmann, Trans. Acad. Sci. St. Louis 3: 305, 316, pl. 2–4. 1875; Z. H. Ji & A. W. Meerow in Fl. China 24: 270. 2000.

多年生草本，有长的根状茎。茎粗而短。叶多数，基生呈莲座状；叶片剑形，长 1–1.5(–2) m，最宽处宽 10–15 cm，刚直，下面凸，上面凹，质厚而硬，幼时被白霜并有不明显的白色斑纹，后白霜渐脱落而呈灰蓝绿色，边缘无刺或偶有粗而短的刺，先端具 1 枚红褐色的长硬刺，刺长 2–3 cm。花葶直立，粗壮，高 5–6 m；圆锥花序大型，有 8 至 10 多枚分枝，具多数花；花梗长 0.5–1 cm；花黄绿色，有浓烈的气味，花后生珠芽；花被筒长 1.5–2.5 cm，裂片 6，卵状披针形，长 1.2–2 cm，宽 6–8 mm；雄蕊 6，着生于花被裂片基部，花丝长 6–8 cm，黄色，花药条形，长约 2.5 cm；子房长圆体形，长约 3 cm，花柱纤细，长 6–7 cm，柱头近头状。蒴果长圆体形，长约 6 cm，宽 2–2.5 cm。花期：秋冬季。

产地　西沙群岛（永兴岛、石岛、中建岛、琛航岛、金银岛、珊瑚岛）有栽培或逸生。

分布　我国南部广泛栽培。原产墨西哥。

用途　叶用作纤维原料。

2. 朱蕉属 **Cordyline** Comm.ex Juss.

小乔木状或灌木状，茎上有环状叶痕。叶簇生于茎端，无柄或有柄，通常长圆形，薄革质。花小，两性，组成圆锥花序，单生或数朵聚生于花序分枝的每节上；花梗短，其下有1枚苞片和2枚小苞片，呈总苞状；花被圆筒形或狭钟形，花被管短，裂片6枚，近相等或外轮的稍短；雄蕊6枚，花药背着，花丝丝状或扁平；子房上位，无柄，3室，每室有胚球2–16颗；花柱丝状，柱头头状或3裂。浆果圆球形或有3棱。

约20种，分布于亚洲南部、大洋洲和美洲。我国1种；南海诸岛有栽培。

1. 铁树　　别名：朱蕉、宋竹

Cordyline fruticose (L.) A. Cheval., Cat. Pl. Jard. Bot. Saigon 66. 1919; W. Y. Chun et al. in Fl. Hainanica 4: 154. 1977; Y. Zhong in Journ. Hainan Teach. Coll. (Nat. Sci.) 3(1): 61. 1990; F. W. Xing et al. in Fl. Nansha Isl. Neighb. Isl. 289. 1996.——*Convallaria fruticosa* L., Stickm Herb. Amb. 16. 1754.

灌木状，茎高1–3 m，不分枝或少分枝。叶聚生于茎端，二列，披针状椭圆形至长圆形，长20–60 cm，宽5–10 cm，顶端渐尖，基部渐狭，绿色或红紫色；叶柄长约16 cm，有槽，基部阔而抱茎。圆锥花序腋生，长20–45 cm，宽约20 cm，分枝多数；花梗长2–5 mm；花淡红色或青紫色，间有淡黄色，长约8–10 mm；花被管短，裂片披针形；雄蕊较花被片短，着生于花被管上，花丝扁平，长约5 mm，花药线形，长2–2.5 mm；子房长圆形，长约2 mm，花柱稍伸出花被片外。浆果球形，通常仅1颗种子。花期：11–12月。

产地　西沙群岛（永兴岛）有栽培。

分布　广东、海南、广西、福建、台湾有栽培。原产地不明，现亚洲地区广泛栽培。

用途　园林绿化树种。

3. 龙血树属 Dracaena Vandelli ex L.

乔木状、灌木状或半灌木状。茎单一或有分枝，近木质。叶通常聚生于茎或分枝上部或顶端，无柄或具柄，叶柄基部抱茎或抱枝；叶片通常条形、稀长圆状披针形，扁平，革质或有时较坚硬，边缘全缘，叶脉从叶片基部平行向顶端伸出，无侧脉，或脉不明显。花序为总状花序、圆锥花序或短缩成近头状，着生于茎或枝的顶端，无总苞；花两性，簇生，有时单生；花梗有关节；花下无小苞片；花被筒状、钟状或漏斗状，裂片 6，相等或近相等，狭长，向外卷曲或开展；雄蕊 6，着生于花被筒喉部，花丝丝状，花药长圆形，丁字形着生，2 室，内向，纵裂；子房上位，3 室，每室有 1 或 2 颗胚珠，花柱纤细，丝状，柱头头状或 3 裂。果为浆果，球形，有种子 1–3 颗。种子球形，平滑或有钝棱，种皮厚肉质，胚乳角质，胚小。

约 50 种，主要分布于非洲和亚洲的热带和亚热带地区。我国产 6 种；南海诸岛栽培有 2 种。

1. 叶宽 1–3 cm……………………………………………………………………………1. 海南龙血树 *D. cambodiana*
1. 叶宽 6–9 cm……………………………………………………………………………2. 香龙血树 *D. fragrans*

1. 海南龙血树　别名：柬埔寨龙血树

Dracaena cambodiana Pierre ex Gagnep., Bull. Soc. Bot. France 81: 286. 1934; X. Q. Chen & N. J. Turland in Fl. China 24: 216. 2000; Y. Tong in Biodivers. Sci. Appendix 1, 21(3): 364–374. 2013.

乔木状，高在 3–4 m 以上。茎不分枝或分枝，树皮带灰褐色，幼枝有密环状叶痕。叶聚生于茎、枝顶端，几乎互相套叠，剑形，薄革质，长达 70 cm，宽 1.5–3 cm，向基部略变窄而后扩大，抱茎，无柄。圆锥花序长在 30 cm 以上；花序轴无毛或近无毛；花每 3–7 朵簇生，绿白色或淡黄色；花梗长 5–7 mm，关节位于上部 1/3 处；花被片长 6–7 mm，下部约 1/5–1/4 合生成短筒；花丝扁平，宽约 0.5 mm，无红棕色疣点；花药长约 1.2 mm；花柱稍短于子房。浆果直径约 1 cm。花期：7 月。

产地　西沙群岛（永兴岛）有栽培。

分布　海南。柬埔寨、老挝、泰国、越南。

2. 香龙血树

Dracaena fragrans (L.) Ker Gawl., Bot. Mag. 27: pl. 1081. 1808.——*Aletris fragrans* L., Sp. Pl. ed. 2. 1: 456. 1762.

常绿乔木状。植株高达 7 m。茎粗壮，直立，通常不分枝，无节和节间，具密的环状叶痕。叶螺旋状排列于茎的上部，不互相套叠，无叶柄；叶片直立、开展或下弯呈弓形，扁平，带形，长 30–70 cm，宽 6–10 cm，基部渐狭，边缘全缘，先端渐尖或稍钝，绿色，有光泽。圆锥花序顶生；花序轴之字形曲折；花小，呈球形，芳香，多朵簇生于花序分枝的每一节上；花被黄绿色，长约 1.2 cm，花被筒长约 6 mm，裂片披针形，与花被筒等长。浆果球形，直径约 1.2 cm，橙红色。花期：冬季至翌年春季。

产地　南沙群岛（华阳礁）有栽培。

分布　我国南部有栽培。热带非洲广泛分布。

4. 虎尾兰属 **Sansevieria** Thunb.

多年生草本，根状茎粗壮，横走；地上茎短或无。叶基生或生于短茎上，粗厚，坚韧常稍带肉质，扁平、凹陷或近圆柱状。花葶分枝或不分枝；花单生或几朵簇生，排成总状花序、穗状花序、密伞花序或圆锥花序；花梗有关节；花被管状，基部常膨大，裂片 6 枚，常外卷或扩展；雄蕊 6 枚，着生于花被管的喉部，明显伸出；花丝丝状，花药背着，内向开裂；子房 3 室，每室 1 枚胚珠；花柱细长，柱头小，浆果较小，具 1–3 颗种子。

约 60 种，分布于非洲，少数也见于亚洲。我国引种 2 种，1 变种；南海诸岛引种 1 种。

1. 虎尾兰

Sansevieria trifasciata Prain, Bengal Plants (2): 1054. 1903; W. Y. Chun et al. in Fl. Hainanica 4: 156. 1977; Y. Zhong in Journ. Hainan Teach. Coll. (Nat. Sci.) 3(1): 61. 1990; F. W. Xing et al. in Fl. Nansha Isl. Neighb. Isl. 290. 1996.

根状茎横走，无地上茎。叶基生，通常 2–3 片，有时达 6 片，质坚韧，线状披针形或狭长披针形，长 30–120 cm，宽 2.5–7 cm，直立，顶端急尖而有一绿色的尖头，由中部或中部以上向基部渐狭或槽状，两面由基部至顶部有白绿色和深绿色相间的横带斑纹，稍被白粉。花葶高 30–80 cm，基部有淡褐色，膜质的鞘；花淡绿色，3–8 朵簇生成束，组成总状花序；花梗长 5–8 mm，近中部有节；花被管长 6–12 mm，裂片线形，长 0.8–1.4(1.8) cm。种子球形，直径约 3 mm。花期：冬季。

产地　南沙群岛（美济礁、南薰礁）、西沙群岛（永兴岛）有栽培。

分布　我国南部有引种。原产非洲西部，现热带地区广为栽培。

用途　园林绿化植物。

棕榈科 Palmae

乔木、灌木或藤本，干通常不分枝，单生或丛生，表面平滑或粗糙，常覆以残存的老叶柄基部或叶脱落后留有环状痕迹。叶常聚生于茎端或攀援种类散生于茎上，通常很大，全缘，羽状或掌状分裂，裂片或小叶在芽中内向或外向折叠，顶端常锐尖，常于中脉或边缘有刺；叶柄基部常扩大而具纤维的鞘。花小，辐射对称，两性或单性，雌雄同株或异株，有时杂性，组成分枝或不分枝的肉穗花序，花序常为1至多枚大形、鞘状的佛焰苞所包围，生于叶丛下或叶丛中；有苞片及小苞片；萼片3片；花瓣3片；雄蕊通常6枚，2轮，稀较少或较多，花药2室，纵裂；子房上位，1–3室，稀4–7室，或心皮3枚而分离或于基部合生，胚珠于每室或每心皮1颗，花柱短或无，柱头3枚。果为浆果、核果或坚果，1–2室，外果皮常纤维质，有时覆盖覆瓦状排列的鳞片；种子与内果皮分离或黏合，胚乳均匀或嚼烂状。

约217属，2,500种，分布于热带、亚热带地区，尤以美洲热带和亚洲热带为多。我国18属，90余种，分布西南部至东南部；南海诸岛有8属，10种。

1. 叶掌状分裂……7. 蒲葵属 *Livistona*
1. 叶羽状分裂。
  2. 叶裂片边缘具啮齿状小齿……2. 鱼尾葵属 *Caryota*
  2. 叶裂片边缘全缘。
    3. 叶裂片向内折叠，叶柄边缘具长刺……8. 刺葵属 *Phoenix*
    3. 叶裂片向外折叠，叶柄边缘无长刺。
      4. 叶鞘开放，不形成冠茎……5. 椰子属 *Cocos*
      4. 叶鞘闭合，在茎上部形成明显的冠茎。
        5. 叶裂片斜长方形或镰状披针形……1. 槟榔属 *Areca*
        5. 叶裂片线形或线状披针形。
          6. 茎基部或中部膨大……6. 酒瓶椰子属 *Hyophorbe*
          6. 茎不膨大。
            7. 叶轴和叶鞘黄色……4. 散尾葵属 *Chrysalidocarpus*
            7. 叶轴和叶鞘绿色……3. 竹节椰属 *Chamaedorea*

1. 槟榔属 Areca L.

乔木或丛生灌木，茎有环状叶痕。叶簇生于茎端，羽状全裂，羽片多数，叶轴顶端的羽片合生。肉穗花序着生于叶丛之下，多分枝；佛焰苞早落；花单性，雌雄同序。雄花多，单一或2朵聚生，生于花序分枝上部或整个分枝上；萼片3片，小，稍为覆瓦状排列；花瓣3片，镊合状排列；雄蕊3、6、9或多达30枚或更多，花丝短或无，花药基生。雌花大于雄花，少，萼片3片，覆瓦状排列；花瓣3片，镊合状排列；退化雄蕊3–9枚或无；子房1室，柱头3枚，无柄，胚球1颗，基生，直立。果实球形、卵形或纺锤形，顶端具宿存柱头；种子卵形或纺锤形，胚乳嚼烂状，胚基生。

约60种，分布于亚洲热带地区和澳大利亚。我国2种；南海诸岛有2种。

1. 茎单生，乔木；雄蕊 6 枚；果实较大，长 3–5 cm，卵球形，熟时橙黄色……………………1. 槟榔 *A. catechu*
1. 茎丛生；雄蕊 3 枚；果实较小，卵状纺锤形，长不及 2 cm，熟时深红色……………………2. 三药槟榔 *A. triandra*

1. 槟榔

Areca catechu L., Sp. Pl. 1189. 1753; W. Y. Chun et al. in Fl. Hainanica 4: 169. 1977; Y. Zhong in Journ. Hainan Teach. Coll. (Nat. Sci.) 3(1): 61. 1990; F. W. Xing et al. in Fl. Nansha Isl. Neighb. Isl. 293. 1996.

乔木，高达 10 余米；茎有明显的环状叶痕。叶簇生于茎端，长 1.3–2 m，羽片多数，两面无毛，狭长披针形，长 30–60 cm，宽 2.5–4 cm，上部的羽片合生，顶端有不规则齿裂。花雌雄同株，花离多分枝，花序轴粗壮，压扁，分枝曲折，长 25–30 cm，上部纤细，着生 1 或 2 列雄花，而雌花单生于分枝的基部。雄花小，无梗，通常单生，稀成对着生；萼片卵形，长不及 1 mm，花瓣长圆形，长 4–6 mm；雄蕊 6 枚，花丝短，退化雌蕊 3 枚，线形。雌花较大，萼片卵形；花瓣近圆形，长 1.2–1.5 cm；退化雄蕊 6 枚，合生；子房长圆形。果实长圆形或卵球形，长 3–5 cm，橙黄色，中果皮厚，纤维质，种子卵形，基部截平，胚乳嚼烂状，胚基生。花期：3–4 月。

产地　西沙群岛（永兴岛）有栽培。

分布　海南、台湾、云南有栽培。亚洲热带地区广泛栽培。

用途　种子含单宁及数种生物碱，供药用，可驱人体肠道寄生虫；又为咀嚼用嗜好品，将果实切细，包在涂在石灰的蒌叶内或与苏木、烟叶一起置口中咀嚼，据说有固齿之效。

2. 三药槟榔

Areca triandra Roxb. ex Buch. -Ham., Mern. Werner. Nat. Hist. Soca. 5: 310. 1826; S. J. Pei & S. Y. Chen in Fl. Reip. Pop. Sin. 13: 133. 1991; F. W. Xing et al. in Fl. Nansha Isl. Neighb. Isl. 294. 1996.

茎丛生，高可达 8 m 或更高，茎直径 4–8 cm，具明显的环状叶痕。叶羽状全裂，长 1 m 或更长，约 17 对羽片，顶端 1 对合生，羽片长 35–60 cm 或更长，宽 4.5–6.5 cm，具 2–6 条肋脉，下部和中部的羽片披针形，镰刀状渐尖，上部及顶端羽片较短而稍钝，具齿裂；叶柄长约 10 cm。佛焰苞 1 个，革质，压扁，光滑，长 30 cm 或更长，花后脱落，花序与槟榔相似，但雄花更小，只有 3 枚雄蕊。果实熟时由黄色变为深红色；种子椭圆形至倒卵球形，长 1.5–1.8 cm，直径 1–1.2 cm，胚乳嚼烂状，胚基生。花期：1–2 月；果期：6–9 月。

产地 西沙群岛（永兴岛）有栽培。

分布 广东、海南、广西、台湾、云南有引种栽培。印度、中南半岛、马来半岛等亚洲热带地区有分布。

用途 本种为热带地区优良的园林绿化树种。

2. 鱼尾葵属 Caryota L.

植株矮小至乔木状，茎单生或丛生，裸露或被叶鞘，具环状叶痕。叶大，聚生于茎顶，二回羽状全裂，芽时内向折叠；羽片菱形、楔形或披针形，先端极偏斜而有不规则的齿缺，状如鱼尾；叶柄基部膨大，叶鞘纤维质。佛焰苞 3–5 个，管状；花序生于叶腋间，有长而下垂的分枝花序，罕不分枝；花单性，雌雄同株，通常 3 朵聚生，中间 1 朵较小的为雌花；雄花萼片 3 片，离生，覆瓦状排列，花瓣 3 片，镊合状排列，雄蕊 6 至多数，花丝短，花药线形；雌花花萼 3 片，覆瓦状排列，花瓣 3 片，镊合状排列；退化雄蕊 0–6；子房 3 室，柱头 2–3 裂。果实近球形，有种子 1–2 颗。种子直立，胚乳嚼烂状，胚侧生。

约 13 种，分布于亚洲南部与东南部至澳大利亚热带地区。我国有 4 种，产南部至西南部；南海诸岛栽培 1 种。

1. 短穗鱼尾葵

Caryota mitis Lour., Fl. Cochinch. 2: 697. 1790; S. J. Pei, S. Y. Chen, L. X. Guo & Andrew Henderson in Fl. China 23: 150. 2010.

丛生，小乔木状，高 5–8 m，直径 8–15 cm；茎绿色，表面被微白色的毡状绒毛。叶长 3–4 m，下部羽片小于上部羽片；羽片呈楔形或斜楔形，外缘笔直，内缘 1/2 以上弧曲成不规则的齿缺，且延伸成尾尖或短尖，淡绿色，幼叶较薄，老叶近革质；叶柄被褐黑色的毡状绒毛；叶鞘边缘具网状的棕黑色纤维。佛焰苞与花序被糠秕状鳞秕，花序短，长 25–40 cm，具密集穗状的分枝花序；雄花萼片宽倒卵形，长约 2.5 mm，宽 4 mm，顶端全缘，具睫毛，花瓣狭长圆形，长约 11 mm，宽 2.5 mm，淡绿色，雄蕊 15–20(–25) 枚，几无花丝；雌花萼片宽倒卵形，长约为花瓣的 1/3 倍，顶端钝圆，花瓣卵状三角形，长 3–4 mm；退化雄蕊 3 枚，长约为花瓣的 1/3(–1/2) 倍。果球形，直径 1.2–1.5 cm，成熟时紫红色，具 1 颗种子。花期：4–6 月；果期：8–11 月。

产地　西沙群岛（永兴岛）有栽培。

分布　广东、海南、广西。印度、缅甸、泰国、越南、柬埔寨、马来西亚、印度尼西亚和新加坡。世界热带及亚热带地区广泛栽培。

3. 竹节椰属 **Chamaedorea** Willd.

灌木，稀为小乔木状，植株较矮。茎通常较细，直径不超过 2 cm，单生或丛生，有时在中部具分叉，直立，斜升或平卧，稀攀援，绿色，有时被蜡质，环状叶痕明显。叶生于茎中上部或顶端，无毛及鳞秕；叶鞘不闭合或基部、中部或中上部闭合，冠茎有或无；叶柄长或短，通常较细，下面圆，上面平或具沟槽，边缘无刺；叶片一回羽状全裂或仅先端 2 裂；叶轴平直或略弯弓，不扭转，下面圆，上面常具棱；叶片为先端 2 裂的种类其叶片为椭圆形，边缘有时啮蚀状，叶片为一回羽状全裂的种类其裂片排列规则或不规则，沿叶轴的一侧指向同一方向，排列成一个平面，外向折叠，裂片披针形至条状披针形。花序自叶间伸出或生于叶下，为总状花序或圆锥花序；先出叶筒状；花序梗长或短，其上生 2 至多枚苞片；

7. 蒲葵属 Livistona R. Br.

乔木，茎上部常有宿存的叶基。叶圆形，掌状分裂至中部或中部以下；裂片多数，线形或线状披针形，顶端2浅裂或2深裂；叶柄长，上面平坦或具浅槽，下面凸起，两侧常有刺，顶端有三角形小戟突，基部常扩大；叶鞘纤维质，棕色，网状。肉穗花序圆锥花序状，腋生，分枝扩展，直立，着果时下垂或不下垂；佛焰苞多数，筒状，纸质或木质；花两性，小，淡绿色；花萼3片，卵圆形、覆瓦状排列；花冠3裂几达基部，裂片镊合状排列；雄蕊6枚，花下部合生成环状，花药心状卵形，背部着生；子房由3枚近分离的心皮组成，每一心皮内有胚珠1颗，胚球直立，基生，花柱短，分离或连合，柱头小。核果球形、肾状球形、椭圆形或长圆形，外果皮厚，肉质，内果皮薄，脆壳质；种子形状与果实同，胚乳均匀。

约30种，分布于亚洲和澳洲热带地区。我国原产3种，分布于西南部至东南部；南海诸岛栽培1种。

1. 蒲葵

Livistona chinensis (Jacq.) R. Br., Prodr. Fl. Nov. Holl. 268. 1810.——*Latania chinensis* Jacq., Fragm. Bot. 16. t. 11. f. 1. 1809; Y. Zhong in Journ. Hainan Teach. Coll. (Nat. Sci.) 3(1): 61. 1990; S. J. Pei & S. Y. Chen in Fl. Reip. Pop. Sin. 13: 26. 1991; F. W. Xing et al. in Fl. Nansha Isl. Neighb. Isl. 292. 1996.

乔木，高达20 m；干粗糙，无残存叶基。叶扇形，直径1 m余，掌状分裂至中部；裂片线形，宽约2 cm，顶端长渐尖，2深裂，分裂部分长达50 cm，柔软而下垂；叶柄长达2m，淡黄绿色，中部以下两侧具长1.5–2 cm稍向后弯且与叶柄同色的锐刺，顶端的小戟突三角状半圆形，随着树龄的增长，半圆形戟突也逐渐向两侧扩展；叶鞘纤维质，棕色，包茎。肉穗花序圆锥花序式，腋生，长达1 m以上；佛焰苞筒状，不等大，基部的大，顶部的小，棕色，厚革质；花小，黄绿色；萼片近圆形，直径约1.5 mm；花冠3深裂几达基部，裂片阔卵形，长约1.8 mm；雄蕊6枚；子房椭圆形，3室。核果椭圆形，长1.8–2 cm，宽约1 cm，黑褐色，平滑，外果皮薄而质坚；种子长约1.6 cm，宽约9 mm，胚乳黄白色，均匀，胚于背面偏基部着生。花期：3–4月；果期：8–9月。

产地 南沙群岛（永暑礁、赤瓜礁）、西沙群岛（永兴岛）有栽培。

分布 我国西南部至东南部。越南、日本。

用途 嫩叶制葵扇；叶裂片的中脉用于制牙签；叶柄剥取篾皮，可编织葵扇。

8. 刺葵属 Phoenix L.

灌木或乔木状；茎单生或丛生，有时很短，直立或倾斜，通常被有老叶柄的基部或脱落的叶痕。叶羽状全裂，羽片狭披针形或线形，芽时内向折叠，基部的退化成刺状。花序生于叶间，一直立或结果时下垂；佛焰苞鞘状，革质；花单性，雌雄异株；花小，黄色，革质；雄花花萼杯状，顶端具 3 齿，花瓣 3，镊合状排列，雄蕊 6 或 3(9)，花丝极短或几无；雌花球形，花萼与雄花的相似，花后增大，花瓣 3，覆瓦状排列，退化雄蕊 6，心皮 3，离生，每室具 1 枚直立胚珠，通常 1 枚成熟，无花柱。果实长圆形或近球形，外果皮肉质，内果皮薄膜质。种子 1 颗，腹面具纵沟，胚乳均匀或稍嚼烂状，胚侧生或近基生。

14 种，分布于亚洲与非洲的热带及亚热带地区。我国有 2 种，另引入 3 种，多为观赏栽培；南海诸岛栽培有 2 种。

1. 植株灌木或小乔木状，高 1–6 m；茎直径 10–30 cm。
    2. 叶裂片排列规则，在叶轴一侧指向同一方向，排列成 1 个平面 .... 3. 软叶针葵 *P. roebelenii*
    2. 叶裂片排列不规则，在叶轴一侧指向不同方向，排列成多个平面 .... 2. 刺葵 *P. loureiroi*
1. 植株乔木状，高 8 m 以上；茎直径 30–40(–50) cm .... 1. 海枣 *P. dactylifera*

1. 海枣

Phoenix dactylifera L., Sp. Pl. 2: 1188. 1753; Y. Tong in Biodivers. Sci. Appendix 1, 21(3): 364–374. 2013.

乔木状，高达 35 m，茎具宿存的叶柄基部，上部的叶斜升，下部的叶下垂，形成一个较稀疏的头状树冠。叶长达 6 m；叶柄长而纤细，多扁平；羽片线状披针形，长 18–40 cm，顶端短渐尖，灰绿色，具明显的龙骨突起，2 或 3 片聚生，被毛，下部的羽片变成长而硬的针刺状。佛焰苞长、大而肥厚，花序为密集的圆锥花序；雄花长圆形或卵形，具短柄，白色，质脆；花萼杯状，顶端具 3 钝齿；花瓣 3，斜卵形；雄蕊 6，花丝极短；雌花近球形，具短柄；花萼与雄花的相似，但花后增大，短于花冠 1–2 倍；花瓣圆形；退化雄蕊 6，呈鳞片状。果实长圆形或长圆状椭圆形，长 3.5–6.5 cm，成熟时深橙黄色，果肉肥厚。种子 1 颗，扁平，两端锐尖，腹面具纵沟。花期：3–4 月；果期：9–10 月。

产地 西沙群岛（永兴岛）有栽培。

分布 广东、海南、广西、福建、云南有栽培。世界热带、亚热带及部分温带地区常有栽培。

2. 刺葵

Phoenix loureiroi Kunth, Enum. Pl. 3: 257. 1841; S. J. Pei, S. Y. Chen, L. X. Guo & Andrew Henderson in Fl. China 23: 143. 2010.——*P. hanceana* var. *formosana* Becc., Philipp. J. Sci. 3(6): 339. 1908; T. C. Huang et al. in Taiwania 39(1–2): 53. 1994.

茎丛生或单生，高1–6 m，直径20–40 cm。叶长达2 m；中部羽片线形，长20–50 cm，宽1–4 cm，单生或2-3片聚生，呈4列排列。先出叶长15–20 cm，褐色，不开裂为2舟状瓣；花序梗长60 cm以上；雌花序分枝短而粗壮，长7–15 cm；雄花近白色；花萼长1–1.5 mm，顶端具3齿；花瓣3，长4–5 mm，宽1.5–2 mm；雄蕊6；雌花花萼长约1 mm，顶端不具三角状齿；花瓣圆形，直径约2 mm；心皮3，卵形，长约15 mm，宽8 mm。果实长圆形，长1.5–2 cm，成熟时紫黑色，基部具宿存的杯状花萼。花期：4–5月；果期：6–10月。

产地　东沙群岛（东沙岛）有栽培。

分布　广东、海南、广西、福建、台湾、云南。巴基斯坦、印度、不丹、尼泊尔、孟加拉国、缅甸、泰国、老挝、越南、柬埔寨和菲律宾。

3. 软叶针葵

Phoenix roebelenii O'Brien, Gard. Chron., ser. 3, 6: 475. 1889; S. J. Pei, S. Y. Chen, L. X. Guo & Andrew Henderson in Fl. China 23: 144. 2010.

茎丛生，栽培时常为单生，高 1–3 m，稀更高，直径达 10 cm，具宿存的三角状叶柄基部。叶长 1–1.5(–2) m；羽片线形，较柔软，长 20–30(–40) cm，两面深绿色，背面沿叶脉被灰白色的糠秕状鳞秕，呈 2 列排列，下部羽片变成细长软刺。佛焰苞长 30–50 cm，仅上部裂成 2 瓣；雄花序与佛焰苞近等长，雌花序短于佛焰苞；分枝花序长而纤细，长达 20 cm；雄花花萼长约 1 mm，顶端具三角状齿；花瓣 3，针形，长约 9 mm，顶端渐尖；雄蕊 6；雌花近卵形，长约 6 mm；花萼顶端具明显的短尖头。果实长圆形，长 1.4–1.8 cm，直径 6–8 mm，顶端具短尖头，成熟时枣红色，果肉薄而有枣味。花期：4–5 月；果期：6–9 月。

产地 西沙群岛（永兴岛）有栽培。

分布 云南。老挝、缅甸、泰国和越南。我国福建、台湾、广东、香港、澳门、海南、广西、湖南、云南和四川常见栽培。

用途 作园林观赏植物。

露兜树科 Pandanaceae

乔木、灌木或草本，常从干或枝条上发出气生根。地上茎有时极短或缺。叶3–4列或螺旋单方面排列而聚生于枝顶，狭长，革质，线形，基部有鞘，中脉常凸起呈脊状，叶缘和中脉上常有刺。花单性，雌雄异株，组成腋生或顶生的穗状花序或圆锥花序；苞片叶状；花被缺或少。雄花：雄蕊多数，花丝分离或合生，花药2室，基着，纵裂；退化雌蕊缺或极小。雌花：心皮多数，基生或着生于侧膜胎座上；退化雄蕊缺或小。果为球形或长圆形的聚合果，由分离或连生、木质或肉质的核果构成；种子小，有肉质胚乳和微小的胚。

3属，约700种，广布于东半球热带地区。我国2属，7种，分布东南部至西南部；南海诸岛有1属，1种。

1. 露兜树属 Pandanus Parkins

乔木、灌木，或为无地上茎的草本，茎常具气生根。叶无柄，狭长，常聚生于枝顶，边缘及中脉上常有刺，基部鞘状。花序为穗状、总状或头状花序或再排成圆锥花序式；叶状苞片常具颜色；花无花被。雄花：雄蕊多数，着生于穗轴上或簇生于柱状体的顶端，花药基着。雌花：无退化雄蕊，心皮多数，分离或数至10余枚连生成束，1室，1胚珠，生于基底胎座。果为球形或卵形的聚合果，由多数木质的核果所组成；宿存柱头头状、齿状或刺状等种种形状；种子卵形或纺锤状。

约600种，分布于东半球热带地区。我国6种，分布东南沿海至西南部；南海诸岛有1种。

1. 露兜簕

Pandanus tectorius Parkinson, J. Voy. South Seas. 46. 1773; W. Y. Chun et al. in Fl. Hainanica 4: 176. 1977; P. Y. Chen et al. in Acta Bot. Austro Sin. 1: 153. 1983; T. C. Huang et al. in Taiwania 39(1–2): 25. 1994.

小乔木，高2–4 m，干分枝，常有气生根。叶簇生于枝顶，革质，带状，长达1 m余，宽约5 cm，顶端渐狭成一长尾尖，边缘和背面中脉上有锐刺。雄花序由若干穗状花序所组成，穗状花序无总花梗；苞片披针形，长12–20 cm，顶端尾尖。雄花：芳香，多数，稠密，雄蕊数枚，簇生于柱状体上，柱状体长约3 mm；花丝较柱状体短，花药线形，顶端有小尖头。聚合果头状，悬垂，约由50–80个核果组成，熟时红色；核果长2.5–5 cm，宽2.5–3.5 cm，顶端稍凸起，约5–12室，室顶平或凸起；宿存柱头稍微凸起呈乳头状、耳状或马蹄铁状。花期：3–5月；果期：10月。

产地　南沙群岛（太平岛、北子岛、鸿庥岛、南薰礁、华阳礁）、西沙群岛（永兴岛、广金岛、甘泉岛、珊瑚岛、赵述岛）、东沙群岛（东沙岛）。生于海边沙地上。

分布　广东、海南、台湾。亚洲热带地区和澳大利亚南部。

兰科 Orchidaceae

多年生草本，陆生或附生，有块状、球茎状或粗厚的根；茎具叶，常于下部膨大而成假鳞茎，具有气根。叶互生而常2列，稀对生，有时退化为鳞片，常肉质，基部鞘状。茎花基生或由茎的叶腋内抽出，单生或分枝；花通常两性，极少单性，左右对称，常美丽而有色，有苞片，排成穗状花序、总状花序、圆锥花序或单生；花瓣上位，裂片6枚，2轮排列；外面3枚萼片状，相似，内面3枚花瓣状，基侧边2枚相似，中间1枚极不同，称为唇瓣，唇瓣有时成囊状，常有距；雄蕊与花柱合生成一蕊柱与唇瓣对生，能育雄蕊常1枚生于蕊柱顶端背面，稀2枚而侧生；柱头凹陷或凸起，2–3裂；子房1室，下位，3个侧膜胎座，稀3室而有中轴胎座。蒴果常为三棱圆柱状，成熟时开裂为3–5瓣；种子极多，微小，无胚乳，通常具膜质或呈翅状扩张的种皮，胚小。

约800余属，25,000余种；分布于世界热带、亚热带至温带，尤以南美洲和亚洲的热带地区为最多。我国约194属（其中11个为特有属，1属为引种栽培），1,388余种（其中491个为特有种），主产西南部至东南部；南海诸岛有2属，2种。

1. 唇瓣贴生于蕊柱基部，但与蕊柱完全分离，基部浅囊状或凹陷，无距，上部3裂；蕊柱无足；花粉块8块……………………………………………………1. 黄兰属 *Cephalantheropsis*

1. 唇瓣不贴生于蕊柱上；蕊柱具足；花粉块2块……………………………………2. 美冠兰属 *Eulophia*

1. 黄兰属 Cephalantheropsis Guillaumin

地生草本，具多数细长、被绒毛的根。茎丛生，直立，圆柱形，具多数节，基部或下部被筒状鞘。叶多数，互生，基部收狭并下延为抱茎的鞘，与叶鞘相连接处具1个关节，具折扇状脉，干后呈靛蓝色。花葶1-3个，侧生于茎中部以下的节上，直立或斜立，常不分枝，具多数花；花序柄基部被数枚鞘；花苞片早落；花中等大，上举，平展或下垂，张开或不甚张开；萼片和花瓣多少相似，离生，伸展或稍反折；花瓣有时较宽；唇瓣贴生于蕊柱基部，与蕊柱完全分离，基部浅囊状或凹陷，无距，上部3裂；侧裂片直立，多少围抱蕊柱；中裂片具短爪，向先端扩大，边缘皱波状，上面具许多泡状的小颗粒；蕊柱粗短，两侧具翅，基部稍扩大，顶端截形；蕊喙短小，卵形，先端尖；柱头顶生，近圆形；药床狭小；药帽卵状心形；花粉团8个，蜡质，狭倒卵形，等大，每4个为一群，共同附着于1个盾状的黏盘上。

约5种，主要分布于日本、中国至东南亚。我国有3种，产南部；南海诸岛有1种。

1. 黄兰

Cephalantheropsis obcordata (Lindl.) Ormerod, Orchid Digest 62(4): 157. 1998; X. Q. Chen, Stephan W. Gale & Phillip J. Cribb in Fl. China 25: 288–289. 2009.——*Calanthe gracilis* Lindl., Gen. Sp. Orchid. Pl. 251. 1833; W. Y. Chun et al. in Fl. Hainanica 4: 234. 1977; Y. Zhong in Journ. Hainan Teach. Coll. (Nat. Sci.) 3(1): 61. 1990; F. W. Xing et al. in Fl. Nansha Isl. Neighb. Isl. 297. 1996.

茎细长，长可达34 cm，通常具数枚长达7–8 cm的鞘。叶多片，生于茎上部，披针形或椭圆状披针形，长14–

30 cm，宽 2–4 cm。花茎细长，侧生，常从基部 2–3 节发出，长 25–57 cm，下部有 3–5 枚膜质鞘；总状花序长 7–20 cm，具 10 余朵较疏离的花；苞片膜质，狭长，早落；花淡黄色；萼片相似，披针形，长 1.3 cm，中部宽 3 mm，顶端渐尖；花瓣长圆状卵形，长约 1 cm，宽 2.5 mm，顶端短渐尖；唇瓣黄色，与花瓣近等长，不与蕊柱合生成管，基部无距，上部 3 裂，中裂片近扁心形或横长圆状心形，边缘具不整齐的皱波状的圆齿，顶端微缺，基部有两个胼胝体，有时侧脉粗厚，侧裂片卵形，顶端狭而钝；蕊柱短，长约 3 mm，白色；子房棒状，被短绒毛。花期：11 月。

产地　西沙群岛（永兴岛）有栽培。

分布　云南、海南。印度。

2. 美冠兰属 **Eulophia** R. Br. ex Lindl.

陆生或罕为腐生植物；茎较短，通常膨大成假鳞茎状，位于地下或地上，具少数或多数节。叶与花同时或在花后出现，禾草状或薄而宽，具柄，有关节。花茎侧生，具多数的鞘；总状花序具多花，有时分枝成圆锥花序；苞片膜质，狭长；花中等大或小；萼片近相似，侧生萼片有时基部与蕊柱基部合一；花瓣与中萼片相似或略宽；唇瓣生于蕊柱足上，3 裂，基部略收狭，具囊或有短距，侧裂片围抱蕊柱，罕有退化的，中裂片伸展或外弯；唇盘上有毛、褶片或鸡冠状附属物；蕊柱短或长，常有明显的蕊柱足，花药 2 室，花粉块 2 块，不裂或一端深裂，蜡质，卵形，有很短的花粉块柄及黏盘。

约 200 种，主要分布于热带亚洲与非洲，亦见于大洋洲和美洲。我国 13 种；分布西南部至东南部；南海诸岛有 1 种。

1. 美冠兰

Eulophia dabia (D.Don) Hochr., Bull. New York Bot. Gard. 6: 270. 1910.——*Bletia dabia* D.Don, Prod. F1. Nep. 30. 1825.——*Eulophia campestris* Lindl., Gen. Sp. Orch. Pl. 185. 1833; W. Y. Chun et al. in Fl. Hainanica 4: 244. 1977; F. W. Xing et al. in Acta Bot. Austro Sin. 9: 45. 1994.

茎膨大成假鳞茎状，大部分位于地下。花期无叶。花茎高 40 cm，有数枚膜质鳞片；总状花序具数朵或 10 余朵花，有时有分枝；花淡紫色；苞片卵形，顶端急尖，或为卵状披针形而顶端渐尖，长 4–8 mm 萼片与花瓣均为披针形，长 1.1–1.3 cm，宽约 2 mm，具 5 脉；侧萼片稍长并多少歪斜；唇瓣 3 裂，长约 1.2 cm，宽约 6 mm，有距，中裂片近圆形，宽约 5 mm，上面有 5 条撕裂状的折片直贯唇盘的中部，侧裂片细小，近长圆形，长约 2 mm，宽约 1.2 mm；距长圆形，末端钝，长约 2.5 mm。花期：4–7 月。

产地　西沙群岛（永兴岛）。生于沙地上。

分布　海南。印度、阿富汗。

莎草科 Cyperaceae

多年生或一年生草本，通常具根状茎或匍匐茎，稀兼有块茎；茎通常三棱形，偶为圆柱形，实心或中空。叶基生或茎生，叶片通常狭长呈禾叶状，稀有完全退化而仅具有叶鞘；叶鞘一般闭合；叶舌通常缺，稀有仅为一圈毛或具假叶舌。小穗单生、簇生或排列成穗状或头状，具 2 至多数花，或退化至仅具 1 花；花两性或单性，雌雄同株，稀异株，着生于鳞片（颖片）腋间，鳞片覆瓦状螺旋排列或二列，无花被或花被退化成下位鳞片或下位刚毛，有时雌花为先出叶所形成的果囊所包裹；雄蕊 3 枚，少有 1-2 枚，花丝线形，花药底着；子房一室，具 1 颗胚珠，花柱单一，柱头 2–3 个。果实为小坚果，三棱形，双凸状，平凸状，或球形。

约 90 属，4,000 余种，世界广布。我国 29 属，600 余种，广布全国；南海诸岛有 5 属，13 种。

1. 小穗退化，基部具 2 枚空鳞片，小穗密生成头状或穗状花序……5. 海滨莎属 *Remirea*
1. 小穗不为上述，延长，具螺旋状或二列状排列的鳞片。
  2. 花柱基部膨大，与子房连接处有关节……2. 飘拂草属 *Fimbristylis*
  2. 花柱基部不膨大，与子房连接处无关节。
    3. 柱头 3，稀 2；小坚果三棱状，稀为双凸状，面向小穗轴……1. 莎草属 *Cyperus*
    3. 柱头 2；小坚果两侧压扁，双凸状或平凸状，棱向小穗轴。
      4. 小穗轴无关节，宿存；鳞片在果熟后由下而上依次脱落……4. 扁莎属 *Pycreus*
      4. 小穗轴基部上面具 1 关节，故易断落；鳞片在花后期与小穗轴一同脱落……3. 水蜈蚣属 *Kyllinga*

1. 莎草属 Cyperus L.

一年生或多年生草本，具根状茎，或有时兼具块茎或有时根状茎不存在；茎丛生或散生，粗壮或纤弱。叶基生，线形，有时仅有叶鞘而无叶片。苞片叶状；长侧枝聚伞花序简单或复出，开展或少数短缩呈头状，由少数至多数小穗组成指状、头状或穗状花序排列于伞梗的顶端；小穗压扁或稍肿胀，少数近四棱形或圆柱状，基部具鳞片状的小苞片和先出叶各 1 枚，上部具少数至多数鳞片；小穗轴无关节，节连续而宿存，通常具由鳞片基部下延而成的翅；鳞片二列，极少螺旋状排列，通常被片内均具 1 朵两性花，有时最上面 1–3 枚内具不育花或无花，果熟后由下而上依次脱落；花被完全退化；雄蕊 3 枚，少 1–2 枚；花柱基部不膨大，柱头 3 枚，少 2 枚，果熟后脱落。小坚果三棱形，面向小穗轴。

约 550 余种，世界广布，热带和亚热带地区尤多。我国 30 多种，主要分布西南部至东南部；南海诸岛有 7 种。

1. 小穗轴不具翅或仅有极窄的白色半透明的边；花柱短。
  2. 穗状花序轴短；小穗排列紧密，近头状；鳞片紧密的覆瓦状排列；小坚果长约为鳞片的 1/2……1. 扁穗莎草 *C. compressus*
  2. 穗状花序轴长；小穗排列疏松；鳞片疏松的覆瓦状排列；小坚果与鳞片近等长……4. 碎米莎草 *C. iria*
1. 小穗轴具翅；花柱通常长或中等长，少数为短的。
  3. 穗状花序多少圆柱状，由多数小穗排列而成。
    4. 小穗具 1–3(–4) 朵小花；鳞片紧密包裹小坚果……2. 砖子苗 *C. cyperoides*

4. 小穗具 4–10 朵小花；鳞片不为紧密包裹小坚果 .... 5. 羽穗砖子苗 *C. javanicus*

3. 穗状花序阔卵形、陀螺形、椭球形、长圆形、球形或稀为圆柱形，由 10 枚以下小穗排列组成。

5. 根状茎短，无块茎；鳞片排列疏松.. 3. 疏颖莎草 *C. distans*

5. 具匍匐根状茎和块茎；鳞片排列紧密。

6. 长侧枝花序具 3–4 个伞梗，伞梗粗短，长不逾 3 cm；小穗长 1–2 cm，宽 1.5–2 mm，有花 6–16 朵 .... 7. 粗根茎莎草 *C. stoloniferus*

6. 长侧枝花序具 3–10 个伞梗，伞梗不等长，最长达 12 cm；小穗长 1–3 cm，宽 1–1.5 mm，有花 10–25 朵 .... 6. 香附子 *C. rotundus*

1. 扁穗莎草

Cyperus compressus L., Sp. Pl. 46. 1753; W. Y. Chun et al. in Fl. Hainanica 4: 312. 1977; P. Y. Chen et al. in Acta Bot. Austro Sin. 1: 153. 1983; T. C. Huang et al. in Taiwania 39(1–2): 22. 1994.

一年生草本，无根状茎；茎丛生，稍纤弱，无毛，高 5–25 cm，三棱柱形。叶较茎为短，有时与茎近等长，宽 2–4 mm；叶鞘褐紫色。苞片 3–5 枚，叶状，长于花序；长则枝聚伞花序简单，广展，具 2–7 个伞梗；伞梗长达 12 cm；穗状花序近圆头状，具 3–10 个小穗密集于很短的花序轴上；小穗线状披针形，压扁，长 1–2.5 cm，宽 2–3 mm，有花 10–40 朵；小穗轴具白色、膜质的翅；鳞片排列紧密，卵形，长约 3.5 mm，背面中部龙骨状凸起，绿色，两侧苍白色或浅黄色，有脉 9–13 条，顶端具长凸尖；雄蕊 3 枚，花药线形，长约为鳞片的 1/3，深棕色，表面密布细点。抽穗期：夏秋季。

产地　南沙群岛(太平岛)、西沙群岛(永兴岛)。生于空旷地上。

分布　我国南北各地均有分布。广布亚洲、大洋洲和非洲的热带地区。

2. 砖子苗

Cyperus cyperoides (L.) Kuntze, Revis. Gen. Pl. 3: 333. 1898.——*Mariscus cyperoides* (Roxb.) A. Dietr., Sp. Pl. (ed. 6) 2: 348. 1833.——*M. cyperoides* (L.) Urb., Symb. Antill. 2(1): 164. 1900; W. Y. Chun et al. in Fl. Hainanica 4: 322. 1977.——*M. umbellatus* Vahl, Enum. Pl. 2: 376. 1805; P. Y. Chen et al. in Acta Bot. Austro Sin. 1: 154. 1983.——*Scirpus cyperoides* L., Mant. (2): 181.1771.

多年生草本；根状茎短，木质，有时横生；茎疏丛生，纤弱，锐三棱柱形，平滑，基部稍膨大，高 30–70 cm。叶短于茎或几与茎等长，宽 3–4(–8)mm，无毛；叶鞘褐色或红棕色。苞片 5–10 枚，叶状，较花序长，斜展；长侧枝聚伞花序简单，广展，伞梗 5–10 个，长短不等，最长达 10 cm，每一伞梗常具 1 个穗状花序；穗状花序圆柱形，长 2–3.5 cm，宽 6–8 mm，具多数排列稠密的小穗；小穗披针形或线状披针形，近圆柱状，长 3–5 mm，宽 0.7 mm，两端渐狭，有两性花 1–2(–3) 朵；小穗轴具披针形、膜质、白色的阔翅；鳞片长圆形，长约 3 mm，背面中部绿色，具脉多条，但仅中间 3 条明显，两侧黄绿色或淡绿色，膜质，顶端钝，无短尖头，边缘常内卷；雄蕊 3 枚，花药线形，药隔稍突出；花柱短。小坚果狭长圆形或线状长圆形，长约 2 mm，熟后黑棕色，密布细点。抽穗期：夏秋季。

产地　西沙群岛（永兴岛）。生于旷野草地上。

分布　广东、海南、广西、湖南、江西、福建、湖北、浙江、安徽、四川、贵州、云南。亚洲、大洋洲、美洲热带地区。

3. 疏颖莎草

Cyperus distans L. f., Suppl. 103. 1781; W. Y. Chun et al. in Fl. Hainanica 4: 312. 1977; P. Y. Chen et al. in Acta Bot. Austro Sin. 1: 153. 1983; F. W. Xing et al. in Fl. Nansha Isl. Neighb. Isl. 303. 1996; L. K. Dai, G. C. Tucker & D. A. Simpson in Fl. China 23: 234. 2010.

多年生草本，根状茎粗短；茎粗壮，直立，高 40–100 cm，三棱柱形，下部被褐棕色的叶鞘，基部稍膨大。叶多数，常与茎等长或有时较短，宽 4–6 mm，边缘粗糙；苞片 4–6 枚，叶状，下面 2、3 枚长于花序；长侧枝聚伞花序复出，疏散，直径 10–30 cm，具 6–10 个伞梗；伞梗长达 20 cm，每个伞梗具 3–5 个小伞梗；小伞梗纤细，长达 7 cm；穗状花序卵状，由 8–18 个小穗疏松排列而成；穗状花序轴无毛；小穗斜展，后期平展或下弯，线形，圆柱状，纤细，长 1–2.5 cm 或更长，宽不及 1 mm，具 8–16 朵花；小穗轴极细，曲折，紫褐色并具白色、透明的狭翅；鳞片排列疏离，长圆状椭圆形，长约 2 mm，膜质，顶端钝圆，背面中部龙骨状凸起，绿色，两侧红褐色，有脉 3–5 条，边缘白色、透明；雄蕊 3 枚，花药线形，药隔突出；花柱短，柱头 3 枚。小坚果长圆形，长约为鳞片的 2/3，成熟时黑褐色，具稍凸起的细点。抽穗期：夏秋间。

产地　南沙群岛（美济礁）、西沙群岛（永兴岛）。生于空旷地上。

分布　广东、海南、广西、台湾、云南。广布于世界热带地区。

4. 碎米莎草

Cyperus iria L., Sp. Pl. 1: 45. 1753; L. K. Dai, G. C. Tucker & D. A. Simpson in Fl. China 23: 236. 2010.

一年生草本，无根状茎，具须根。秆丛生，细弱或稍粗壮，高 8–85 cm，扁三棱形，基部具少数叶，叶短于秆，宽 2–5 mm，平张或折合，叶鞘红棕色或棕紫色。叶状苞片 3–5 枚，下面的 2–3 枚常较花序长；长侧枝聚伞花序复出，很少为简单的，具 4–9 个辐射枝，辐射枝最长达 12 cm，每个辐射枝具 5–10 个穗状花序，或有时更多些；穗状花序卵形或长圆状卵形，长 1–4 cm，具 5–22 个小穗；小穗排列松散，斜展开，长圆形、披针形或线状披针形，压扁，长 4–10 mm，宽约 2 mm，具 6–22 花；小穗轴上近于无翅；鳞片排列疏松，膜质，宽倒卵形，顶端微缺，具极短的短尖，不突出于鳞片的顶端，背面具龙骨状突起，绿色，有 3–5 条脉，两侧呈黄色或麦秆黄色，上端具白色透明的边；雄蕊 3，花丝着生在环形的胼胝体上，花药短，椭圆形，药隔不突出于花药顶端；花柱短，柱头 3。小坚果倒卵形或椭圆形，三棱形，与鳞片等长，褐色，具密的微突起细点。花果期：6–10 月。

产地　南沙群岛（美济礁）。生于旷地。

分布　我国广泛分布。朝鲜半岛、日本、乌兹别克斯坦、土耳其、阿富汗、巴基斯坦、克什米尔地区、印度、斯里兰卡、不丹、尼泊尔、孟加拉国、缅甸、泰国、越南、老挝、菲律宾、马来西亚、印度尼西亚、巴布亚新几内亚、亚洲西南部、太平洋诸岛屿、澳大利亚、印度洋诸岛屿、热带非洲和马达加斯加。

5. 羽穗砖子苗

Cyperus javanicus Hourtt., Nat. Hist. 13: t. 88. 1782.——*Mariscus javanicus* (Houtt.) Merr. & Metc., Lingnan Sci. Journ. 21: 4. 1945; F. T. Wang & L. K. Dai in Fl. Reip. Pop. Sin. 11: 177, t. 10–11.1961; P. Y. Chen et al. in Acta Bot. Austro Sin. 1: 153. 1983; F. W. Xing et al. in Fl. Nansha Isl. Neighb. Isl. 306. 1996.

多年生草本，根状茎粗短；茎粗壮，高 30–90 cm，钝三棱柱形，具槽纹。叶基生，革质，长于茎，长达 180 cm，宽 5–10 mm，具明显的小横脉，边缘及中脉具细齿；叶鞘黑棕色。苞片 4–6 枚，叶状，远长于花序；长侧枝聚伞花序复出，广展，有 4–8 个长短不等的伞梗，伞梗长达 10 cm；每伞梗顶端有 5–7 个穗状花序，排成近三角形或宽卵形；穗状花序直立或平展，或有时下弯，圆柱形，长 1.5–3 cm，宽 8–10 mm，有多数小穗；小穗排列稍密，长圆状披针形，长 5–7 mm，宽 1.8–2.5 mm，具 4–6 朵两性花；小穗轴有膜质披针形的翅；鳞片排列紧密，阔卵形，长约 2 mm，顶端急尖，边缘白色透明，背面中脉无龙骨状凸起，绿色，具 7–9 条脉，两侧紫色、褐色或淡黄色；雄蕊 3 枚，花药线形。小坚果阔椭圆形或椭圆形，三棱状，长约 1 mm，顶端具短尖头，黑褐色，具密布微凸起的细点。抽穗期：夏秋季。

产地　南沙群岛（太平岛、华阳礁）、西沙群岛（永兴岛、石岛、东岛、甘泉岛）。生于潮湿地上或水旁。

分布　广东、海南、台湾。缅甸、马来西亚、菲律宾、日本琉球群岛、美国夏威夷群岛、非洲和澳大利亚热带地区。

6. 香附子　别名：香头草、莎草、雷公头

Cyperus rotundus L., Sp. Pl. 45. 1753; W. Y. Chun et al. in Fl. Hainanica 4: 311. 1977; P. Y. Chen et al. in Acta Bot. Austro Sin. 1: 153. 1983; T. C. Huang et al. in Taiwania 39(1–2): 49. 1994; F. W. Xing et al. in Fl. Nansha Isl. Neighb. Isl. 304. 1996; L. K. Dai, G. C. Tucker & D. A. Simpson. in Fl. China 23: 232. 2010.

多年生草本，匍匐根状茎细长，并具暗褐色、直径约 1 cm 的块茎；茎散生，纤弱，高 10–40 cm，三棱柱形，基部膨大而呈块茎状。叶多数，与茎等长或较茎短，宽约 3 mm，上部边缘和中脉粗糙；叶鞘棕色，近膜质，常撕裂成纤维状。苞片 2–3 枚，叶状，下面的 1 枚常长于花序；长侧枝聚伞花序单一或复出，伞梗 3–10 个，不等长，长达 12 cm；穗状花序卵形或阔卵形，由 4–10 个小穗稍疏松排列而成；小穗线形或线状披针形，两侧压扁，长 10–25 mm，宽 1–1.5 mm，有花 10–25 朵；小穗轴具白色或稍事褐色短条纹、长圆形的翅；鳞片排列稍密，长卵形或卵状椭圆形，长约 3 mm，膜质，顶端急尖或钝；背面中部绿色，两侧紫红色或红棕色，有脉 5–7 条；雄蕊 3 枚，花药线形，药隔突出；花柱细长，柱头 3 枚。小坚果长圆状倒卵形，长约为鳞片的 1/3–2/5，具密的细点。抽穗期：全年。

产地　南沙群岛（太平岛、永暑礁、美济礁、赤瓜礁）、西沙群岛（永兴岛、石岛、东岛、中建岛、琛航岛、金银岛、甘泉岛、珊瑚岛）、东沙群岛（东沙岛）。生于耕地上、空旷草丛或水边潮湿处。

分布　除东北地区无记载外，几乎全国广布。广布于温带和热带地区。

用途　根茎入药，味微苦、辛，性微温。有疏表解热、理气止痛、调经、解郁的功效；治感冒、肢节酸痛、消化不良、腹痛、腹泻、胃痛、月经不调、痛经、吞酸呕吐，又治慢性子宫炎。

7. 粗根茎莎草

Cyperus stoloniferus Retz., Obs. Bot. 4: 10. 1786; W. Y. Chun et al. in Fl. Hainanica 4: 311. 1977; P. Y. Chen et al. in Acta Bot. Austro Sin. 1: 153. 1983; F. W. Xing et al. in Fl. Nansha Isl. Neighb. Isl. 305. 1996; L. K. Dai, G. C. Tucker & D. A. Simpson in Fl. China 23: 232. 2010.

多年生草本；匍匐根状茎细长，坚硬，木质，具块茎；块茎卵形，被褐色、膜质鳞片；茎散生，稍纤弱，高10–40 cm，三棱柱形，平滑，基部呈块茎状，被褐色或锈色或锈色纤维状的老叶鞘所围绕。叶多数，与茎等长或略短，宽2–4 mm，常折合，少平展。苞片2–3枚，叶状，较花序长；长侧枝聚伞花序简单，具3–4个伞梗；伞梗长约2 cm；穗状花序轴无毛；小穗长圆状披针形或披针形，四棱形，长1–2 cm，宽1.5–2 mm，有花6–16朵；小穗轴具线形、白色带褐色短条纹的翅；鳞片排列稍疏离，卵状椭圆形，长约4 mm，顶端钝，背面中部绿色，两侧黄褐色或黄色，有7–9条脉；雄蕊3枚，花药线形；柱头3枚。小坚果宽椭圆形或倒卵形，长约为鳞片的1/2，成熟时黑色，具密的细点。抽穗期：夏秋季。

产地　南沙群岛（永暑礁）、西沙群岛（永兴岛、东岛）。生于空旷草地上。

分布　广东、海南、广西、福建、台湾、云南。印度、越南、马来西亚、印度尼西亚以及澳大利亚的热带地区。

2. 飘拂草属 Fimbristylis Vahl

多年生或一年生草本，具根状茎或无根状茎，或具匍匐根状茎；茎丛生或单生。叶通常基生，稀仅基部具鞘而无叶片。长侧枝聚伞花序顶生，简单或复出，开展或稀紧缩呈头状，由少数至多数小穗组成，罕仅1个小穗单生；小穗圆柱状或两侧压扁，具多数两性花；鳞片螺旋状排列或少数在小穗下部的二列或全部二列，通常均具两性花，稀有最下部的1–3枚内无花或近顶端的通常具不发育花；花被完全退化；雄蕊1–3枚；花柱基部膨大，呈三棱形或扁三棱形，与子房连接处常具关节，脱落，柱头2–3枚，小坚果三棱形或双凸状，表面具各种网纹或疣状突起，或二者兼有，具柄或无柄。

约200余种，广布于全世界的热带和亚热带地区。我国约50余种，全国广布；南海诸岛有6种。

1. 柱头3；花柱不压扁，顶部无缘毛……1. 佛焰苞飘拂草 *F. cymosa* var. *spathacea*
1. 柱头2；花柱压扁，顶部具缘毛。
   2. 小穗1或2枚；总苞片1或无，较花序长；无根状茎……3. 双穗飘拂草 *F. subbispicata*
   2. 小穗多个，或有时仅1–3枚；总苞片2–3，仅下部的1枚长于花序；具根状茎……2. 锈鳞飘拂草 *F. sieboldii*

1. 佛焰苞飘拂草

Fimbristylis cymosa var. **spathacea** (Roth) T. Koyama, J. Jap. Bot. 46(3): 66. 1971.——*F. cymosa* R. Br., Prodr. 228. 1810; T. C. Huang et al. in Taiwania 39(1–2): 13. 1994.——*F. spathacea* Roth, Nov. Pl. Sp. 24–25. 1821; F. W. Xing et al. in J. Plant Resour. Environ. 2(3), 4. 1993.

根状茎短。秆几不丛生，高4–40 cm，钝三棱形，具槽，基部生叶，外面包着黑褐色、分裂纤维状的枯老叶鞘。叶较秆短得多，宽1–3 mm，线形，顶端急尖，坚硬，平张，边缘略向里卷，有疏细齿，稍具光泽，鞘前面膜质，白色，鞘口斜裂，无叶舌。苞片1–3枚，直立，叶状，较花序短得多；长侧枝聚伞花序小，复出或多次复出，长1.5–2.5 cm，宽1–3 cm；辐射枝3–6个，钝三棱形，长3–15 mm；小穗单生，或2–3个簇生，卵形或长圆形，顶端钝，长3–5 mm，宽1.5–2.5 mm，密生多数花；鳞片宽卵形，顶端钝，膜质，长1.25 mm，锈色，有无色透明的宽边，背面有3–5条脉，有时只中脉呈显明的龙骨状突起；雄蕊3，花药狭长圆形，急尖，长约1 mm，为花丝长的1/2；子房长圆形，基部稍狭，花柱略扁，无缘毛，柱头2，很少3个，长约与花柱等。小坚果倒卵形或宽倒卵形，双凸状，紫黑色，长1 mm。花果期：

7–10 月。

产地　南沙群岛（太平岛、永暑礁、美济礁、南薰礁）、西沙群岛（永兴岛、东岛、晋卿岛、琛航岛、广金岛、甘泉岛、中沙洲、南沙洲）。生于海边沙地或礁块岩上。

分布　广东、海南、广西、福建、台湾。日本、越南、菲律宾、马来西亚、泰国、印度、斯里兰卡。

2. 锈鳞飘拂草

Fimbristylis sieboldii Miquel ex Franchet & Savatier, Enum. Pl. Jap. 2: 118. 1877; S. R. Zhang et al. in Fl. China 23: 211. 2010.——*F. ferruginea* (L.) Vahl., Enum. Pl. (2): 291. 1806; W. Y. Chun et al. in Fl. Hainanica 4: 292. 1977; P. Y. Chen et al. in Acta Bot. Austro Sin. 1: 153. 1983.

根状茎短而横生，木质；茎多数，密而丛生，稍坚挺，高 30–60 cm，扁三棱形，具纵槽纹，基部稍膨大，具少数的叶。叶线形，边缘内卷或对折，长约为茎的 1/3，宽约 1 mm，顶端钝；叶鞘膜质，呈淡棕色，鞘口稍斜形；叶舌成一圈短毛。苞片 2–3 枚，叶状，较花序长；长侧枝聚伞花序简单，稀近复出，3–5 个伞梗，伞梗长不及 2 cm，近斜出；小穗单生，长圆形或长圆状卵形，圆柱状，长 7–15 mm，宽约 3 mm，顶端急尖，罕钝形，花多数；鳞紧密螺旋状排列，卵形或椭圆形，长 3–4 mm，近膜质，顶端有短尖头。背面中部具绿色的脉 1 条，两侧浅褐色，并有棕色短条纹，背面被灰白色短柔毛，边缘具缘毛；雄蕊 3 枚，花药线形；花柱细长而扁，具缘毛，柱头 2 枚。小坚果倒卵形或阔倒卵形，扁双凸状，长 1–1.5 mm，熟时棕色或褐棕色，边缘淡黄色，表面近平滑，具柄。抽穗期：夏秋季。

产地　西沙群岛（永兴岛）。生于海边沙地或盐沼地上。

分布　海南、广西、福建和台湾。世界温暖的沿海地区。

3. 双穗飘拂草

Fimbristylis subbispicata Nees & Meyen, Nov. Act. Nat. Cur. 29: 75. 1843; T. Tang & S. C. Chen in Fl. Reip. Pop. Sin. 11: 95. 1961; Y. Zhong in Journ. Hainan Teach. Coll. (Nat. Sci.) 3(1): 61. 1990; F. W. Xing et al. in Fl. Nansha Isl. Neighb. Isl. 301. 1996; S. R. Zhang et al. in Fl. China 23: 212. 2010.

根状茎短而横生，木质；茎多数，密而丛生，稍坚挺，高 30–60 cm，扁三棱形，具纵槽纹，基部稍膨大，具少数的叶。叶线形，边缘内卷或对折，长约为茎的 1/3，宽约 1 mm，顶端钝；叶鞘膜质，呈淡棕色，鞘口稍斜形；叶舌成一圈短毛。苞片 2–3 枚，叶状，较药序长；长侧枝聚伞花序简单，稀近复出，3–5 个伞梗，伞梗长不及 2 cm，近斜出；小穗单生，长圆形或长圆状卵形，圆柱状，长 7–15 mm，宽约 3 mm，顶端急尖，罕钝形，花多数；鳞紧密螺旋状排列，卵形或椭圆形，长 3–4 mm，近膜质，顶端有短尖头，背面中部具绿色的脉 1 条，两侧浅褐色，并有棕色短条纹，背面被灰白色短柔毛，边缘具缘毛；雄蕊 3 枚，花药线形；花柱细长而扁，具缘毛，柱头 2 枚。小坚果倒卵形或阔倒卵形，扁双凸状，长 1–1.5 mm，熟时棕色或褐棕色，边缘淡黄色，表面近平滑，具柄。抽穗期：夏秋季。

产地　西沙群岛（永兴岛）。生于海边沙地或盐沼地上。

分布　海南、广西、福建和台湾。世界温暖的沿海地区。

2. 白羊草

Bothriochloa ischaemum (L.) Keng, Contr. Biol. Lab. Chin. Assoc. Advancem. Sci., Sect. Bot. 10: 201. 1936; Y. Zhong in Journ. Hainan Teach. Coll. 3(1): 61. 1990; W. Y. Chun et al. in Fl. Hainanica 4: 476. 1977; F. W. Xing et al. in Fl. Nansha Isl. Neighb. Isl. 347. 1996.——*Andropogon ischaemum* L., Sp. Pl. 1047. 1753.

多年生草本。秆直立或基部有时倾斜，高 30–70 cm，节无毛或有白色短毛。叶片长 5–15 cm，宽 2–3 mm，顶生叶片常退化，两面疏生疣基柔毛或背面无毛；叶鞘无毛；叶舌长约 1 mm，具纤毛。总状花序 4 至多数簇生于秆顶呈指状，长 3–7 cm，纤细，灰绿色或带紫色；穗轴节间与小穗柄两侧具白色丝状毛；无柄小穗长圆状披针形，长 4–5 mm，基盘具毛；第一颖草质，有 5–7 脉，下部常具丝状柔毛，边缘内卷成 2 脊，脊粗糙；第二颖中部以上具纤毛；第一外稃长圆状披针形，长约 3 mm；第二外稃线形，顶端延伸成长 10–14 mm 的芒，芒膝曲扭转；有柄小穗雄性；第一颖背部无毛，具 9 脉；第二颖具 5 脉，背腹压扁，两边内折，边缘具纤毛。花果期：夏秋季。

产地　西沙群岛（永兴岛）。生于旷地路旁。

分布　几遍全国。全世界亚热带和温带地区。

3. 臂形草属 Brachiaria Griseb.

一年生或多年生草本。叶片平展。圆锥花序顶生，由 2 至数枚总状花序组成；小穗背腹压扁，具短柄或近无柄，单生或孪生，交互排列两行于穗轴一侧，有 1–2 小花；第一小花雄性或中性；第二小花两性；第一颖长常为小穗一半，向轴而生，基部包卷小穗；第二颖与第一外稃等长，同质同形；第二外稃骨质，背部突起，离轴而生，尤以单生小穗明显，边缘稍内卷，包着同质的内稃；鳞被 2，折叠，具 5–7 脉，花柱基分离；种脐点状。

约 50 种，广布全世界热带地区。我国 7 种 4 变种 (含引种)，主产长江以南地区；南海诸岛有 2 种。

1. 小穗椭圆形至狭倒卵形，无毛，长约 3–4 mm……………………………………1. 四生臂形草 *B. subquadripara*
1. 小穗椭圆形，被柔毛，长 2–2.7 mm……………………………………………………2. 毛臂形草 *B. villosa*

1. 四生臂形草

Brachiaria subquadripara (Trin.) Hitchc., Lingnan Sci. Journ. 7: 214. 1929; Y. X. Jin in Fl. Reip. Pop. Sin. 10(1): 266. Pl. 80: 1–5. 1990; T. C. Huang et al. in Taiwania 39(1–2): 22, 50. 1994; F. W. Xing et al. in Fl. Nansha Isl. Neighb. Isl. 337. 1996.——*Panicum subquadriparum* Trin., Gram. Panic. 145. 1826.

一年生草本。秆高 20–60 cm，纤细，下部平卧地面，节上生根，节膨大而生柔毛，节间具狭槽。叶鞘松弛，被疣基毛或边缘被毛；叶片披针形至线状披针形，长 4–15 cm，宽 4–10 mm，先端渐尖或急尖，基部圆形，通常无毛，边缘增厚而粗糙。圆锥花序由 3–6 枚总状花序组成；总状花序长 2–4 cm；小穗长圆形，长 3.5–4 mm，先端渐尖，近无毛，通常单生；第一颖广卵形，长约为小穗之半，具 5–7 脉，包着小穗基部；第二颖与小穗等长，具 7 脉，第一小花中性，其外稃与小穗等长，内稃狭窄而短小；第二外稃革质，长约 3 mm，先端锐尖，表面具细横皱纹，边缘稍内卷，包着同质的内稃；鳞被 2，折叠；雄蕊 3；花柱基分离。花果期：9–11 月。

产地　南沙群岛（太平岛、永暑礁、美济礁）、西沙群岛（永兴岛、东岛、中建岛、晋卿岛、珊瑚岛）、东沙群岛（东沙岛）。生于海边沙滩上。

分布　华东、华南等地区。亚洲热带地区和大洋洲。

2. 毛臂形草

Brachiaria villosa (Lam.) A. Camus, Fl. Indo-Chine 7: 433. 1922.——*Panicum villosum* Lam., Tabl. Encycl.1: 173. 1791.——*B. ramosa* auct. non (L.) Stapf: Fl. Trop. Afr. 9(3): 542–544. 1919; P. Y. Chen et al. in Acta Bot. Austro Sin. 1: 154. 1983; F. W. Xing et al. in Fl. Nansha Isl. Neighb. Isl. 337. 1996.

一年生草本。秆高 10–40 cm，基部倾斜，全体密被柔毛。叶鞘被柔毛，尤以鞘口及边缘更密；叶舌小，具长约 1 mm 纤毛；叶片卵状披针形，长 1–4 cm，宽 3–10 mm，两面密被柔毛，先端急尖，边缘呈波状皱折，基部钝圆。圆锥花序由 4–8 枚总状花序组成；总状花序长 1–3 cm；主轴与穗轴密生柔毛；小穗卵形，长约 2.5 mm，常被短柔毛或无毛，通常单生；小穗柄长 0.5–1 mm，有毛；第一颖长为小穗之半，具 3 脉；第二颖等长或略短于小穗，具 5 脉；第一小花中性，其外稃与小穗等长，具 5 脉，内稃膜质，狭窄；第二外稃革质，稍包卷同质内稃，具横细皱纹；鳞被 2，膜质，折叠，长约 0.4 mm；花柱基分离。花果期：5–9 月。

产地　西沙群岛（永兴岛）。生于旷地路边。

分布　广东、广西、湖南、江西、福建、台湾、浙江、安徽、河南、湖北、四川、贵州、云南、甘肃、陕西。不丹、印度、印度尼西亚、日本、缅甸、尼泊尔、菲律宾、泰国、越南，非洲。

4. 蒺藜草属 Cenchrus L.

一年生或多年生草本。秆通常低矮且下部分枝较多。叶片扁平。穗形总状花序顶生；由多数不育小枝形成的刚毛常部分愈合成球形刺苞，具短而粗的总柄，总梗在基部脱节，同刺苞一起脱落，刺苞上刚毛直立或弯曲，内含簇生小穗 1 至数个，成熟时，小穗与刺苞一起脱落，种子常在刺苞内萌发；小穗无柄；颖不等长，第一颖常短小或缺；第二颖通常短于小穗；第一小花雄性或中性，外稃近膜质，内稃发育良好；第二小花两性，外稃成熟时质地变硬，通常肿胀，边缘薄而扁平，包卷同质的内稃；鳞被退化；雄蕊 3，花药线形；花柱 2，基部联合。颖果椭圆状扁球形；种脐点状；胚长约为果实的 2/3。

约 25 种，分布于世界热带和温带地区。我国有 2 种，1 种产海南、台湾和云南南部，另 1 种仅产辽宁旅顺；南海诸岛有 1 种。

1. 蒺藜草

Cenchrus echinatus L., Sp. Pl. 2: 1050. 1753; P. Y. Chen in Acta Bot. Austro Sin. 1: 154. 1983; G.Y. Sheng in Fl. Reip. Pop. Sin. 10(1): 375–376. pl. 114: 14–22. 1990; T. C. Huang et al. in Taiwania 39(1–2): 22, 50. 1994; F. W. Xing et al. in Fl. Nansha Isl. Neighb. Isl. 331. 1996.

一年生草本。须根较粗壮。秆高约 50 cm，基部膝曲或横卧地面而节处生根。叶鞘松弛，上部具毛；叶舌具长约 1 mm 的纤毛；叶片线形，长 5–25 cm，宽 4–10 mm。总状花序直立，长 4–8 cm，主轴粗糙具棱；刺苞近扁球形，着生刚毛；每刺苞内具小穗 2–4(–6) 个，小穗椭圆状披针形，含 2 小花；第一颖长为小穗的 1/2，具 1 脉；第二颖稍短于小穗，具 5 脉；第一小花雄性或中性，第一外稃与小穗等长，具 5 脉，先端尖，其内稃狭长，披针形；第二小花两性，第二外稃具 5 脉，包卷同质内稃。颖果椭圆状扁球形，长约 3 mm，种脐点状，胚约为果长的 2/3。花果期：夏季。

产地　南沙群岛（太平岛）、西沙群岛（永兴岛、东岛）、东沙群岛（东沙岛）。生于海边沙滩上。

分布　广东、海南、台湾、云南南部。日本、印度、缅甸、巴基斯坦。

5. 虎尾草属 Chloris Sw.

一年生或多年生草本。具匍匐茎或否。叶片线形，扁平或对折；叶鞘背部常具脊；叶舌短小，膜质。花序为穗状花序呈指状簇生于秆顶；小穗含 2–3(–4) 小花，第一小花两性，上部其余小花退化不孕而互相包卷成球形，小穗脱节于颖之上，不孕小花附着于孕性小花上不断离，小穗成2行覆瓦状排列于穗轴的一侧；颖狭披针形或具短芒，1脉，宿存；第一外稃两侧压扁，先端尖或钝，全缘或2浅裂，中脉延伸成直芒，基盘被柔毛；内稃约等长于外稃，具2脊，脊上具短纤毛；不孕小花仅具外稃，无毛，先端截平或略尖，常具直芒。颖果长圆柱形。

约 50 种，分布于热带至温带。我国产 5 种 (引种 1 种)，主产华东和华南各地；南海诸岛产 2 种。

1. 秆直立；叶舌具一列白色柔毛；不孕外稃之长宽几相等，不孕小花密接而其间小穗轴不显露..........1. 孟仁草 *C. barbata*
1. 秆直立或基部伏卧而节处生根；叶舌无毛；不孕外稃长大于宽；不孕小花疏离而其间小穗轴显露..2. 台湾虎尾草 *C. formosana*

1. 孟仁草

Chloris barbata Sw., Fl. Ind. Occ. 1: 200. 1797; P. Y. Chen in Acta Bot. Austro Sin. 1: 154–155. 1983; B. S. Sun & Z. H. Hu in Fl. Reip. Pop. Sin. 10(1): 75–78. pl. 23: 5–8. 1990; T. C. Huang et al. in Taiwania 39(1–2): 22, 50. 1994; F. W. Xing et al. in Fl. Nansha Isl. Neighb. Isl. 324. 1996.

一年生草本。秆直立，高 20–80 cm。叶鞘两侧压扁，边缘膜质；叶舌具一列白色柔毛；叶片线形，长 4–42 cm，宽 2–5 mm，边缘粗糙。穗状花序 6–11 枚，指状着生，长 2–7 cm；小穗近无柄，长约 2.5 mm，紧密覆瓦状排列；颖膜质，具 1 脉，第一颖长约 1.5 mm，第二颖长约 2.2 mm；第一小花倒卵形，长约 2 mm；外稃纸质，具 3 脉，中脉两侧被柔毛，边缘具密集白色长柔毛；内稃膜质，具 2 脊；基盘尖锐，被斜展的柔毛；芒长约 5 mm；花药黄色；柱头紫褐色；不孕小花 2–3 枚；第二小花斜贝壳状，长宽各约 1.2 mm，外稃具 3 脉，芒长约 6 mm；其余小花同形而较小，芒常弯曲，互相密接。颖果倒长卵形，长约 1.5 mm；种脐圆点状，黄色，位于颖果最下端。花果期：3–7 月。

产地　南沙群岛（太平岛）、西沙群岛（永兴岛）、东沙群岛（东沙岛）。生于海边沙滩上。

分布　广东沿海岛屿。热带东南亚地区。

2. 台湾虎尾草

Chloris formosana (Honda) Keng, Claves Gen. Sp. Gram. Prim. Sinic. 197. 1957; B. S. Sun & Z. H. Hu in Fl. Reip. Pop. Sin. 10(1): 78. pl. 23: 1–4. 1990; Y. Zhong in Journ. Hainan Teach. Coll.3(1): 62. 1990; F. W. Xing et al. in Fl. Nansha Isl. Neighb. Isl. 325. 1996.——*C. barbata* Sw. var. *formosana* Honda, Bot. Mag. Tokyo 40: 437. 1926.

一年生草本。秆直立或基部伏卧地面而于节处生根并分枝；高 20–70 cm，光滑无毛。叶鞘两侧压扁，背部具脊；叶舌长 0.5–1 mm，无毛；叶片线形，长可达 20 cm，宽可达 7 mm。穗状花序 4–11 枚，长 3–8 cm；小穗长 2.5–3 mm，含 1 孕性小花及 2 不孕小花；第一颖三角钻形，长 1–2 mm，具 1 脉，被微毛；第二颖长椭圆状披针形，膜质，先端常具短芒或无芒；第一小花两性，与小穗近等长，倒卵状披针形，外稃纸质，具 3 脉，密被白色柔毛；芒长 4–6 mm；内稃膜质，具 2 脉；第二小花内稃具长约 4 mm 的芒；第三小花仅存外稃，具长约 2 mm 的芒；不孕小花之间的小穗轴长约 0.6 mm，明显可见。颖果纺锤形，长约 2 mm，胚长约为颖果的 3/4。花果期：8–10 月。

产地　西沙群岛（永兴岛、东岛、中建岛、金银岛、珊瑚岛）。生海边沙滩上。

分布　广东、海南、福建及台湾。

6. 金须茅属 Chrysopogon Trinius

多年生草本。根状茎发达。秆丛生，直立、斜升或匍匐，着地部分节上生根。叶基生或秆生；叶鞘抱秆，短于节间，背部具脊；叶舌短，边缘具纤毛或为一圈纤毛；叶片平展，条形或狭披针形，基部圆，先端渐尖，纵脉间无横脉。花序单生于秆顶或分枝顶端，为疏松的圆锥花序，由数枚至多枚的总状花序组成；总状花序基部无佛焰苞，4–9 枚轮生于主轴的各节上，由数对至多数小穗对组成，或退化为 3 枚小穗，含 1 枚两性的无柄小穗和 2 枚雄性或中性（无雄蕊和雌蕊）的有柄小穗，有柄小穗位于无柄小穗两侧；穗轴不增粗，呈丝状或线形，不延伸至顶生小穗之外，节间无关节，有棱，棱上被纤毛；小穗柄与穗轴节间相似，但略短并更细，中央无纵凹槽；无柄小穗披针形至狭长圆形，两侧扁，含 2 朵小花；基盘增厚并偏斜，被髯毛或无毛；第一颖披针形，软骨质至革质，常具微刺，先端急尖，第二颖舟形，中部以下具 1 脊；第一小花退化为仅存 1 枚膜质、透明的第一外稃或无，第二小花两性，第二外稃条形至长圆形，先端全缘或有 2 齿裂，从裂片间伸出 1 芒，稀无芒，芒膝曲，无毛或被短柔毛，第二内稃小或无；浆片 2；雄蕊 3；花柱 2，分离，柱头帚刷状。颖果线形。有柄小穗背腹扁，雄性或退化为中性。

约 24 种，分布于亚洲、非洲和澳大利亚的热带至温带地区。我国有 4 种；南海诸岛有 1 种。

1. 竹节草

Chrysopogon aciculatus (Retz.) Trinius, Fund. Agrost. 188. 1820; S. L. Chen & S. M. Phillips in Fl. China 22: 604. 2006.——*Andropogon aciculatus* Retz., Observ. Bot. 5: 22. 1789.

多年生草本。根状茎长，匍匐，粗壮，节甚密，节上生根；秆斜升，直立部分高 20–50 cm，无毛。叶鞘常密生于匍匐茎上和秆的基部，套叠，长于节间，秆生者稀疏且短于节间，无毛或仅鞘口疏生长柔毛；叶舌短，长约 0.5 mm，流苏状；叶片狭披针形，平展，长 1.5–8 cm，宽 3–6 mm，基部圆，先端钝，两面无毛或基部疏被长柔毛，边缘具小刺毛。圆锥花序顶生，轮廓为长圆形，长 5–11 cm，紫褐色；分枝通常 2–4 枚轮生于主轴各节上，下部裸露；总状花序细弱，直立或斜升，长 2–5 cm，仅顶部着生 3 枚小穗，1 无柄，2 有柄，稀在 3 枚小穗之下尚有 1 至数对小穗；穗轴上部两侧具黄色髯毛；无柄小穗圆柱状披针形，长 3–5 mm，中部以上渐狭，先端钝；基盘锐尖，被金黄色髯毛；颖骨质，与小穗近等长，常带紫色，第一颖披针形，脉不明显，下部背面圆，无毛，上部具 2 脊，脊上具小刺毛，先端急尖至具 2 齿裂，第二颖舟形，背面及脊的上部均具小刺毛，边缘膜质，具纤毛，先端渐尖，或具 1–2 mm 长的短尖；第一外稃稍短于颖，膜质透明，第二外稃与第一外稃等长，但较狭窄，薄膜质，先端全缘，具 4–7 mm 长的直芒，第二内稃缺或微小；有柄小穗雄性，披针形，长 4–5.7 mm，无毛；柄长为无柄小穗长的 3/4。花果期：5–10 月。

产地　西沙群岛（永兴岛）。生于草坪上。

分布　广东、香港、澳门、广西、海南、台湾、贵州和云南。越南、缅甸、泰国、柬埔寨、菲律宾、马来西亚、新加坡、印度尼西亚、阿富汗、巴基斯坦、印度、斯里兰卡、不丹、尼泊尔、澳大利亚和太平洋岛屿（波利尼西亚）。

7. 狗牙根属 Cynodon Rich.

多年生草本，常具根茎及匍匐枝。秆常纤细，一长节间与一极短节间交互生长，致使叶鞘近似对生；叶舌短或仅具一轮纤毛；叶片较短而平展。穗状花序 2 至数枚指状着生，覆瓦状排列于穗轴之一侧，无芒，含 1–2 小花；颖狭窄，近等长，均为 1 脉或第二颖具 3 脉，全部或仅第一颖宿存；小穗轴脱节于颖之上并延伸至小花之后成芒针状，或其上端具退化小花；第一小花外稃舟形，具 3 脉，内稃膜质，具 2 脉，与外稃等长；鳞被甚小；花药黄色或紫色；子房无毛，柱头红紫色。颖果长圆柱形或稍两侧压扁，外果皮潮湿后易剥离，种脐线形，胚微小。

约 10 种，分布于欧洲、亚洲的亚热带及热带。我国产 2 种及 1 变种，主要分布于黄河以南各地；南海诸岛产 2 种。

1. 穗状花序常为 3–5 枚，长 2–5 cm；叶舌为一轮白色纤毛；植株具根茎 .... 1. 狗牙根 *C. dactylon*
1. 穗状花序 5–8 枚，长 6–10 cm；叶舌膜质，上缘撕裂状；植株不具根茎 .... 2. 弯穗狗牙根 *C. radiatus*

1. 狗牙根

Cynodon dactylon (L.) Pers., Syn. Pl. 1: 85. 1805; P. Y. Chen in Acta Bot. Austro Sin. 1: 155. 1983; B. S. Sun & Z. H. Hun in Fl. Reip. Pop. Sin. 10 (1): 84. pl. 25: 1–6. 1990; T. C. Huang et al. in Taiwania 39(1–2): 23, 50. 1994; F. W. Xing et al. in Fl. Nansha Isl. Neighb. Isl. 326. 1996.——*Panicum dactylon* L., Sp. Pl. ed. 1: 85. 1751.

低矮草本，具根茎。秆细而坚韧，下部匍匐地面蔓延甚长，节上常生不定根，直立部分高 10–30 cm，秆壁厚，光滑无毛。叶鞘微具脊，鞘口常具柔毛；叶舌仅为一轮纤毛；叶片线形，长 1–12 cm，宽 1–3 mm，通常无毛。穗状花序常为 3–5 枚，长 2–5 cm；小穗灰绿色或带紫色，长 2–2.5 mm，仅含 1 小花；颖长约 2 mm，第二颖稍长，均具 1 脉，背部成脊而边缘膜质；外稃舟形，具 3 脉，背部明显成脊，脊上被柔毛；内稃与外稃近等长，具 2 脉。鳞被上缘近截平；花药淡紫色；子房无毛，柱头紫红色。颖果长圆柱形。花果期：5–10 月。

产地　南沙群岛（太平岛、永暑礁、赤瓜礁、华阳礁、渚碧礁）、西沙群岛（永兴岛、东岛、中建岛）、东沙群岛（东沙岛）。生于海岸沙滩上。

分布　广布于黄河以南各地。全世界温暖地区均有。

用途　为良好固堤保土植物。

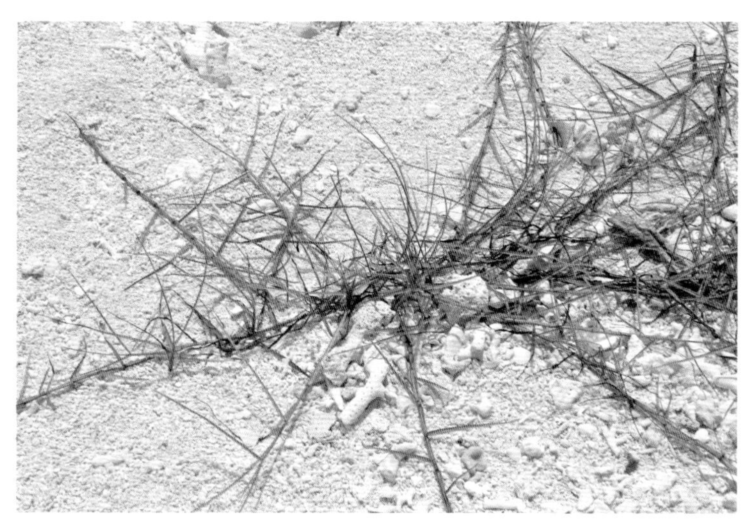

2. 弯穗狗牙根

Cynodon radiatus Roth ex Roemer & Schultes, Syst. Veg. (ed. 15 bis) 2: 411. 1817; B. X. Sun & S. M. Phillips in Fl. China 22: 492. 2006.——*C. arcuatus* J. S. Presl ex Presl, Rel. Haenk. 1(4–5): 290. 1830; B. S. Sun & Z. H. Hu in Fl. Reip. Pop. Sin. 10(1): 84–85. pl. 25: 7–9. 1990; P. Y. Chen et al. in Acta Bot. Austro Sin. 1: 155. 1983; F. W. Xing et al. in Fl. Nansha Isl. Neighb. Isl. 326. 1996.

多年生草本。秆下部匍匐，直立部分高 30–50 cm，无毛。叶鞘无毛，鞘口疏生柔毛；叶舌膜质，上缘撕裂状或具细纤毛；叶片线形，长 2.5–10 cm，宽 4–5 mm，先端长渐尖，两面无毛。穗状花序 5–8 枚，长 6–10 cm，指状着生于秆顶，常弯曲；穗轴具纵棱，棱上被短硬毛；小穗长卵状披针形，长约 2.5 mm，小穗轴延伸至内稃之后，顶端不具退化小花；颖狭窄，具 1 脉，脊上粗糙；颖近等长，边缘均为膜质；外稃与小穗等长，草质，具 3 脉，中脉凸起成脊，侧脉靠近边缘，脊上和侧脉被短柔毛；内稃略短，具 2 脊；花药黄色；柱头浅紫色。花果期：7–11 月。

产地　西沙群岛（永兴岛）。生于海边沙滩上。

分布　南海岛屿及台湾南部。印度、缅甸、马来西亚及菲律宾。

用途　可作为水土保持植物及牲畜饲料。

8. 龙爪茅属 Dactyloctenium Willd.

一年生或多年生草本。秆直立或匍匐，多少压扁。叶片扁平。穗状花序短而粗，指状排列于秆顶；穗轴延伸于顶生小穗之外，成1小尖头；小穗无柄，两侧压扁，着生于窄而扁平的穗轴一侧，成两行紧贴覆瓦状排列，脱节于颖上或各小花之间；颖不等长，背具1脉呈脊状。第一颖较小，顶端急尖，宿存，第二颖顶端尖锐，脱落；外稃具3脉，中脉成脊，顶端渐尖或具短芒。内稃具2脊，脊上有翼。鳞被2，很小，楔形，折叠；雄蕊3；子房球形，花柱2，分离，基部联合，柱头帚状。囊果椭圆形或扁，果皮薄而易分离。种子近球形，表面具皱纹，胚长超过种子的1/2，种脐点状。

约10种，广布于东半球的温暖地区。我国有1种；南海诸岛有产。

1. 龙爪茅

Dactyloctenium aegyptium (L.) Beauv., Ess. Agrost. Expt. Pl. 15. 1812; S. L. Chen in Fl. Reip. Pop. Sin. 10(1): 67. pl. 19. 1990; T. C. Huang et al. in Taiwania 39(1–2): 23, 50. 1994.——*Cynosurus aegyptius* L., Sp. Pl. 72. 1753.——*Arthraxon hispidus* var. *cryptatherus* auct. non (Hack.) Honda: P. Y. Chen in Acta Bot. Austro Sin. 1: 154. 1983.

一年生草本。秆直立，高15–60 cm，或基部横卧地面，于节处生根且分枝。叶鞘松弛，边缘被柔毛；叶舌膜质，长约1 mm，顶端具纤毛；叶片扁平，长5–18 cm，宽2–6 mm；小穗长约4 mm，含3小花；第一颖沿脊龙骨状凸起具短硬纤毛；第二颖顶端具长约1 mm短芒；外稃中脉成脊，脊上被短硬毛，第一外稃长约3 mm；内稃顶端2裂，背部具2脊，背缘有翼，翼缘具细纤毛；鳞被2，楔形，折叠，具5脉。囊果球形，长约1 mm。花果期：5–10月。

产地　南沙群岛（太平岛、永暑礁、美济礁、赤瓜礁、南薰礁、东门礁）、西沙群岛（永兴岛、石岛、东岛、中建岛、金银岛、珊瑚岛、甘泉岛）、东沙群岛（东沙岛）。生于海滩及路旁。

分布　产华东、华南和中南等各地区；全世界热带及亚热带地区均有。

4. 红尾翎

Digitaria radicosa (J. Presl) Miq. Fl. Ned. Ind. 3: 437. 1857; L. Liou in Fl. Reip. Pop. Sin. 10(1): 325–326. 1990; F. W. Xing et al. in Fl. Nansha Isl. Neighb. Isl. 336. 1996.——*Panicum radicosum* J. Presl, Rel. Haenk. 1: 297. 1830.——*D. chinensis* Hornem., Suppl. Hort. Bot. Hafn. 1: 8. 1819; P. Y. Chen et al. in Acta Bot. Astro Sin. 1: 155. 1983.

一年生草本。秆匍匐地面，下部节生根，直立部分高30–50 cm。叶鞘短于节间，无毛或有柔毛；叶舌长约1 mm；叶片披针形，长2–6 cm，宽3–7 mm，无毛或贴生短毛，下部有少数疣基柔毛。总状花序2–4枚，长4–10 cm，着生于长1–2 cm的主轴上，穗轴具翼；小穗柄顶端截平，粗糙；小穗狭披针形，长2.8–3 mm，宽约0.7 mm；第一颖三角形，长约0.2 mm；第二颖长为小穗的1/2–2/3，具1–3脉，长柄小穗颖较长大，脉间与边缘长柔毛；第一外稃等长于小穗，具5–7脉，中脉与其两侧的脉间距离较宽，正面见有3脉，侧脉及边缘生柔毛；第二外稃黄色，厚纸质，有纵细条纹。花果期：夏秋季。

产地　南沙群岛（美济礁、赤瓜礁）、西沙群岛（永兴岛、晋卿岛、琛航岛、广金岛）。生于旷地路旁。

分布　广东、海南、福建、台湾、浙江、安徽、云南。东半球热带。

5. 马唐

Digitaria sanguinalis (L.) Scop., Fl. Carniol. (ed. 2) 1: 52. 1771; H. T. Chang in Sunyatsenia, 7(1–2), 87. 1948.——*Panicum sanguinale* L., Sp. Pl. 1: 57. 1753.

一年生。秆直立或下部倾斜，膝曲上升，高 10–80 cm，直径 2–3 mm，无毛或节生柔毛。叶鞘短于节间，无毛或散生疣基柔毛；叶舌长 1–3 mm；叶片线状披针形，长 5–15 cm，宽 4–12 mm，基部圆形，边缘较厚，微粗糙，具柔毛或无毛。总状花序长 5–18 cm，4–12 枚成指状着生于长 1–2 cm 的主轴上；穗轴直伸或开展，两侧具宽翼，边缘粗糙；小穗椭圆状披针形，长 3–3.5 mm；第一颖小，短三角形，无脉；第二颖具 3 脉，披针形，长为小穗的 1/2 左右，脉间及边缘大多具柔毛；第一外稃等长于小穗，具 7 脉，中脉平滑，两侧的脉间距离较宽，无毛，边脉上具小刺状粗糙，脉间及边缘生柔毛；第二外稃近革质，灰绿色，顶端渐尖，等长于第一外稃；花药长约 1 mm。花果期：6–9 月。

产地　西沙群岛（永兴岛）。生于旷地。

分布　我国大部分地区均产。广布于温带和亚热带山地。

6. 海南马唐

Digitaria setigera Roth ex Roem. & Schult., Syst. Veg. (2): 474.1817; L. Liou in Fl. Reip. Pop. Sin. 10(1): 324–325. pl. 101: 6–9. 1990; T. C. Huang et al. in Taiwania 39(1–2): 23. 1994; F. W. Xing et al. in Fl. Nansha Isl. Neighb. Isl. 335. 1996.——*D. microbachne* (Presl) Henrard, Meded. Rijks-Herb. 61: 13. 1930; P. Y. Chen in Acta Bot. Austro Sin. 1: 155. 1983.

一年生草本。秆高 30–100 cm，下部匍匐地面，节上生根或具分枝。叶鞘具脊，短于其节间，无毛或基部生疣基糙毛；叶舌长 1–2 mm。叶片线状披针形，长 5–20 cm，宽 3–10 mm，顶端渐尖，基部近圆形，具疣毛，两面无毛，边缘粗糙。总状花序长 5–15 cm，5–12 枚着生于长 1–4 cm 的主轴上，腋间具长刚毛；穗轴具翼，宽约 0.6 mm，边缘粗糙；下部散生长刚毛；小穗柄长约 1 mm，粗糙；小穗椭圆形，长 2–2.5 mm，为其宽的 2 倍；第一颖缺如，第二颖长约 0.5 mm，具 1–3 脉，先端具柔毛；第一外稃与小穗等长，具 7 脉，或间脉不明显，边脉彼此接近，边缘被柔毛。花果期：10 月至翌年 3 月。

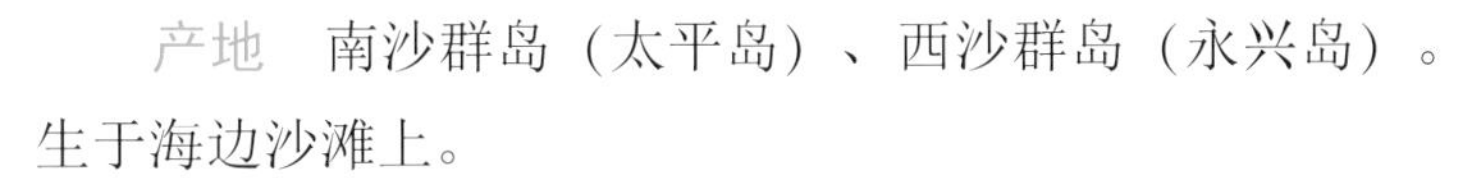

产地　南沙群岛（太平岛）、西沙群岛（永兴岛）。生于海边沙滩上。

分布　海南、台湾。印度、锡金、缅甸。

11. 稗属 Echinochloa P. Beauvois

一年生或多年生草本。叶片扁平，线形。圆锥花序由穗形总状花序组成；小穗含 1–2 小花，背腹压扁呈一面扁平，一面凸起，单生或 2–3 个不规则地聚集于穗轴的一侧，近无柄；颖草质；第一颖小，三角形，长约为小穗 1/3–1/2 或 3/5；第二颖与小穗等长或稍短；第一小花中性或雄性，其外稃革质或近革质，内稃膜质，罕或缺；第二小花两性，其外稃成熟时变硬，顶端具极小尖头，平滑，光亮，边缘厚而内抱同质的内稃，但内稃顶端外露；鳞被 2，折叠，具 5–7 脉；花柱基分离；种脐点状。

约 35 种，分布于全世界热带和暖温带。我国有 8 种（至少 1 种为引入种）；南海诸岛有 1 种。

1. 光头稗

Echinochloa colona (L.) Link, Hort. Berol. 2: 209. 1833; S. L. Chen & S. M. Phillips in Fl. China 22: 516. 2006.——*Panicum colonum* L., Syst. Nat., ed. 10. 2: 870. 1759.

一年生草本。秆直立，高 10–60 cm。叶鞘压扁而背具脊，无毛；叶舌缺；叶片扁平，线形，长 3–20 cm，宽 3–7 mm，无毛，边缘稍粗糙。圆锥花序狭窄，长 5–10 cm；主轴具棱，通常无疣基长毛，棱边上粗糙。花序分枝长 1–2 cm，排列稀疏，直立上升或贴向主轴，穗轴无疣基长毛或仅基部被 1–2 根疣基长毛；小穗卵圆形，长 2–2.5 mm，具小硬毛，无芒，较规则的成四行排列于穗轴的一侧；第一颖三角形，长约为小穗的 1/2，具 3 脉；第二颖与第一外稃等长而同形，顶端具小尖头，具 5–7 脉，间脉常不达基部；第一小花常中性，其外稃具 7 脉，内稃膜质，稍短于外稃，脊上被短纤毛；第二外稃椭圆形，平滑，光亮，边缘内卷，包着同质的内稃；鳞被 2，膜质。花果期：夏秋季。

产地　南沙群岛（永暑礁、美济礁）。生于旷地。

分布　广东、香港、澳门、海南、广西、湖南、江西、福建、台湾、浙江、江苏、安徽、河南、湖北、四川、贵州、云南、西藏、河北和陕西。分布于全世界的温暖地区。

12. 穇属 **Eleusine** Gaertn.

一年生或多年生草本。秆硬，簇生或具匍匐茎，通常1长节间与几个短节间交互排列，因而叶于秆上似对生；叶片平展成卷折。穗状花序较粗壮，常数个成指状生于秆顶；穗轴不延伸于顶生小穗之外；小穗无柄，两侧压扁，无芒，覆瓦状排列于穗轴的一侧；小穗轴脱节于颖上或小花之间；小花数朵紧密地覆瓦状排列于小穗轴上；颖不等长，颖和外稃背部具压扁的脊；外稃顶端尖，具3–5脉；内稃较外稃短，具2脊。鳞被2，折叠，具3–5脉；雄蕊3。囊果果皮膜质，宽椭圆形，胚基生，种脐点状。

约9种，主产于热带和亚热带地区。我国2种，分布南北各地；南海诸岛有1种。

1. 牛筋草

Eleusine indica (L.) Gaertn., Fruct. Sem. Pl. 1: 8. 1788; H. T. Chang in Sunyatsenia, 7(1–2), 88. 1948; S. L. Chen & T. D. Zhuang in Fl. Reip. Pop. Sin. 10(1): 64–66. pl. 18: 1–9. 1990; T. C. Huang et al. in

Taiwania 39(1–2): 23, 50. 1994.——*Cynosurus indicus* L., Sp. Pl. 72. 1753.

一年生草本。根系极发达。秆丛生，基部倾斜，高 10–90 cm。叶鞘两侧压扁而具脊；叶舌长约 1 mm；叶片平展，线形，长 10–15 cm，宽 3–5 mm，无毛或上面被疣基柔毛。穗状花序 2–7 个指状着生于秆顶，长 3–10 cm，宽 3–5 mm；小穗长约 6 mm，含 3–6 小花；颖披针形，具脊，脊粗糙；第一颖长 1.5–2 mm；第二颖长约 3 mm；第一外稃长约 3 mm，卵形，膜质，具脊，脊上有狭翼，内稃短于外稃，具 2 脊，有狭翼。囊果卵形，长约 1.5 mm，基部下凹，具明显的波状皱纹。花果期：6–10 月。

产地　南沙群岛（太平岛、永暑礁、美济礁、赤瓜礁、南薰礁）、西沙群岛（永兴岛、石岛、东岛、中建岛、琛航岛、珊瑚岛、金银岛、赵述岛）、东沙群岛（东沙岛）。生于路旁旷地上。

分布　我国南北各地。世界热带和温带地区。

用途　本种可作饲料，又为优良保土植物。全草煎水服，可防治乙型脑炎。

13. 画眉草属 Eragrostis Wolf

一年生或多年生草本。秆通常丛生。叶片线形。圆锥花序开展或紧缩；小穗两侧压扁，有多数小花，小花常疏松或紧密地覆瓦状排列；小穗轴常“之”字形曲折，逐渐断落或延续而不折断；颖不等长，通常短于第一小花，具 1 脉，宿存，或个别脱落；外稃无芒，具 3 条明显的脉，或侧脉不明显；内稃具 2 脊，常作弓形弯曲，宿存，或与外稃同落。颖果与稃体分离，球形或压扁。

约 350 种，主要分布于世界热带与温带区域。我国有 32 种（11 种特有种，1 种引入种），主产华东、华南、西南各地；南海诸岛有 2 种。

1. 小穗轴节间不断落，亦即每一节间和小花不同时脱落；小穗长约 2 mm .... 1. 长画眉草 *E. brownii*
1. 小穗轴节间自上而下逐节断落，亦即每一节间和小花同时脱落；小穗长约 4–20 mm .... 2. 鲫鱼草 *E. tenella*

1. 长画眉草

Eragrostis brownii (Kunth) Nees, Cat. Indian Pl. 105. 1834; S. L. Chen & P. M. Petersonin Fl. China 22: 473. 2006.——*Poa brownii* Kunth, Révis. Gramin. 1: 112. 1829.——*E. zeylanica* Nees & Mey., Nov. Acta Acad. Caes. Leop. Carol. 19(Suppl.): 204. 1843; S. L. Chen in Fl. Reip. Pop. Sin. 10(1): 13. pl. 3: 1–2,

120: 1. 1990; F. W. Xing et al. in Acta Bot. Austro Sin. 9: 46. 1994; F. W. Xing et al. in Fl. Nansha Isl. Neighb. Isl. 315. 1996.

多年生草本。秆纤细，丛生，直立或基部稍膝曲，高 15–50 cm，具 3–5 节，基部节上常有分枝。叶鞘光滑无毛，鞘口有长柔毛；叶舌膜质，长约 0.2 mm；叶片常集生于基部，线形，长 3–10 cm，宽 1–3 mm。圆锥花序长 3–7 cm，分枝单一，基部密生小穗；小穗铅绿色或暗棕色，长椭圆形，长 4–15 mm，含 7 至多数小花，小穗柄短或无柄，通常 2–4 个小穗密集在一起；颖卵状披针形，第一颖长约 1.2 mm，具 1 脉，第二颖长约 1.8 mm，具 1 脉或有时具 3 脉；外稃卵圆形，顶端锐尖，长约 2 mm，具 3 脉；内稃稍短于外稃，脊上有毛，顶端微缺凹；雄蕊 3 枚。颖果黄褐色，透明，长约 0.5 mm。花果期：春夏季。

产地　西沙群岛（永兴岛）。生于海滩沙地上。

分布　华东、华南及西南各地。东南亚和大洋洲。

2. 鲫鱼草

Eragrostis tenella (L.) Beauv. ex Roem. & Schult., Syst. Veg. (2): 576. 1817; S. L. Chen in Fl. Reip. Pop. Sin. 10(1): 28–30. pl. 123: 2. 1990.——*Poa tenella* L., Sp. Pl. 69. 1753.——*E. amabilis* (L.) Wight & Arn., Bot. Beechey Voy. 251. 1838; H. T. Chang in Sunyatsenia, 7(1–2), 85–86. 1948; T. C. Huang et al. in Taiwania 39 (1–2): 23, 51. 1994.——*E. ciliata* auct. non (Roxb.) Nees: P. Y. Chen in Acta Bot. Austro Sin. 1: 155–156. 1983.

一年生草本。秆纤细，高 15–60 cm，直立或基部膝曲，或呈匍匐状，具 3–4 节，有条纹。叶鞘短于节间，鞘口和边缘均疏生长柔毛；叶舌为一圈短纤毛；叶片扁平，长 2–10 cm，宽 3–5 mm，上面粗糙，下面光滑，无毛。圆锥花序开展，分枝单一或簇生，节间很短，腋间有长柔毛，小枝和小穗柄上具腺点；小穗卵形至长圆状卵形，长约 2 mm，含小花 4–10 朵，成熟后，小穗轴由上而下逐节断落；颖膜质，具 1 脉，第一颖长约 0.8 mm，第二颖长约 1 mm；第一外稃长约 1 mm，有明显紧靠边缘的侧脉，先端钝；内稃脊上具有长纤毛；雄蕊 3 枚；颖果长圆形，深红色，长约 0.5 mm。花果期：4–8 月。

产地　南沙群岛（太平岛、永暑礁）、西沙群岛（永兴岛、石岛、东岛、晋卿岛、琛航岛、金银岛、珊瑚岛、美济礁）、东沙群岛（东沙岛）。生于旷地路旁。

分布　主产华东、华南等地。东半球热带地区。

14. 野黍属 Eriochloa Kunth

一年生或多年生草本。秆分枝。叶片平展或卷合。圆锥花序顶生而狭窄，由数枚总状花序组成；小穗背腹压扁，具短柄或近无柄，单生或孪生，成两行覆瓦状排列于穗轴一侧，有 2 小花；第一颖极退化而与第二颖下之穗轴愈合膨大成环状或球状的小穗基盘；第二颖与第一外稃等长于小穗；第一小花中性或雄性，外稃常包裹着一膜质内稃；第二小花两性，背着穗轴而生，第二外稃革质，边缘稍内卷，包着同质而钝头的内稃，鳞被 2，折叠，具 5–7 脉；花柱基分离；种脐点状。

约 25 种，分布于全世界热带与温带地区。我国有 2 种，主产华东、华南、西南各地；南海诸岛有 1 种。

1. 高野黍

Eriochloa procera (Retz.) Hubb., Bull. Misc. Inform. Kew 1930: 256. 1930; Y. X. Jin in Fl. Reip. Pop. Sin. 10(1): 277. pl. 83: 5–8. 1990; P. Y. Chen et al. in Acta Bot. Austro Sin. 1: 156. 1983; F. W. Xing et al. in Fl. Nansha Isl. Neighb. Isl. 338. 1996.——*Agrostis procera* Retz., Obs. Bot. 4: 9. 1786.

一年生草本。秆丛生，高 30–150 cm，直立，节被微毛。叶鞘具脊，无毛；叶舌为一圈长约 0.7 mm 白色纤毛；叶片线形，长 9–12 cm，宽 2–8 mm，无毛，干时常卷折。圆锥花序长 10–20 cm，由数枚总状花序组成；小穗长圆状披针形，长约 3 mm，孪生或数个簇生，基盘长约 0.3 mm，常带紫色；第一颖微小；第二颖与第一外稃等长而同质，均贴生白色丝状毛；第一内稃缺；第二外稃灰白色，长约 2 mm，顶端具短尖头，背部细点状粗糙。花果期：秋季。

产地　南沙群岛（渚碧礁）、西沙群岛（永兴岛、甘泉岛、广金岛）。生于海滩上。

分布　广东南部、海南、台湾。东半球热带地区。

用途　秆叶为较好的牧草。

15. 黄茅属 Heteropogon Pers.

一年生或多年生草本。秆粗壮，丛生。叶鞘常压扁而具脊；叶舌短，膜质，顶端具纤毛；叶片扁平，线形。穗形总状花序，单生于主秆或分枝顶端，小穗对覆瓦状着生于花序轴各节，下部的1–10对（或更多），为同性对，全为雄性或中性，无芒，常宿存；上部的为异性对。无柄小穗近圆柱状，两性或雌性，有芒，基盘尖，成熟时偏斜脱落，每小穗含2小花；第一颖边缘内卷，包着第二颖，第二颖常具2脉，背部无明显的脊，顶端钝；第一小花退化至仅具1透明膜质的外稃；第二小花的外稃退化为芒的基部，透明膜质；芒常粗壮，膝曲扭转；内稃小或不存在；鳞被2；雄蕊3，花柱2。颖果近圆柱状。有柄小穗披针状长圆形，雄性或中性，第一颖草质具多数脉，第二颖膜质，披针状长圆形，顶端急尖，具3脉；外稃透明，具1脉，发育或多少退化，雄蕊3。

6种，分布于世界热带和亚热带地区。我国有3种；南海诸岛有1种。

1. 黄茅

Heteropogon contortus (L.) P. Beauv. ex Roem. & Schult., Syst. Veg. (ed. 15 bis) 2: 836. 1817; Y. Zhong in Journ. Hainan Teach. Coll. 3(1): 62. 1990; S. L. Chen & S. M. Phillips in Fl. China 22: 637. 2006.——*Andropogon contortus* L., Sp. Pl. 2: 1045. 1753.

多年生，丛生草本。秆高20–100 cm，基部常膝曲，上部直立，光滑无毛。叶鞘压扁而具脊，光滑无毛，鞘口常具柔毛；叶舌短，膜质，顶端具纤毛；叶片线形，扁平或对折，长10–20 cm，宽3–6 mm，顶端渐尖或急尖，基部稍收窄，两面粗糙或表面基部疏生柔毛。总状花序单生于主枝或分枝顶，长3–7 cm（芒除外），诸芒常于花序顶扭卷成1束；花序基部3–10(–12)小穗对，为同性，无芒，宿存。上部7–12对为异性对；无柄小穗线形（成熟时圆柱形），两性，长6–8 mm，基盘尖锐，具棕褐色髯毛；第一颖狭长圆形，革质顶端钝，背部圆形，被短硬毛或无毛，边缘包卷同质的第二颖；第二颖较窄，顶端钝，具2脉，脉间被短硬毛或无毛，边缘膜质；第一小花外稃长圆形，远短于颖；第二小花外稃极窄，向上延伸成2回膝曲的芒，芒长6–10 cm，芒柱扭转被毛；内稃常缺；雄蕊3；子房线形，花柱2。有柄小穗长圆状披针形，雄性或中性，无芒，常偏斜扭转覆盖无柄小穗，绿色或带紫色；第一颖长圆状披针形，草质，背部被疣基毛或无毛。花果期：4–12月。

产地　西沙群岛（永兴岛）。生于旷地。

分布　广东、香港、澳门、海南、广西、湖南、江西、福建、台湾、浙江、河南、湖北、四川、贵州、云南、西藏、甘肃和陕西。世界热带和亚热带地区以及地中海沿岸和其他暖温带地区。

16. 白茅属 Imperata Cirillo

多年生草本，具长匍匐根茎。秆直立，通常不分枝。叶片扁平，基部的较长，秆部的较短。圆锥花序穗状，有白色丝状毛；分枝纤细，小穗成熟后不逐步断落；小穗狭圆柱状，基部围以细长的丝状柔毛，成对或有时单生，具不等长的柄，有1两性小花，无芒；颖近等长，膜质，背面被长柔毛；外稃透明膜质，通常无脉，第一外稃通常有齿，短于颖，第二外稃较第一外稃稍短；内稃透明膜质，第一内稃常缺，第二内稃宽，有齿，包裹着雌雄蕊；鳞被缺；雄蕊1或2；子房无毛，柱头细长，由小穗顶端伸出。颖果椭圆形。

约10种，分布于热带和亚热带。我国产3种，分布几遍全国；南海诸岛有1种。

1. 白茅　　别名：大白茅

Imperata cylindrica var. **major** (Nees) C. E. Hubb., Grass. Mauritius & Rodriguez 96. 1940; T. C. Huang et al. in Taiwania 39(1–2): 51. 1994; W. Y. Chun et al. in Fl. Hainanica 4: 446–447. 1977; F. W. Xing et al. in Fl. Nansha Isl. Neighb. Isl. 343. 1996.——*I. koenigii* var. *major* Nees, Fl. Afr. Austr. 90. 1841.

多年生直立草本，根状茎匍匐。秆高30–90 cm，节上通常有长柔毛。叶片线形，长15–60 cm，宽5–9 mm，顶端渐尖或急尖，腹面及边缘粗糙，背面光滑。圆锥花序长5–20 cm，宽0.6–2.5 cm；小穗圆柱形，长3–4 mm，基部具白色长丝状毛，成对着生，具不等长的柄，柄的顶端呈杯状；颖长圆状披针形，薄膜质，背被丝状长柔毛，第一颖较第二颖窄；内外稃均透明膜质，第一外稃卵状长圆形；第二外稃稍短于第一外稃，顶端短尖或具齿；第二内稃顶端凹或具齿；雄蕊2枚；柱头紫色。花果期：夏秋季。

产地　西沙群岛（永兴岛）、东沙群岛（东沙岛）。生于旷地荒坡。

分布　几遍全国。东半球广大地区。

用途　叶可作屋顶遮盖物；根茎入药，为清凉利尿剂。

17. 千金子属 Leptochloa Beauv.

一年生或多年生草本。叶片线形。圆锥花序由多数细弱穗形的总状花序组成；小穗含 2 至数小花，两侧压扁，无柄或具短柄，在穗轴的一侧成两行覆瓦状排列，小穗轴脱节颖之上和各小花之间；颖不等长，具 1 脉，无芒，或有短尖头，通常短于第一小花，偶有第二颖可长于第一小花；外稃具 3 脉，脉下部具短毛，先端尖或钝，通常无芒；内稃与外稃等长或较之稍短，具 2 脊。

约有 20 种，主要分布于全球温暖区域。我国有 2 种，主产华东、华南和西南各地；南海诸岛有 1 种。

1. 千金子

Leptochloa chinensis (L.) Nees, Syll. Pl. Nov. Ratisb. 1: 4. 1824; X. L.Yeng in Fl. Reip. Pop. Sin. 10(1): 56–57. pl.16: 7–12. 1990; F. W. Xing et al. in Fl. Nansha Isl. Neighb. Isl. 317. 1996.——*Poa chinensis* L., Sp. Pl. 69. 1753.

一年生草本。秆直立，基部膝曲或倾斜，高 30–90 cm。叶鞘无毛，大多短于节间；叶舌膜质，长约 2 mm，常撕裂具小纤毛；叶片扁平或多少卷折，先端渐尖，两面微粗糙或下面平滑，长 5–25 cm，宽 2–6 mm。圆锥花序长 10–30 cm，分枝及主轴均微粗糙；小穗多带紫色，长 2–4 mm，含 3–7 小花；颖具 1 脉，脊上粗糙，第一颖较短而狭窄，长 1–1.5 mm，第二颖长 1.2–1.8 mm；外稃顶端钝，无毛或下部被微毛，第一外稃长约 1.5 mm；花药长约 0.5 mm。颖果长圆球形，长约 1 mm。花果期：8–11 月。

产地　西沙群岛（永兴岛）。生于路旁旷地上。

分布　黄河以南各地区。亚洲东南部。

用途　本种可作牧草。

18. 细穗草属 Lepturus R. Br.

一年生或多年生草本。顶生圆柱状穗状花序；小穗单生于穗轴的节上，含 1–2 小花；嵌生于圆柱形而逐节断落之穗轴的凹穴中，且与其穗轴节间一齐脱落，小花两性或第二小花常发育不完全；颖革质，坚硬，除顶生小穗外，第一颖通常极退化，具 5–7 脉；外稃较短，背部贴向穗轴，具 1–3 脉；内稃约等长于外稃；鳞被 2，楔形或浅裂；雄蕊 1–3；子房顶端全缘，具较长的花柱。颖果狭窄，光滑，包于颖内，分离。

约 15 种，分布于东半球热带。我国有 1 种；南海诸岛有分布。

1. 细穗草

Lepturus repens (G. Forster) R.Br., Prodr. Fl. Nov. Holl. 207. 1810; Z. L. Wu in Fl. Reip. Pop. Sin. 9(3): 4. pl. 1: 6–14. 1987; F. W. Xing et al. in Fl. Nansha Isl. Neighb. Isl. 313. 1996.——*Rottboellia repens* G. Forster, Prodr. 9. 1786.

多年生草本。秆丛生，坚硬，高 25–45 cm，具分枝，基部各节常生根或有时为匍匐状。叶鞘无毛；叶舌长 0.4–0.8 mm，纸质，顶端截形具纤毛；叶片质硬，线形，通常内卷，长 4–22 cm，宽 3–5 mm，先端呈锥状，无毛或上面通常近基部具柔毛，边缘针状粗糙。穗状花序直立，长 5–11 cm，穗轴节间长 3–5 mm；小穗含 2 小花，长约 13 mm，小穗轴节间长约 4 mm；第一颖三角形，薄膜质，长约 0.8 mm，第二颖革质，披针形，先端渐尖或锥状锐尖，长 8–12 mm；外稃长约 4 mm，宽披针形，具 3 脉，先端尖，基部具微毛；内稃长椭圆形，几与外稃等长；花药长约 2 mm。颖果长约 2 mm，椭圆形。花果期：4–9 月。

产地　南沙群岛（华阳礁）、西沙群岛（永兴岛、石岛、东岛、中建岛、晋卿岛、琛航岛、金银岛、珊瑚岛、银屿、西沙洲、赵述岛、北岛、南岛、北沙洲、中沙洲、南沙洲）、东沙群岛（东沙岛）。生于海边沙滩上。

分布　海南、台湾。印度、斯里兰卡、马来西亚、中南半岛、大洋洲。

22. 黍属 Panicum L.

一年生或多年生草本，具根茎。秆直立或基部膝曲。叶片线形至卵状披针形，扁平；叶舌膜质或顶端具毛。圆锥花序顶生，常分枝开展；小穗具柄，成熟时脱节于颖下或第一颖先落，背腹压扁，含2小花；第一小花雄性或中性，第二小花两性；颖草质或纸质；第一颖通常较小穗短而小；第二颖等长常同形；第一内稃存在或退化；第二外稃硬纸质，有光泽，边缘包着同质内稃；鳞被2；雄蕊3；花柱2，分离，柱头帚状。

约500种，主要分布于世界热带和亚热带。我国有18种2变种(含归化种)，主产华东、华南和西南各地；南海诸岛产1种。

1. 铺地黍

Panicum repens L., Sp. Pl. (ed.2)1: 87. 1762; P. Y. Chen in Acta Bot. Austro Sin. 1: 156. 1983; S. L. Chen in Fl. Reip. Pop. Sin. 10(1): 207. pl. 6(2): 1–8.1990; T. C. Huang et al. in Taiwania 39(1–2): 23, 51. 1994; F. W. Xing et al. in Fl. Nansha Isl. Neighb. Isl. 332. 1996.

多年生草本。根茎粗壮发达。秆直立，坚挺，高50–100 cm。叶鞘光滑，边缘被纤毛；叶舌长约0.5 mm，顶端被睫毛；叶片质硬，线形，长5–25 cm，宽2.5–5 mm，干时常内卷，呈锥形，上表皮粗糙或被毛，下表皮光滑；叶舌极短，膜质，顶端具长纤毛。圆锥花序开展，长5–20 cm；小穗长圆形，长约3 mm；第一颖薄膜质，基部包卷小穗；第二颖顶端喙尖，具7脉，第一小花雄性，其外稃与第二颖等长；雄蕊3，花丝极短；第二小花结实，长圆形，长约2 mm，平滑光亮，顶端尖；鳞被长约0.3 mm，脉不清晰。花果期：5–10月。

产地　南沙群岛（太平岛、永暑礁、美济礁）、西沙群岛（永兴岛、东岛、琛航岛、广金岛、甘泉岛、珊瑚岛）、东沙群岛（东沙岛）。生于海滩上。

分布　我国东南部。世界热带和亚热带地区。

23. 雀稗属 Paspalum L.

一年生或多年生草本。秆丛生，直立，或具匍匐茎和根状茎。叶舌短，膜质；叶片线形或狭披针形，扁平或卷折。穗形总状花序 2 至多枚呈指状或总状排列于茎顶或伸长主轴上；穗轴扁平，具翼；小穗含一成熟小花，几无柄，单生或孪生，2–4 行互生于穗轴一侧，背腹压扁，椭圆形或近圆形；第一颖通常缺如；第二颖与第一外稃相似，膜质或厚纸质，具 3–7 脉，等长于小穗；第一小花中性，内稃缺；第二外稃背部隆起，成熟后变硬，边缘狭窄内卷，内稃背部外露；鳞被 2；雄蕊 3；柱头帚状，胚大，长为颖果 1/2；种脐点状。

约 300 种，分布于世界热带与亚热带。我国有 16 种 (含引种栽培)，主产我国东南部地区；南海诸岛有 3 种。

1. 植株具长匍匐茎；总状花序 2–3 枚，对生，小穗单生。
    2. 小穗边缘或顶部被短柔毛……1. 双穗雀稗 *P. distichum*
    2. 小穗无毛……3. 海雀稗 *P. vaginatum*
1. 植物无匍匐茎；总状花序 2–5(–8) 枚，小穗长孪生，至少在花序中部为孪生……2. 圆果雀稗 *P. scrobiculatum* var. *orbiculare*

1. 双穗雀稗

Paspalum distichum L., Syst. Nat., ed. 10. 2: 855. 1759; P. Y. Chen in Acta Bot. Austro Sin. 1: 139. 1983; S. L. Chen & S. M. Phillips in Fl. China 22: 528. 2006.——*P. paspaloides* (Michx.) Scribn., Mem. Torrey Bot. Club. 5: 29. 1894; S. L. Chen in Fl. Reip. Pop. Sin. 10(1): 290. pl. 89: 6–11. 1990.——*Digitaria paspaloides* Michx., Fl. Bor. Amer. 1: 46. 1803.

多年生草本。匍匐茎横走、粗壮，长达 1 m，向上直立部分高 20–40 cm，节生柔毛。叶鞘短于节间，背部具脊，边缘或上部被柔毛；叶舌长约 2 mm；叶片披针形，长 5–15 cm，宽 3–7 mm，无毛。总状花序 2 枚对生，长 2–6 cm；穗轴宽约 2 mm；小穗倒卵状长圆形，长约 3 mm，顶端尖，疏生柔毛；第一颖退化或微小；第二颖贴生柔毛，具明显的中脉；第一外稃具 3–5 脉，通常无毛；第二外稃草质，等长于小穗，黄绿色，被毛。花果期: 5–9 月。

产地　西沙群岛（永兴岛）。生于旷地路旁。

分布　我国东南部至西南部。全世界热带和亚热带地区。

2. 圆果雀稗

Paspalum scrobiculatum var. **orbiculare** (G. Forst.) Hack., Bot. Jahrb. Syst. 6: 233. 1885; S. L. Chen & S. M. Phillips in Fl. China 22: 529. 2006.——*P. orbiculare* Forst., Fl. Insul. Austr. Prodr. 7. 1876; S. L. Chen in Fl. Reip. Pop. Sin. 10(1): 284. pl. 87: 12–16. 1990; F. W. Xing et al. in Acta Bot. Austro Sin. 9: 46. 1994.——*P. longifolium* auct. non Roxb.: P. Y. Chen in Acta Bot. Austro Sin. 1: 156. 1983.

多年生草本。秆直立，丛生，高 30–90 cm。叶鞘长于节间，无毛，鞘口有少数长柔毛；叶舌长约 1.5 mm；叶片长披针形至线形，长 10–20 cm，宽 5–10 mm，大多无毛。总状花序长 3–8 cm，2–10 枚相间排列于长 1–3 cm 之主轴上，分枝腋间有长柔毛；穗轴宽 1.5–2 mm，边缘微粗糙；小穗椭圆形或倒卵形，长约 2 mm，单生于穗轴一侧，覆瓦状排列成 2 行；小穗柄微粗糙，长约 0.5 mm；第二颖与第一外稃等长，具 3 脉，顶端稍尖；第二外稃等长于小穗，成熟后褐色，革质，有光泽，具细点状粗糙。花果期：6–11 月。

产地　南沙群岛（赤瓜礁）、西沙群岛（永兴岛）。生于旷地路旁。

分布　我国东南至西南部。亚洲东南部至大洋洲。

3. 海雀稗

Paspalum vaginatum Sw., Prodr. Veg. Ind. Occ. 21. 1788; S. L. Chen in Fl. Reip. Pop. Sin. 10(1): 290–292. pl. 89: 1–5. 1990; T. C. Huang et al. in Taiwania 39(1–2): 51. 1994.

多年生草本。具根状茎与长匍匐茎，节上抽出直立的枝秆，秆高 10–50 cm。叶鞘具脊，大多长于其节间，鞘口具长柔毛；叶舌长约 1 mm；叶片长 5–10 cm，宽 2–5 mm，线形，顶端渐尖，内卷。总状花序大多 2 枚，对生，直立，后开展或反折，长 2–5 cm；穗轴宽约 1.5 mm，平滑无毛；小穗卵状披针形，长约 3.5 mm，顶端尖；第二颖膜质，中脉不明显，近边缘有 2 侧脉；第一外稃具 5 脉；第二外稃软骨质，较短于小穗，顶端有白色短毛。花果期：6–9 月。

产地　东沙群岛（东沙岛）。生于海边沙滩上。

分布　海南、台湾及云南。全世界热带和亚热带地区。

24. 狼尾草属 Pennisetum Rich.

一年生或多年生草本。秆质坚硬。叶片线形，扁平或内卷。圆锥花序紧缩呈穗状圆柱形；小穗单生或2–3聚生成簇，无柄或具短柄，有1–2小花，其下围以总苞状的刚毛；刚毛长于或短于小穗，光滑、粗糙或生长柔毛而呈羽毛状，随同小穗一起脱落，其下有或无总梗；颖不等长，第一颖质薄而微小，第二颖较第一颖长；第一小花雄性或中性，第一外稃与小穗等长或稍短，通常包1内稃；第二小花两性，第二外稃厚纸质或革质，平滑，等长或较短于第一外稃，边缘质薄而平坦，包着同质的内稃；鳞被2，楔形，折叠，通常3脉；雄蕊3；花柱基部多少联合。颖果长圆形或椭圆形，背腹压扁；种脐点状，胚长为果实的1/2以上。

约140种，主要分布于世界热带、亚热带地区。我国有11种，2变种(含引种)，主产中南及西南部各地；南海诸岛有1种。

1. 牧地狼尾草

Pennisetum setosum (Sw.) Rich., Pers. Syn. Pl. 1: 72.1805; G.Y. Sheng in Fl. Reip. Pop. Sin. 10(1): 365.1990; T. C. Huang et al. in Taiwania 39(1–2): 24, 51. 1994; F. W. Xing et al. in Fl. Nansha Isl. Neighb. Isl. 331. 1996.——*Cenchrus setosus* Sw., Prodr. Veg. Ind. Occ. 26. 1788.

多年生草本。秆丛生，高50–150 cm。叶鞘疏松，有硬毛，边缘具纤毛，老后常宿存基部；叶舌为一圈长约1 mm的纤毛；叶片线形，长18–24 cm，宽4–15 mm，多少被毛。圆锥花序为近圆柱状，长10–25 cm，宽8–10 mm，黄色或紫色，成熟时小穗簇常反曲；刚毛不等长，外圈者较细且短，内圈者有羽状绢毛，长约1 cm；小穗卵状披针形，长约4 mm，多少被短毛；第一颖退化；第二颖及第一外稃略与小穗等长，具5脉，先端3丝裂；第一内稃之二脊及顶端有毛，第二外稃稍软骨质，长约2.5 mm；鳞被2，楔形；雄蕊3，花药顶端无毫毛。花果期：夏秋季。

产地　南沙群岛（太平岛）、东沙群岛（东沙岛）。生于海岸沙滩上。

分布　海南和台湾有引种，已归化。原产热带美洲及热带非洲。

25. 茅根属 Perotis Ait.

一年生或多年生细弱草本。叶片较短，基部宽而呈心形。穗形总状花序单一且直立；小穗含1两性小花，线形，单生，脱节于颖之下，小穗柄短或几无柄，小穗脱落后柄宿存于主轴上；颖线形，膜质，背部具1脉，自顶端延伸为细弱的长芒；内外稃均透明膜质，内稃较外稃稍狭而短；鳞被3枚，短小而分离；雄蕊3枚，花药细小；花柱2，短小，柱头帚状。颖果圆柱形，上端尖细，短于或几等于颖片。

约10种，分布于亚洲、非洲和大洋洲的热带和亚热带地区。我国有3种，主产东南沿海和台湾；南海诸岛有1种。

1. 茅根

Perotis indica (L.) Kuntze, Rev. Gen. Pl. (2): 787. 1891; W. Z. Fang in Fl. Reip. Pop. Sin. 10(1): 124. 1990; F. W. Xing et al. in Acta Bot. Austro Sin. 9: 46. 1994; F. W. Xing et al. in Fl. Nansha Isl. Neighb. Isl. 322. 1996. ——*Anthoxanthus indicum* L., Sp. Pl. 28. 1753.

一年生或多年生草本。须根细而柔韧。秆丛生，基部稍倾斜或卧伏，高20–30 cm。叶鞘无毛；叶舌膜质，长约0.3 mm；叶片披针形，扁平或边缘内卷，长2–4 cm，宽2–5 mm，穗形总状花序直立，长5–10 cm，穗轴具纵沟，小穗脱落后小穗柄宿存于主轴上；小穗长2–2.5 mm，基部具基盘；颖披针形，被柔毛，中部具1脉，自顶端延伸出1–2 cm长的细芒；外稃透明膜质，具1脉，长约1 mm，内稃略短于外稃，具不明显2脉；花药淡黄色，长约0.6 mm，花柱2，柱头帚状。颖果细柱形，棕褐色，长约1.8 mm。花果期：夏秋季。

产地　西沙群岛（永兴岛）。生于海边沙滩上。

分布　广东、海南、台湾。印度、斯里兰卡、缅甸、马来西亚及印度尼西亚。

26. 筒轴茅属 Rottboellia L. f.

一年生或多年生草本。秆直立或基部斜倚，多分枝。叶片扁平，通常较阔。穗形总状花序圆柱状，单生或腋生成束；穗轴圆柱状，质脆，易逐节折断；小穗无芒，成对生于穗轴的节上；一具柄，一无柄；无柄小穗两性，嵌入穗轴节间的凹穴中，与穗轴节间等长或稍短；第一颖革质，卵形至长圆形，背扁平或稍隆起，边缘窄内折；第二颖质较薄，舟形；第一小花雄性或中性，外稃透明，内稃存在或缺；第二小花两性，外稃及内稃均为透明膜质；外稃有 1–3 脉，内稃 0–2 脉；有柄小穗雄性或中性，其柄与穗轴节间分离或与之贴生；第一颖通常革质，第二颖质较薄。

约 5 种，分布于世界热带和亚热带。我国有 2 种，产东南部至西南部；南海诸岛有 1 种。

1. 筒轴茅

Rottboellia cochinchinensis (Lour.) Clayton, Kew Bull. 35(4): 817. 1981. ——*R. exaltata* L. f., Nov. Gram. Gen. 40, pl. 1. 1779; Y. Zhong in Journ. Hainan Teach. Coll. 3(1): 62. 1990; W. Y. Chun et al. in Fl. Hainanica 4: 466. 1977; F. W. Xing et al. in Fl. Nansha Isl. Neighb. Isl. 344. 1996.

一年生草本。秆直立，高 1–3 m，粗壮，通常分枝。叶鞘扁平，上部被疣状刺毛；叶片线形，长 20–60 cm，宽 1–2.5 cm，顶端长渐尖，两面粗糙或被疣基糙毛，中脉粗，边缘细锯状。总状花序长 8–15 cm，宽约 3 mm，顶端窄，穗轴节间长 6–7 mm；无柄小穗长约 5 mm；第一颖质厚，卵形，具多脉，脊缘有狭翼；第二颖质较薄，舟形；第一小花雄性，其外稃长圆形，膜质，几与颖等长；第二小花两性，外稃宽卵形，顶端尖；内稃与外稃等长但较窄；具柄小穗常为绿色，柄扁平，与穗轴节间贴生。颖果长圆状卵形。花果期：夏秋季。

产地　西沙群岛（永兴岛）。生于旷地路旁。

分布　华东、华南和西南各地。亚洲、非洲和大洋洲的热带地区。

27. 甘蔗属 Saccharum L.

多年生高大草本。秆直立，粗壮，常为白色质软的髓所填满，通常不分枝。叶片扁平，质较坚硬，边缘粗糙，有宽而厚的白色中脉。圆锥花序顶生，通常疏散；穗轴具节，通常脆弱，易逐步折断；小穗两性或有时具柄的为雌性，成对生于穗轴的各节，一无柄，一具柄，无芒；颖通常纸质，有时下部近革质，上部近膜质，两颖几等长，第一颖两侧的边缘多少内折成 2 脊；第一小花中性，其外稃与颖几等长，透明膜质；第二小花的外稃较退化，透明膜质，顶端无芒或有小尖头；内稃小，透明膜质，无脉，有时完全退化；雄蕊 3 枚；柱头从小穗的两侧伸出。

约 12 种，分布于世界热带和亚热带。我国有 5 种，产东南部至西南部；南海诸岛有 2 种。

1. 花序主轴及总花梗均无毛；颖和小穗柄密被白色丝状长毛；野生……1. 斑茅 *S. arundinaceum*
1. 花序主轴及总花梗有柔毛；颖和小穗柄无毛；茎汁甜；栽培……2. 甘蔗 *S. officinarum*

1. 斑茅

Saccharum arundinaceum Retz., Obs. Bot. 4: 14. 1786; P. Y. Chen et al. in Acta Bot. Austro Sin. 1: 156. 1983; W. Y. Chun et al. in Fl. Hainanica 4: 450. 1977.

多年生草本。秆直立，高 2–4 m。叶片线状披针形，长 60–150 cm，宽 3–6 cm，顶端长渐尖，两面无毛或腹面的基部有柔毛，边缘具小锯齿；鞘口有毛。花序大而稠密，长 20–100 cm，宽 5–10 cm，主轴及总花梗均无毛，穗轴节间与小穗柄均有长丝状毛；小穗披针形，长 3.5–4 mm；基盘甚小，被白色丝状毛；颖密披白色丝状长毛；第一颖卵状长圆形，边缘下部内卷，上部内折成 2 脊，脊间有脉 1 条；第二颖舟形，主脉在上部对折呈脊；第一外稃长圆状披针形，几与颖等长。具脉 1 条，边缘上部有短纤毛；第二外稃与第一外稃近等长，披针形，顶端渐尖或具小尖头；内稃长圆形，长约为外稃之半，被纤毛。花果期：秋冬季。

产地　南沙群岛（华阳礁）、西沙群岛（永兴岛）。生于旷地草坡。

分布　秦岭以南各地。中南半岛、马来西亚。

2. 甘蔗

Saccharum officinarum L., Sp. Pl. 54. 1753; P. Y. Chen et al. in Acta Bot. Austro Sin. 1: 156. 1983; W. Y. Chun et al. in Fl. Hainanica 4: 450–451. 1977.

多年生高大草本。秆直立，高 2–4 m，径 2–5 cm 或更粗，绿色、淡黄或褐紫色，表面常有白粉，茎多汁味甜。叶片阔而长，长 0.5–1 m，宽 2.5–5 cm，两面无毛，边缘粗糙，中脉白色，粗厚；叶鞘长于节间，仅鞘口有毛。花序长 40–80 cm，白色，生于秆顶，具柔毛；小穗长 3–4.5 mm，基盘微小，被白色丝状长毛，毛长约为小穗的 1 倍或更长，小穗柄无毛；两颖均无毛，第一颖近纸质，2 脉内折成 2 脊，脊外各有 1 脉，第二颖舟形，约与第一颖等长，主脉对折呈脊，近边缘各有一不明显的脉，第一外稃几与颖等长，第二外稃甚狭或完全退化；内稃小，披针形。花果期：暮春至秋季。

产地　西沙群岛（永兴岛）。栽培于菜园。

分布　我国南部。原产印度，现广植于全世界热带和亚热带地区。

用途　重要经济作物之一。茎汁制糖，茎梢和叶为牲畜的良好饲料，蔗渣可酿酒和造纸。

28. 囊颖草属 Sacciolepis Nash

一年生或多年生草本。秆直立或基部膝曲。叶片较狭窄。圆锥花序紧缩成穗状，小穗一侧偏斜，有 2 小花，自膨大似盘状的小穗柄顶端脱落；颖不等长，第一颖较短，具透明的狭边和数条粗脉；第二颖较宽，三角状卵形，背部圆凸呈浅囊状，具 7–11 脉，脉粗壮；第一小花雄性或中性；第一外稃较第二颖狭，但等长，平展或背部略呈圆凸状，具数脉；第一内稃狭，膜质透明；第二小花两性；第二外稃长圆形，厚纸质或薄革质，背部圆凸，边缘内卷，包裹着同质的内稃。鳞被 2，阔楔形，折叠，具 3 脉；花柱自基部分离，种脐点状。

约 30 种，分布于热带和温带地区，多数分布于非洲。我国有 3 种；南海诸岛有 1 种。

1. 囊颖草

Sacciolepis indica (L.) Chase, Proc. Biol. Soc. Washington 21: 8. 1908; S. L. Chen & S. M. Phillips in Fl. China 22: 511. 2006.——*Aira indica* L., Sp. Pl. 1: 63; 2: Errata. 1753.

一年生草本，通常丛生。秆基常膝曲，高 20–100 cm，有时下部节上生根。叶鞘具棱脊，短于节间，常松弛；叶舌膜质，长 0.2–0.5 mm，顶端被短纤毛；叶片线形，长 5–20 cm，宽 2–5 mm，基部较窄，无毛或被毛。圆锥花序紧缩成圆筒状，长 1–16 cm（或更长），宽 3–5 mm，向两端渐狭或下部渐狭，主轴无毛，具棱，分枝短；小穗卵状披针形，向顶渐尖而弯曲，绿色或染以紫色，长 2–2.5 mm，无毛或被疣基毛；第一颖为小穗长的 1/3–2/3，通常具 3 脉，基部包裹小穗，第二颖背部囊状，与小穗等长，具明显的 7–11 脉，通常 9 脉；第一外稃等长于第二颖，通常 9 脉；第一内稃退化或短小，透明膜质；第二外稃平滑而光亮，长约为小穗的 1/2，边缘包着较其小而同质的内稃；鳞被 2，阔楔形，折叠，具 3 脉；花柱基分离。颖果椭圆形，长约 0.8 mm，宽约 0.4 mm。花果期：7–11 月。

产地　南沙群岛（美济礁）。生于旷地。

分布　广东、香港、澳门、海南、广西、湖南、江西、福建、台湾、浙江、江苏、安徽、山东、河南、湖北、四川、贵州、云南和黑龙江。日本、印度、不丹、尼泊尔、缅甸、泰国、越南、澳大利亚、太平洋诸岛屿及非洲。

29. 高粱属 **Sorghum** Moench

一年生或多年生草本。秆直立。叶片线形至线状披针形。圆锥花序直立，开展，由多数含 1–5 节的总状花序组成；小穗成对，生于穗轴的各节，1 具柄，1 无柄，在穗轴顶端之一节有 3 小穗，1 无柄，2 具柄；穗轴节间与小穗柄线形，其边缘常有纤毛；无柄小穗两性，有柄小穗雄性或中性；无柄小穗的第一颖革质或近革质，背部凸起或扁平，成熟时变硬而有光泽，边缘窄内卷，但向顶端则渐内折，第二颖舟形，背部具脊；第一外稃厚膜质至透明膜质，第二外稃透明膜质，全缘无芒或 2 齿裂，裂齿间具 1 长或短的芒。

约 30 种，分布于旧世界热带和亚热带地区。我国有 5 种，分布南北各地；南海诸岛有 2 种。

1. 植株粗壮；叶片宽 2.5–7 cm；圆锥花序数次分枝；小穗成熟后为麦秆黄色至部分带紫褐色；栽培 ....1. 高粱 *S. bicolor*
1. 植株较纤细；叶片宽 2–5 mm；圆锥花序分枝单一；小穗成熟后黑褐色；野生 ....2. 光高粱 *S. nitidum*

1. 高粱

Sorghum bicolor (L.) Moench, Methodus 207. 1794.——*S. vulgare* Pers., Syn. Pl. 1: 101. 1805; P. Y. Chen et al. in Acta Bot. Austro Sin. 1: 156. 1983; W. Y. Chun et al. in Fl. Hainanica 4: 470. 1977; F. W. Xing et al. in Fl. Nansha Isl. Neighb. Isl. 346. 1996.

一年生栽培作物。秆直立，粗壮，高 1–4 m。叶片线状披针形或披针形，长 30–60 cm，宽 2.5–7 cm，顶端长渐尖，无毛，边缘粗糙。圆锥花序稠密，长 15–30 cm，分枝近轮生，常再数次分出小枝，穗轴节间不易折断；无柄小穗通常阔椭圆形或倒卵形，长约 5 mm，宽约 3 mm；小穗成熟后为麦秆黄色至部分带紫褐色；颖片在成熟时除上端及边缘有毛外，余均光滑无毛，且为硬革质；颖果倒卵形，成熟后露出颖外；有柄小穗雄性或中性。花果期：夏秋季。

产地　西沙群岛（永兴岛）。生于菜地园中。

分布　广泛栽植于全国各地。原产地为亚洲或非洲，现广植于全世界的温带和亚热带地区。

用途　主要粮食作物之一。

2. 光高粱

Sorghum nitidum (Vahl) Pers., Syn. Pl. 1: 101. 1805; T. C. Huang et al. in Taiwania 39(1–2): 24. 1994; W. Y. Chun et al. in Fl. Hainanica 4: 469. 1977; F. W. Xing et al. in Fl. Nansha Isl. Neighb. Isl. 346. 1996. —— *Holcus nitidus* Vahl., Symb. Bot. 2: 102. 1791.

多年生草本。秆直立，高 0.6–2 m，节生白色髯毛。叶鞘无毛或上部被糙疣毛，鞘口有长毛；叶片线形，长 20–30 cm，宽 2–5 mm，顶端长渐尖，无毛或具疣基糙毛，边缘具向上的小刺毛，中脉白色而较宽厚。圆锥花序长 10–30 cm，主轴无毛；分枝轮生，纤细，广展，光滑无毛，长 1.5–6 cm，不再分出小枝；穗轴和小穗柄被褐色纤毛；无柄小穗卵状披针形，约 4 mm，有被毛的基盘；颖片草质，成熟后变黑褐色，有光泽，顶端与边缘均具褐色柔毛；第一颖 6–7 脉，背面扁平，第二颖背部微隆起，有 3–5 脉；第一外稃厚膜质，卵状披针形，上部具细短毛；第二外稃无芒或有芒，芒膝曲而扭转，褐色，长 1–1.5 cm；具柄小穗与无柄小穗近等长，常为雄性，被短毛。花果期：7–11 月。

产地　南沙群岛（太平岛）。生于旷地路旁。

分布　我国东南部和南部。印度、马来西亚、澳大利亚、日本。

30. 鬣刺属 Spinifex L.

多年生草本。有根状茎。秆质坚硬，平卧或斜升，具膨大的节，节上生根，节间实心。叶秆生；叶鞘松弛裹秆，一侧开裂，边缘常被纤毛；叶舌短，边缘具纤毛；叶片坚硬，条形，边缘内卷呈长钻形或针状。花序生于秆顶及分枝顶的叶鞘内，盛开时伸出叶鞘之外；花单性，能育小穗与不育小穗同时混生于穗轴上；小穗披针形，背面扁，无芒，成熟时脱节于颖之下；雄小穗有 1–2 朵小花，具短柄，单生于具柄的穗状花序上，再由多数穗状花序集合成有总苞包藏的伞形花序；穗轴不延伸至顶生小穗之外；雌小穗亦有 2 朵小花，单生于穗轴基部，再由多数穗轴集成星芒状的头状花序；颖草质，具数脉；雄小穗的第一颖长约为小穗的 1/2；雌小穗第一颖与小穗等长或稍短；第一外稃与小穗近等长，先端渐尖，具扁平透明边缘，第二外稃厚纸质，包裹同质的第二内稃，具 5 脉。种子具大型的胚，种脐点状。

约 4 种，分布于日本至印度、亚洲东南部至澳大利亚。我国产 1 种；南海诸岛有分布。

1. 鬣刺

Spinifex littoreus (Burm. f.) Merr., Philipp. J. Sci. 7(4): 229. 1912; S. L. Chen & S. M. Phillips in Fl. China 22: 553. 2006.——*Stipa littorea* Burm. f., Fl. Indica 29. 1768.

多年生小灌木状草本。须根长而坚韧。秆粗壮、坚实，表面被白蜡质，平卧地面部分长达数米，向上直立部分高 30–100 cm，径粗 3–5 mm。叶鞘宽阔，基部达 1.4 cm，无毛或微被毛，边缘具缘毛，常互相覆盖；叶舌微小，顶端有长 2–3 mm 的不整齐白色纤毛；叶片线形，质坚而厚，长 5–20 cm，宽 2–3 mm，下部对折，上部卷合如针状，常呈弓状弯曲，边缘粗糙，无毛。雄穗轴长 4–9 cm，生数枚雄小穗，先端延伸于顶生小穗之上而成针状：雄小穗长 9–11 mm，柄长约 1 mm；颖草质，广披针形，先端急尖，具 7–9 脉，第一颖长约为小穗的 1/2，第二颖长约为小穗的 2/3；外稃长 8–10 mm，具 5 脉；内稃与外稃近等长，具 2 脉；花药线形，长约 5 mm；雌穗轴针状，长 6–16 cm、粗糙，基部单生 1 雌小穗；雌小穗长约 12 mm；颖草质，具 11–13 脉，第一颖略短于小穗；第一外稃具 5 脉，与小穗等长，无内稃；第二外稃厚纸质，具 5 脉，内稃与之近等长。花果期：夏秋季。

产地　南沙群岛（华阳礁）。生于海边旷地。

分布　广东、海南、广西、福建、台湾。菲律宾、越南、缅甸、柬埔寨、马来西亚、印度尼西亚、印度、斯里兰卡。

31. 鼠尾粟属 Sporobolus R. Br.

一年生或多年生草本，叶舌常极短，纤毛状；叶片狭披针形或线形，通常内卷。圆锥花序紧缩或开展。小穗含 1 小花，两性，近圆柱形或两侧压扁，脱节于颖之上；颖透明膜质，不等，具 1 脉或第一颖无脉，常比外稃短；外稃膜质，具 1–3 脉，无芒，与小穗等长；内稃透明膜质，与外稃等长，较宽，具 2 脉，成熟后易自脉间纵裂；鳞被 2，宽楔形；雄蕊 2–3；花柱短，2 裂，柱头羽毛状。囊果成熟后裸露，易从稃体间脱落；果皮与种子分离，质薄，成熟后遇湿易破裂。

约 150 种，广布全球热带。我国有 6 种 (含引种 1 种)，主产华东、华中、华南及西南各地；南海诸岛有 3 种。

1. 第一颖较小，长约 0.5 mm，先端钝，无脉，第二颖长为外稃的 1/2–2/3；叶片细长，长 10–65 cm。
  2. 圆锥花序分枝纤细，较长，排列稀疏，间距较长；小穗长 1.5–2 mm；雄蕊 2，罕有 3，花药长约 0.5 mm .... 1. 双蕊鼠尾粟 *S. diander*
  2. 圆锥花序分枝稍坚硬，较短，排列较紧密；小穗长 1.7–2 mm；雄蕊 3，花药长约 0.8–1 mm.............2. 鼠尾粟 *S. fertilis*
1. 第一颖较大，长约 2.5 mm，先端尖或稍钝，具 1 脉，第二颖等于或稍短于外稃；叶片内卷呈针状，长 3–11 cm.. 3. 盐地鼠尾粟 *S. virginicus*

1. 双蕊鼠尾粟

Sporobolus diandrus (Retz.) Beauv., Ess. Agrost. 26, 147, 178. 1812; Z. L.Wu in Fl. Reip. Pop. Sin. 10(1): 97. pl. 31: 1–5. 1990; T. C. Huang et al. in Taiwania 39(1–2): 24. 1994; F. W. Xing et al. in Fl. Nansha Isl. Neighb. Isl. 320. 1996.——*Agrostis diandra* Retz., Obs. Bot. 5: 19. 1789.

多年生草本。须根较粗壮。秆直立，丛生，高 30–90 cm，光滑无毛，叶鞘除基部者外大都短于节间；叶舌纤毛状或缺如；叶片线形，多数内卷，基部疏生柔毛，长 5–20 cm，宽 1–3.5 mm，先端渐尖。圆锥花序狭窄，长为植株的 1/3–1/2，分枝纤细，基部主枝长达 7 cm，光滑无毛；小穗深灰绿色，排列较疏，长 1.5–2 mm；颖膜质，第一颖甚小，无脉，第二疑较长，长约 1 mm，具 1 不明显中脉；外稃等长于小穗，具 1 清晰中脉；内稃较外稃略短；雄蕊常 2 稀 3，花药黄色或带紫色，长约 0.5 mm。囊果近长圆形，成熟后红棕色，长约 1 mm，果皮遇潮湿易 2 裂。花果期：5–8 月。

产地　南沙群岛（太平岛）。生于海滩上。

分布　我国东南部至西南部。印度、缅甸、巴基斯坦、印度尼西亚、澳大利亚。

2. 鼠尾粟

Sporobolus fertilis (Steud.) W. D. Clayt., Kew Bull. 19(2): 291. 1965; Z. L. Wu in Fl. Reip. Pop. Sin. 10(1): 99. pl. 31: 6–10. 1990; P. Y. Chen et al. in Acta Bot. Austro Sin. 1: 156–157. 1983; F. W. Xing et al. in Fl. Nansha Isl. Neighb. Isl. 320. 1996.——*Agrostis fertilis* Steud., Syn. Pl. Glum. 1: 170. 1854.

多年生草本。须根较粗壮且长。秆直立，丛生，高 25–120 cm，平滑无毛。叶鞘疏松裹茎，通常无毛；叶舌极短，纤毛状；叶片质较硬，平滑无毛，或仅上面基部疏生柔毛，通常内卷，先端长渐尖，长 15–65 cm，宽 2–5 mm。圆锥花序紧缩呈线形，常间断，或稠密近穗形，长 7–44 cm，宽 0.5–1.2 cm，分枝稍坚硬，直立，与主轴贴生或倾斜，通常长 1–2.5 cm；小穗灰绿色且略带紫色，长 1.7–2 mm；颖膜质，第一颖小，长约 0.5 mm，具 1 脉；外稃等长于小穗，具 1 中脉及 2 不明显侧脉；雄蕊 3，花药黄色。囊果成熟后红褐色，明显短于外稃和内稃，长约 1 mm，长圆状倒卵形，顶端截平。花果期：3–12 月。

产地　西沙群岛（永兴岛、东岛）。生于旷地路旁。

分布　主产华东、华中、西南等地。主要分布东南亚地区。

3. 盐地鼠尾粟

Sporobolus virginicus (L.) Kunth., Rev. Gram. 1: 67. 1829; T. C. Huang et al. in Taiwania 39(1–2): 51. 1994; P. Y. Chen et al. in Acta Bot. Austro Sin. 1: 157. 1983; Z. L. Wu in Fl. Reip. Pop. Sin. 10(1): 99–100. pl. 1. 11–14. 1990.——*Agrostis virginica* L., Sp. Pl. ed. 1: 63. 1753.

多年生草本。须根较粗壮，具木质、被鳞片的根茎。秆细，直立或基部倾斜，光滑无毛，高 15–60 cm，上部多分枝，基部节上生根。叶鞘紧裹茎，无毛，仅鞘口处疏生短毛；叶舌甚短，纤毛状；叶片质较硬，新叶和下部叶扁平，老叶和上部叶内卷呈针状，长 3–10 cm，宽 1–3 mm。圆锥花序紧缩穗单方面，长 3.5–10 cm，分枝直立且贴生；小穗灰绿色或草黄色，披针形，排列较密，长约 2.5 mm，小穗柄稍粗糙，贴生；颖质薄，光滑无毛，具 1 脉，第一颖长约 2.5 mm，先端尖或稍钝，第二颖长约 2 mm；外稃宽披针形，近等长于第二颖，具 1 明显中脉及 2 不明显的侧脉；内稃与外稃等长，具 2 脉；雄蕊 3，花药黄色。花果期：6–9 月。

产地　西沙群岛（永兴岛、琛航岛、甘泉岛）、东沙群岛（东沙岛）。生于海滩沙地上。

分布　广东、海南、福建、台湾、浙江等地。西半球热带区域。

用途　本种根茎发达，可作海岸防沙固土植物。

32. 钝叶草属 Stenotaphrum Trin.

多年生草本。具匍匐枝。叶片宽而平展，先端钝或尖。穗状圆锥花序的主轴扁平或呈圆柱状，具翼或否；穗状花序嵌生于主轴一侧的凹穴内，穗轴顶端延伸于顶生小穗之上而成一小尖头；小穗卵状披针形至披针形，无柄，于穗轴的一侧互生；颖不等长，第一颖较短；第一小花中性或雄性；第一外稃与第二颖近等长或较长，先端渐尖，内稃膜质，含雄蕊或否；第二外稃质地变硬，平滑，包卷同质的内稃，内稃顶端外露。

约 8 种，分布于太平洋各岛屿及美洲和非洲。我国有 2 种，产南部海岸沙滩或林下；南海诸岛有 1 种。

1. 锥穗钝叶草

Stenotaphrum micranthum (Desv.) C. E. Hubb., Grass. Mauritius & Rodriguez, 73. 1940; T. C. Huang et al. in Taiwania 39(1–2): 24. 1994.——*S. subulatum* Trin., Mém. Acad. Imp. Sci. Saint-Pétersbourg, Sér. 6, Sci. Math., Seconde Pt. Sci. Nat.3 (2–3): 190. 1834; B. G. Li & S. B. Wen in Fl. Reip. Pop. Sin. 19(1): 385–386.1990; P. Y. Chen et al. in Acta Bot. Austro Sin. 1: 157. 1983; F. W. Xing et al. in Fl. Nansha Isl. Neighb. Isl. 330. 1996.——*S. secundatum* auct. non (Walter) Kuntze; H. T. Chang in Sunyatsenia, 7(1–2), 87. 1948.

多年生草本。秆下部平卧，上部直立，节着土生根和抽出花枝，花枝高约 35 cm。叶鞘松弛，长于节间，边缘一侧具毛；叶舌微小，具长约 1 mm 的纤毛；叶片披针形，扁平，长 4–8 cm，宽 5–10 mm，顶端尖，无毛。花序主轴圆柱状，长 6–14 cm，径 2–3 mm，坚硬，无翼；穗状花序嵌生于主轴的凹穴内，长 5–10 mm，具 2–4 小穗，穗轴边缘及小穗基部有细毛，顶端延伸于顶生小穗之上而成一小尖头；小穗长圆状披针形，一面扁平，另一面凸起，长约 3 mm；两颖膜质，微小，长为小穗的 1/5–1/4，第二颖略长，脉不明显，顶端钝圆或近截平；第一外稃厚纸质，与小穗等长，具 2 脊，脊间扁平，主脉两侧具细纵沟；第二外稃与小穗等长，顶端尖，几无毛，平滑。花果期：3–10 月。

产地　南沙群岛（太平岛）、西沙群岛（永兴岛、东岛、甘泉岛）。生于海边沙滩上。

分布　太平洋诸岛屿及大洋洲。

33. 蒭雷草属 Thuarea Pers.

多年生匍匐草本。叶片平展，坚韧。穗状花序单一顶生，其下托以具鞘的佛焰苞；小穗披针形，无柄，单生于扁平穗轴的一侧，穗轴下部具 1–2 个宿存的两性或雌性小穗，上部有 2–6 个开花后不久即脱落的雄性小穗；成熟后穗轴作盘状卷曲而形成一坚硬的瘤状构造；颖不相等，第一颖微小或不存在；第一外稃与小穗等长，具发育的内稃，内含雄蕊或否；第二外稃质地变硬，平滑，具宽而内折的膜质边缘，顶端被柔毛，其内稃除顶端外全被外稃所包卷。

2 种，分布于东半球热带地区。我国产 1 种，南海诸岛有分布。

1. 蒭雷草

Thuarea involuta (Forst.) R. Br. ex Roem. & Schult., Syst. Veg. (2): 208. 1817; H. T. Chang in Sunyatsenia, 7(1–2), 87. 1948; B. G. Li & S. B. Wen in Fl. Reip. Pop. Sin. 10(1): 387. pl. 118. 1990; T. C. Huang et al. in Taiwania 39(1–2): 24, 52. 1994; F. W. Xing et al. in Fl. Nansha Isl. Neighb. Isl. 329. 1996.——*Ischaemum involutum* Forst., Ins. Austr. Prodr. 73. 1786.

多年生草本。秆匍匐地面，节处生根，高 4–10 cm。叶鞘松弛，疏被柔毛；叶舌极短，具白色短纤毛；叶片披针形，长 2–3.5 cm，宽 3–8 mm，两面被细柔毛。穗状花序长 1–2 cm；佛焰苞长约 2 cm，背面被柔毛，脉多且粗；穗轴叶状，两面密被柔毛，多脉，下部具 1 两性小穗，上部具 4–5 雄性小穗，顶端延伸成一尖头；两性小穗含 2 小花，仅第二小花结实；第一颖退化，第二颖与小穗几等长，革质，具 7 脉，背面被毛；第一外稃草质，具 5–7 脉，背面有毛，内稃膜质，具 2 脉；第二外稃厚纸质，具 7 脉；雄性小穗长约 4 mm；成熟后雄性小穗脱落，叶状穗轴内卷包围结实小穗。花果期：4–12 月。

产地　南沙群岛（太平岛、华阳礁）、西沙群岛（永兴岛、东岛、中建岛、晋卿岛、琛航岛、广金岛、金银岛、甘泉岛、珊瑚岛、银屿、南岛）、东沙群岛（东沙岛）。生于海边沙滩上。

分布　广东、海南、台湾。日本、东南亚、大洋洲和马达加斯加。

34. 玉蜀黍属 Zea L.

一年生高大草本。秆直立，粗壮，实心。叶片阔而扁平。花序单性，雄花序由多数总状花序组成大而疏散的圆锥花序，生于秆顶；雌花序生于叶腋内，由8–16列或更多列的小穗生于一粗厚、圆柱状、松软木质的穗轴上组成，全部为多数叶状总苞所包藏；花柱长丝状，伸出于总苞外；雄小穗有小花2朵，成对生于延伸的穗轴的一侧，一无柄，一具柄；颖近等长，膜质，顶端急尖；内外稃均透明膜质；雌小穗无柄，有一结实小花，颖膜质，甚阔，钝头或凹头；外稃透明膜质。

5种，其中4个野生种产中美洲，1种全世界普遍种植。我国栽培1种；南海诸岛亦有。

1. 玉蜀黍

Zea mays L., Sp. Pl. 971. 1753; P. Y. Chen et al. in Acta Bot. Austro Sin. 1: 157. 1983; W. Y. Chun et al. in Fl. Hainanica 4: 488. 1977.

一年生栽培作物。秆粗壮，直立，高1–4 m，下部节上常有支柱根。叶片宽长，剑形或线状披针形，顶端渐尖，中脉明显，边缘呈波状。花序单性；雄花序顶生，由多数总状花序组成大形圆锥花序；雄小穗成对，长达lcm；雌花序腋生；雌小穗成对，以8–18(–30)行密集于一粗壮呈海绵质的穗轴周围而成棒状，其外为多数叶状总苞片所包裹；花柱细长从总苞顶端伸出。颖果近球形，成熟后伸出颖片之外，有白、黄、红、紫蓝等色。花果期：夏秋季。

产地　西沙群岛（永兴岛）。栽培于菜地。

分布　各地栽培。原产拉丁美洲，现全球广泛栽培。

用途　为人类主要粮食作物之一。

35. 结缕草属 **Zoysia** Willd.

多年生草本。具根状茎或匍匐枝。叶片质硬，常内卷而狭窄。总状花序穗形；小穗两侧压扁，以其一侧贴向穗轴，呈紧密的覆瓦状排列，或稍疏离，斜向脱节于小穗柄之上，小穗通常只含 1 两性花；第一颖完全退化或稍留痕迹，第二颖硬纸质，成熟后革质，无芒，或由中脉延伸成短芒，两侧边缘在基部连合，包裹膜质外稃，内稃退化；无鳞被；雄蕊 3 枚，花柱 2 叉，分离或仅基部联合，柱头帚状，开花时伸出颖片外。颖果卵圆形，与稃体分离。

约 10 种，分布于非洲、亚洲和大洋洲的热带和亚热带地区。我国有 5 种和 1 变种，主产华南和华东各地；南海诸岛有 2 种。

1. 植株具根状茎；叶片质地较坚硬，宽约 2 mm .... 1. 沟叶结缕草 *Z. matrella*
1. 植株具匍匐茎；叶片质地较柔软，宽约 1 mm .... 2. 细叶结缕草 *Z. tenuifolia*

1. 沟叶结缕草

Zoysia matrella (L.) Merr., Philip. J. Sci. 7(4): 20, 230. 1912; P. Y. Chen in Acta Bot. Austro Sin. 1: 157. 1983; S. L. Chen in Fl. Reip. Pop. Sin. 10(1): 129. 1990; F. W. Xing et al. in Fl. Nansha Isl. Neighb. Isl. 322. 1996.——*Agrostis matrella* L., Mant. Pl. (2): 185. 1767.

多年生草本。具横走根茎。秆直立，高 10–20 cm，基部节间短，每节具一至数个分枝。叶鞘长于节间，仅鞘口具长柔毛；叶舌短而不明显；叶片质硬，内卷，上面具沟，无毛，长达 3 cm，宽 1–2 mm，顶端尖锐。总状花序呈细柱形，长 2–3 cm；小穗柄长约 1.5 mm，紧贴穗轴；小穗长 2–3 mm，宽约 1 mm，卵状披针形，黄褐色或略带浅褐色；第一颖退化，第二颖革质，具 3(5) 脉，沿中脉两侧压扁；外稃膜质，长约 2.2 mm，宽约 1 mm；花药长约 1.5 mm。颖果长卵形，棕褐色，长约 1.5 mm。花果期：6–10 月。

产地　南沙群岛（华阳礁）、西沙群岛（永兴岛）。生于海边沙滩上。

分布　广东、海南、台湾。亚洲和大洋洲热带地区。

2. 细叶结缕草

Zoysia tenuifolia Willd. ex Trin., Mem. Acad. Sci. St. Petersb. set. 6, Sci. Nat. 2(1): 96. 1836; S. L. Chen in Fl. Reip. Pop. Sin. 10(1): 131. pl. 40: 4–5. 1990; T. C. Huang et al. in Taiwania 39(1–2): 52. 1994; F. W. Xing et al. in Fl. Nansha Isl. Neighb. Isl. 323. 1996.

多年生草本。具匍匐茎。秆纤细，高 5–10 cm。叶鞘无毛，紧密裹茎；叶舌膜质，长约 0.3 mm，顶端碎裂为纤毛状，鞘口具丝状状长毛；小穗狭窄，黄绿色，或有时略带紫色，长约 3 mm，宽约 0.6 mm，披针形；第一颖退化，第二颖革质，顶端及边缘膜质，具不明显的 5 脉；外稃与第二颖近等长，具 1 脉，内稃退化；无鳞被；花药长约 0.8 mm，花柱 2，柱头帚状。颖果与稃体分离。花果期：8–12 月。

产地　东沙群岛（东沙岛）。生于海边沙滩上。

分布　我国南部地区。亚洲热带。

用途　本种草质柔软，是铺建草坪的优良禾草，各地普遍引种栽培。

参考文献

[1] Chang H T. The Vegetation of the Paracel Islands[J]. Sunyatsenia, 1948, 7(1–2): 75–88.

[2] Huang T C, Huang S F, Hsieh T H. The Flora of Tungshatao (Pratas Island)[J]. Taiwania: 植物科学期刊 , 1994, 39(1&2): 27–53.

[3] 陈邦余，陈伟球，伍辉民等，我国西沙群岛的植物和植被 [M]. 北京：科学出版社，1977.

[4] 黄金森，朱袁智，沙庆安 . 西沙群岛现代海滩岩岩石学初见 [J]. 地质科学，1978，4(197): 8.

[5] 林爱兰 . 西沙群岛基本气候特征分析 [J]. 广东气象，1997，4: 17–18.

[6] 童毅，简曙光，陈权，等 . 中国西沙群岛植物多样性 [J]. 生物多样性，2013，21(3): 364–374.

[7] 邢福武，李泽贤，叶华谷，等 . 我国西沙群岛植物区系地理的研究 [J]. 热带地理，1993，13(3): 250–257.

[8] 邢福武，李泽贤，叶华谷等，西沙群岛植物增补 [J]. 中国科学院华南植物研究所集刊，1994c，9：17–26。

[9] 邢福武，吴德邻，李泽贤，等 . 西沙群岛植物资源调查 [J]. 植物资源与环境，1993c，2(3): 1–6.

[10] 邢福武，吴德邻，李泽贤，南沙群岛维管束植物多样性分析，南沙及其邻近海区生物多样性研究 (1) [M]. 科学出版社，1994b，12–20.

[11] 邢福武，吴德邻，南沙群岛及其邻近岛屿植物志 [M]. 北京：海洋出版社，1996，1–375.

[12] 邢福武，赵焕庭 . 我国南沙群岛的植物与植被概况 [J]. 广西植物，1994a，14(2): 151–156.

[13] 张宏达 . 西沙群岛的植被 [J]. Journal of Integrative Plant Biology，1974，3: 001.

[14] 张浪，刘振文，姜殿强 . 西沙群岛植被生态调查 [J]. 中国农学通报，2011，27(14): 181–186.

[15] 钟义 . 海南省西沙群岛植物资源考察 [J]. 海南师范学院学报，1990，3(1): 49–63.

中文名索引

T

W

X

Y

Z

拉丁名索引

C

D

R

S